哈尔滨理工大学制造科学与技术系列专著

航空航天典型零件加工系列刀具设计应用

程耀楠　著

科学出版社

北京

内 容 简 介

本书结合理论分析和实验研究，在分析航空航天典型零件的种类、材料及加工特点的基础上，阐述了航空航天零件材料切削加工性特点及评价方法。书中首先以现代航空发动机中压气机关键零件整体叶盘为对象，在对整体叶盘的结构特性进行分析研究的基础上，探讨了整体叶盘的各种加工技术，总结出数控复合铣削技术是制造整体叶盘的最优方法；然后对数控复合铣削技术中应用的盘铣、插铣和侧铣系列刀具进行分析探讨，在刀具结构设计、刀具几何参数优化和工艺参数优化、刀具成型制造、刀具应用等技术方面开展研究，以保证难加工零件的表面质量，实现航空航天典型零件的高效加工；最后进行了相应的切削加工实验研究，并基于理论研究成果进行了切削工艺参数优化，为实现航空航天典型零件的高效加工提供一定的理论基础和技术支持。

本书可供机械加工工艺及刀具设计、开发与制造等相关领域的科研工作者和工程技术人员参考使用，也可作为高等院校相关专业研究生、高年级本科生及教师的参考工具书。

图书在版编目（CIP）数据

航空航天典型零件加工系列刀具设计应用 / 程耀楠著. —北京：科学出版社，2018.4

(哈尔滨理工大学制造科学与技术系列专著)

ISBN 978-7-03-055479-6

Ⅰ. ①航… Ⅱ. ①程… Ⅲ. ①刀具(金属切削)-设计 Ⅳ. ①TG702

中国版本图书馆 CIP 数据核字（2017）第 282061 号

责任编辑：裴 育 纪四稳 / 责任校对：张小霞
责任印制：吴兆东 / 封面设计：蓝 正

科学出版社 出版

北京东黄城根北街 16 号
邮政编码：100717
http://www.sciencep.com

北京中石油彩色印刷有限责任公司 印刷

科学出版社发行 各地新华书店经销

*

2018 年 4 月第 一 版 开本：720×1000 B5
2022 年 1 月第三次印刷 印张：15 3/8
字数：312 000

定价：108.00元

(如有印装质量问题，我社负责调换)

前　言

　　航空航天工业作为国家战略性产业，是国防现代化的重要物质和技术基础，是国家先进制造业的重要组成部分和国家科技创新体系的重要力量。航空航天工业是典型的知识和技术密集型的工业，其发达程度已经成为衡量一个国家科学技术、国防建设和国民经济现代化水平的重要标志。航空航天工业是世界上对技术要求最苛刻的行业之一，航空航天零件由于其复杂的型面以及特殊的材料成为难加工零件。航空航天零件的制造受许多因素的限制，例如，出现越来越多的难加工材料、复杂的几何形状、异常严格的加工要求以及严格的交货时间限制等，与此同时，生产效率还需要不断提高。航空航天零件高效加工已成为航空航天制造业最为重要的目标之一，如何根据不同航空航天零件的材料特性、结构特点等选择合理的刀具、切削参数、加工工艺等尤为重要。

　　本书在总结过去研究工作的基础上，综合考虑航空航天典型零件结构特点、难加工材料特性及金属材料切削加工性能，针对航空航天难加工材料零件特点进行盘铣、插铣与侧铣加工刀具分析及优化设计，在刀具结构设计、刀具几何参数优化和工艺参数优化、刀具成型制造、刀具应用等方面开展研究，以保证难加工材料零件的表面质量，实现航空航天典型零件的高效加工。航空航天典型零件的机械加工具有挑战性，主要是由于行业规范、材料性能及各种零件装配的要求都很苛刻。这些零件的材料都很难加工，并且形状复杂，要求使用的刀具可达性好，而且编程时要采用正确的走刀路径。发动机零件工作区域温度较高，所以要求工件材料具有更高的硬度、强度、韧性，还要有更好的抗腐蚀或抗氧化性能，材料通常为镍基合金、高强度钛合金、高合金钢和复合材料。和其他材料相比，这些材料的机械加工性能较差，需要掌握更全面的加工工艺知识，选择正确的刀具、刀具组合，采用更好的工况，才能得到最好的机械加工效率。本书从航空航天典型零件入手，分析航空航天零件的种类及难加工性，并以整体叶盘为对象，详细介绍盘铣、插铣和侧铣刀具优化设计方法，并通过切削实验验证刀具优化设计的合理性及有效性。

　　本书的研究工作得到了"高档数控机床与基础制造装备"科技重大专项"航空发动机整体叶盘高效强力复合数控铣床开发及应用"(2013ZX04001-081)的资助，特此向支持和关心作者研究工作的所有人员表示衷心的感谢。特别感谢教育、支持、帮助作者多年的哈尔滨理工大学机械动力工程学院院长及团队带头人刘献礼教授，感谢对本书写作提供支持的冯新敏老师及参与研究工作的安硕、左殿阁、张悦、李海超、陈天启、宋旭、孙轶龙、杨金龙、关睿、李鹏飞等研究生。感谢科学出版社为本书出版所付出的辛勤劳动。书中有部分内容参考了有关单位或个人的研究成果，均在参考文献中列出，在此一并感谢。

　　本书旨在阐述和介绍航空航天典型零件加工工艺及刀具的一些最新进展，希望能对航空航天典型零件的高效加工提供一些有借鉴、应用意义的思路和方法，对读者有所启发。由于航空航天典型零件所面临的加工挑战，其成功的关键在于将最新技术的应用和最佳的刀具解决方案相结合，这给本书的撰写增添了难度，再加上作者水平有限，书中难免存在不妥之处，欢迎广大读者批评指正。

作　者

2017 年 6 月于哈尔滨

目　　录

第1章　航空航天典型零件分析

航空航天工业作为国家战略性产业，是国防现代化的重要物质和技术基础，是国家先进制造业的重要组成部分和国家科技创新体系的重要力量。我国航空航天转型升级以推进航空航天工业技术结构升级和产业结构升级为目标指向，以体制机制转型、科技发展转型、建设模式转型、增长模式转型为基本内容，通过转变发展理念、重新定位战略目标、重新选择发展模式、有效整合要素资源、全面优化策略方法，破解体制机制困局，强化自主创新能力，夯实国防产业基础，推进产业集约发展，建设装备基于能力、能力寓于产业的新型航空航天工业，加快转变战斗力生成模式，提高我国航空航天工业跨越发展的综合能力[1]。

航空是指飞行器在地球大气层内的航行活动，航天是指飞行器在大气层外宇宙空间的航行活动，图 1.1 为航空航天飞行器。航空航天制造业是一个国家工业实力的体现，在全球"工业 4.0"和"中国制造 2025"的驱动下，毋庸置疑地成为国家工业制造的核心产业。"中国航空航天制造业作为我国的战略产业，在经过数十年的不懈努力下，已经建立起较为完善的技术体系。"中国航空航天工具协会副秘书长范军先生介绍说，"但随着以高新技术为引领的高端技术和装备在航空航天制造业的应用，中国航空航天制造业也迫切需要学习、交流和引进更优秀的先进技术和设备。"

图 1.1　航空航天飞行器

　　20 世纪以来，航空航天工业是发展最快的新兴工业。全世界从事航空航天工业的科技人员和工人，总数达几千万。在一些发达国家，航空航天工业已经成为国民经济中重要的产业部门。航空航天工业是典型的知识和技术密集型工业，其发达程度已经成为衡量一个国家科学技术、国防建设和国民经济现代化水平的重要标志之一。图 1.2 为几种典型的航空航天零件。

　　(a) 半开式叶轮　　　　　　　　(b) 发动机叶片　　　　　　　(c) 发动机机匣环形件

图 1.2　几种典型的航空航天零件

　　例如，在对钛合金整体叶盘数控铣削加工过程中，采用复合铣削的加工方法，即盘铣开槽，插铣扩槽，最后侧铣除棱清根，该方法的提出对提高钛合金整体叶盘加工效率起着重要作用，各加工工艺如图 1.3 所示。

　　(a) 盘铣开槽　　　　　　　　　(b) 插铣扩槽　　　　　　　　(c) 侧铣除棱清根

图 1.3　复合铣削加工方法

　　因此，本书综合考虑航空航天典型零件结构特点、难加工材料特性以及金属材料切削加工性能，针对航空航天难加工材料零件特点进行盘铣、插铣及侧铣加工刀具分析以及优化设计，以保证难加工零件的表面质量，实现航空航天典型零件的高效加工。

1.1　航空航天工业发展背景及趋势

中国是世界文明古国。古籍中记载了关于飞行的神话、传说和绘画，"嫦娥奔月"是人类最古老的登月幻想。鲁班制作木鸟、西汉时期的滑翔尝试和列子御风的想象，说明古代中国人民已想到利用空气浮力和空气动力升空飞行。

在近代，中国人民也为航空航天的发展做出了自己的贡献。世界上第一架飞机诞生之后，中国许多仁人志士为振兴中华而热心发展航空事业。一些杰出的中国科学家在空气动力、火箭技术、燃烧理论等方面所做的卓有成效的研究，推动了有关学科领域的发展，为国家争得了荣誉。

中国航空事业的蓬勃发展是从中华人民共和国成立之后开始的。1951 年成立了航空工业局，随后组建了飞机、发动机和材料工艺等研究机构。1954 年制造出第一架教练机(初教 5)，1956 年试制成功第一架喷气式歼击机(歼 5)，1958 年小型多用途运输机(运 5)投入使用，同年又自行设计了初级教练机(初教 6)，1959 年第一架超声速喷气式歼击机(歼 6)飞上了蓝天，实现了从修理到制造，从生产螺旋桨飞机到喷气式飞机，从仿制到自行研制的转变。1960 年建立的中国航空研究院，从事飞机、发动机、仪表、电器、附件、电子设备和航空武器的设计研究，开展了空气动力、结构强度、燃气涡轮、风洞技术、生命保障、材料工艺、导航和控制以及飞行实验等方面的应用研究[1]。

中国航天事业是在 20 世纪 50 年代中期开始的，1956 年中国制定了十二年科学技术发展远景规划，把火箭和喷气技术列为重点发展项目。同年建立了第一个导弹、火箭研究机构，1958 年把发射人造地球卫星列入国家科学规划，组建机构开展空间物理学研究和探空火箭研制工作，并开展星际航行的学术活动和实验设备的筹建工作。1960 年 2 月发射成功第一枚探空实验火箭，1964 年 6 月发射成功自行研制的第一枚运载火箭，在 60 年代后期又研制成功中程和中远程运载火箭，为中国航天事业的发展奠定了基础。中国于 60 年代中期制定了研制和发射人造地球卫星的空间计划。1968 年组建了中国空间技术研究院。1970 年 4 月 24 日，中国第一颗人造地球卫星"东方红"1 号发射成功，使中国成为继苏联、美国、法国、日本之后世界上第五个用自制运载火箭成功发射卫星的国家。1971 年 3 月 3 日发射成功的第二颗人造地球卫星向地面发回了各项科学实验数据，正常工作了 8 年。1975 年 11 月 26 日首次发射成功返回型人造地球卫星，成为继美国、苏联之后世界上第三个掌握卫星返回技术的国家。1980 年 5 月，向南太平洋发射大型运载火箭取得成功，1981 年 9 月 20 日首次用一枚大型运载火箭把三颗空间物理探测卫星送入地球轨道，1982 年 10 月从水下潜艇发射运载火箭成功。1984 年 4 月 8 日，发射了一颗对地静止轨道实验通信卫星"东方红"2 号，4 月 16 日卫星定点于东经 125°赤道上空。到 1985 年 10 月，中国依靠自己的力量共发射了 17 颗不同类型的人造地球卫星，这些卫星为地质、测绘、地震、海洋、农林、环境保护等国民经济部门和空间科学研究提供了十分有价值的资料[2]。

航空航天现代制造业已经不是传统意义上的机械制造业，即机械加工。它是当今高科技的综合利用，是集机械、电子、光学、信息科学、材料科学、生物科学、激光学、管理学等最新成就于一体的一个新技术与新兴工业的综合体。航空航天现代制造业正向以下几个方面发展[3-5]。

1. 数控技术

数控设备是以数控系统为代表的新技术对传统机械制造业渗透而形成的机电一体化产品，已成为现代航空航天制造业的主流制造设备，一般占设备总数的 40%以上。数控技术覆盖了机械制造技术，信息处理、加工、传输技术，自动控制技术，伺服驱动技术，传感器技术，软件技术等领域。数控技术的发展趋势是向智能化、网络化、集成化、数字化的方向发展。

2. 高速加工技术

为快速响应全球化市场变化和顾客多元化与个性化需求，制造业不仅需要产品零件的高质量，同时需要提高生产率、降低生产成本。高速加工技术作为最有发展前途和极具革命性的技术已成为机械加工技术发展的主流方向。正是因为高速加工(HSM)技术能在保证产品零件精度和质量的前提下提高生产率、降低制造成本，所以在航空航天制造业中得到广泛应用。采用框中框结构和对称结构设计的大型龙门五坐标高速铣床，在航空航天制造业中得到广泛的应用，已成为航空航天器整体结构件的关键加工设备。由高速加工中心构成的柔性加工单元取代了以往的专用生产线，实现对航空航天器整体结构件的高速高效加工，如更多采用五坐标联动高速加工中心进行整体结构件加工，实现高速切削和空间曲面控制能力的综合优势。

3. 复合加工技术

复合加工技术就是尽可能地将零件的各项加工工序集中在一台机床上，实现"全部加工"，缩短加工周期，提高加工效率和加工精度。复合加工技术是数控机床技术重要发展趋势之一，包括跨加工类别的复合加工和多面多轴联动复合加工等形式。

4. 精密、超精密加工技术

为了提高产品的性能、质量和可靠性，提高装配效率，实现装配自动化，航空航天制造业对加工精度和加工表面质量的要求越来越高。精密、超精密加工技术及机床不断涌现。超精密加工技术已经进入纳米加工技术领域，其在向更高精度发展的同时，也呈现以下发展趋势：高效率和大型化、广泛采用软件补偿技术提高加工精度、加工测量一体化、模块化、廉价化、超精密加工工艺方法的多样化。

5. 采用先进制造模式

随着航空航天制造业经济全球化、消费多样化和个性化的发展，其产品生命周期日益缩短。信息技术飞速发展并得到广泛应用，传统的高生产率、低柔性、大产量制造模式已不能适应这种多变市场的实际需求。工业化国家在航空航天工业中纷纷采用各种先进生产模式如计算机集成制造系统、敏捷制造、精益生产、虚拟制造、绿色制造等。它们具有并行性、集成性、柔性、智能性、快速反应性、动态适应性、人机一体性的特点。

1.2　航空航天典型零件简介

航空发动机是飞机的动力装置，为其提供飞行推力，被誉为飞机的"心脏"。随着航空动力技术的发展和国防建设的要求，航空发动机必须满足高速、高空、长航时、远航程、大推重比等新一代机种的需求。因此，航空发动机的结构越来越复杂，精度要求越来越高，精密复杂的零部件大幅增加，而综合性能先进的喷气式发动机是航空动力装备的发展方向，其典型喷气式发动机结构如图1.4所示。

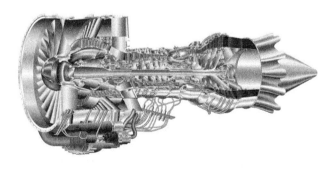

图1.4　典型喷气式发动机结构

　　通常喷气式发动机一般由进气装置、压气机、燃烧室、涡轮和喷管等部件组成，其中压气机、燃烧室、涡轮组成发动机的核心机。喷气式发动机的主要工作流程都是在核心机中完成的，包括空气的压缩、燃烧、涡轮做功等。空气经进气道进入发动机后，首先经过压气机，加压后进入燃烧室，与燃料掺混，点火燃烧，形成高温气体，高温气体膨胀驱动涡轮工作，经过涡轮后的燃气通过喷管排出进而产生反向推力，喷气式发动机工作原理如图1.5所示。

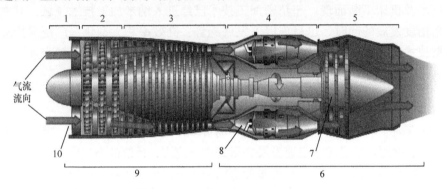

图1.5　喷气式发动机工作原理图

1-吸入；2-低压压缩；3-高压压缩；4-燃烧；5-排气；6-热区域；7-涡轮机；
8-燃烧室；9-冷区域；10-进气口

　　压气机的作用是提高进入发动机燃烧室的空气压力，主要参数是增压比和压气机效率。增压比是指空气在压气机出口和进口处压力的比值，压气机效率是指理论上所需要的压缩功与实际消耗的机械功的比值。压气机有离心式和轴流式两种，轴流式压气机增压比和效率较高，因而采用更为广泛。

　　燃烧室主要由燃料喷嘴、涡流器、火焰筒和燃烧室外套组成，是燃料与高压空气混合燃烧的地方，燃料的化学能在这里转化为热能。喷气式发动机对燃烧室性能的主要要求是点火可靠、燃烧稳定、燃烧完全等。

　　涡轮的作用是将燃烧室出来的气体热能转化为机械能。涡轮在高温高压气体的冲击下高速旋转，大部分燃气能量转化为机械能用来驱动压气机等附件，剩余能量产生推力。涡轮的功率与涡轮进口温度以及涡轮前后压力比成正比。涡轮中一个主要的零部件为涡轮叶片，通常分为工作叶片(又称动叶)和导向叶片(又称导叶)，如图1.6所示。燃烧室中产生的高温高压燃气首先经过导向叶片，此时会被整流并通过在收敛管道中将部分压力能转化为动能而加速，最后被赋予一定的角度进而更有效地冲击涡轮工作叶片，部分内能在涡轮中膨胀转化为机械能，驱动涡轮旋转。由于高压涡轮与压气机装在同一轴上，所以也驱动压气机旋转，从而反复地压缩吸入的空气。从高温涡轮流出的高温、高压燃气，在尾喷管中继续膨胀，以高速从尾喷口向后排气。这一速度比气流进入发动机的速度大得多，从而产生了对发动机的反作用力，驱使飞机向前飞行。涡轮部件的性能直接决定和影响喷气式发动机的整体性能[6]。

图 1.6　喷气式发动机涡轮叶片

1.2.1　发动机鼓筒类零件

鼓筒分为整体鼓筒和焊接鼓筒，整体鼓筒材料多为钛合金，焊接鼓筒材料多为高温合金。鼓筒的典型特征是结构越来越复杂，壁厚越来越薄。

1. 整体鼓筒

整体鼓筒件结构主要由四级环形燕尾槽组成，每个槽型有不同的 T 面结构，面轮廓样式不尽相同。面轮廓要保持在一定的数值范围内，例如，图 1.7 为发动机风扇部位的增压级整体鼓筒，属于大直径薄壁鼓筒。盘鼓直径为 800mm 左右，轴向尺寸较高，约 460mm，壁厚一般为 2.15～2.6mm。零部件由封严箅齿组成，这样才能确保温度升高时，它能发挥散热功效，其材质的使用和外形构造主要考虑工作运行环境。一般箅齿外径为 0～0.1mm，直径过大对设备运行会造成阻碍，因此需要将其控制在合理的范围之内。

2. 焊接鼓筒

焊接鼓筒结构复杂，发动机高压压气机鼓筒为焊接鼓筒，轮盘之间连接采用电子束或惯性摩擦焊焊接在一起，盘缘有不同形式的榫槽用来安装转子叶片，其特点是刚性好、重量轻、工作可靠[7]。

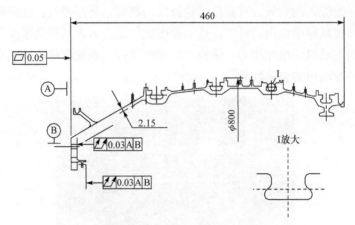

图 1.7　发动机风扇增压级整体鼓筒结构(单位：mm)

　　鼓筒内外表面均有型面，外表面有多级环形榫槽，用来安装高压压气机叶片；径向设计有通气孔；鼓筒有前后安装边，前安装边设计有精密连接孔和减重花边，后安装边有精密连接孔和减重孔。榫槽外圆尺寸精度及前后安装边止口精度等级为 IT5～IT6，各级摩擦焊接头尺寸精度等级为 IT4，焊接鼓筒结构如图 1.8 所示。

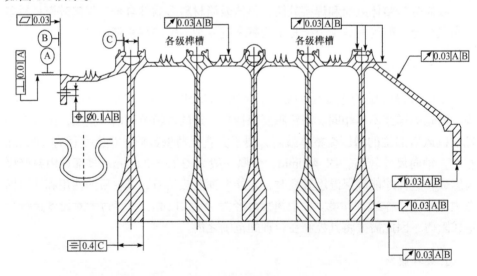

图 1.8　焊接鼓筒结构(单位：mm)

1.2.2　发动机机匣类零件

　　机匣是航空发动机的关键零件，是一种典型的环形薄壁类零件，尺寸大、壁薄、结构复杂且设计精度高，给加工带来很大困难。典型难加工结构主要包括薄壁、安装边、凸台、T 形槽和孔等特征，壁厚最薄处小于 2mm，T 形槽分布在内外壁，其结构向着整体化的先进方向发展，在实际加工过程中有很多技术难题。图 1.9 是航空发动机中比较常见的风扇机匣和涡轮机匣零件。

(a) 发动机风扇机匣　　　　　　　　　　　　(b) 发动机涡轮机匣

图 1.9　航空发动机机匣类零件

1. 机匣类零件的分类

航空发动机上机匣类零件比较多，如进气机匣、风扇机匣、中介机匣、压气机机匣、轴承机匣、燃烧室机匣、涡轮机匣、涡轮后机匣、加力燃烧室机匣、外涵机匣、附件机匣等，这些机匣种类很多，功能不同，即使具有同一类功能的机匣也由于其材料、结构不同而差别很大。

机匣按照设计结构可以分成两大类，即环形机匣和箱体机匣。环形机匣可以进一步分成整体环形机匣、对开环形机匣和带整流支板的环形机匣。其中，整体环形机匣有燃烧室机匣、涡轮机匣等；对开环形机匣有压气机机匣等；带整流支板的环形机匣有进气机匣、中介机匣、扩散机匣等。箱体机匣有附件机匣、双速传动壳体。机匣如果按功能进行分类，在涡喷发动机上，有进气处理机匣、低压压气机机匣、高压压气机机匣、燃烧室机匣、轴承机匣、涡轮机匣、加力燃烧室机匣、中央传动机匣、附件机匣等；在涡扇发动机上，与涡喷发动机上不同的机匣还有进气机匣、风扇机匣、中介机匣、涡轮后机匣、外涵机匣等[8,9]。

2. 机匣类零件结构特点

随着航空发动机更新换代，发动机机匣的结构形式也越来越复杂。

1) 整体环形机匣

整体环形机匣由机匣壁和前后安装边组成，一般为薄壁的圆锥体或圆柱状，壳体外表面有环形加强筋、环带、凸台；内表面有环形槽、圆柱环带及螺旋槽；圆柱环带上分布有圆周的斜孔；壳体壁上设有径向孔、异形孔及异形槽等。

2) 对开环形机匣

对开环形机匣一般带有纵向安装边，呈圆锥体或圆柱状，内表面具有环形槽或 T 形槽及螺旋槽；外表面具有加强筋、支撑台、限位凸台、各种功能凸台和异形凸台；机匣壁上有安装孔、定位孔、通气孔、径向孔和异形孔等。

3) 带整流支板的环形机匣

带整流支板的环形机匣有铸造结构和焊接结构，一般由外环、内环及空心整流支板组成。内外环壁较厚，设置有径向孔，端面有螺栓孔；外环上有定位孔、连接孔；外表面有安装座和平面等。

4) 箱体机匣

箱体机匣结构外形复杂、壁薄、刚性差，壳体表面具有安装孔、平面、接合面、基准面、定位销孔、螺纹孔、油路孔等。毛坯多为砂型铸造镁合金[10]。

3. 机匣类零件典型制造工艺

为了了解发动机机匣零件加工特点，但鉴于机匣种类繁多，下面以五轴机床加工罗·罗发动机机匣为例，来了解发动机机匣的制造过程及其特点。

首先将毛坯放置于机床上，开始进行第一步的加工工序。先加工机匣的外壁，根据要达到的要求设定好程序再进行加工，使之满足产品的要求，如图 1.10 所示。然后对机匣的内部进行加工，如图 1.11 所示，在加工机匣的内部时会产生很多碎屑。

图 1.10　加工机匣外壁　　　　　　图 1.11　加工机匣内部

更换刀具后对外部进行其他细节的加工，如图 1.12 所示。然后进行精加工，如图 1.13 所示。

图 1.12　机匣外部细节加工

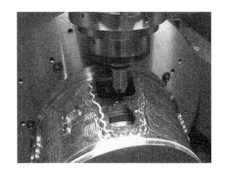

图 1.13　机匣精加工

初成型机匣的大致形状如图 1.14 所示，最后细节的加工如图 1.15 所示。

图 1.14　初成型机匣大致形状

图 1.15　机匣最后细节加工

1.2.3　发动机轴颈类零件

航空发动机传统轴颈类零件材料采用结构钢、不锈钢等，发动机性能的不断提高，对关键转动零件要求提高。目前轴颈类零件材料通常采用 TC4、TC11、TC17 等钛合金及 GH4169 高温合金材料。这些材料具有很高的强度和韧性，硬度也比较高，在制造过程中会存在很多问题，例如，钛合金材料的导热性很差，加工过程中产生的大量切削热不能及时排出，会导致切削温度迅速升高，刀具磨损速度加快，刀具寿命降低。

轴颈类零件的毛坯均为模锻件和等温模锻件，大多数轴颈毛坯采用精化毛料，锻件经粗加工、热处理等工序，最后经超声波探伤合格后交付客户。图 1.16 和图 1.17 为典型压气机前轴颈毛坯和后轴颈毛坯。

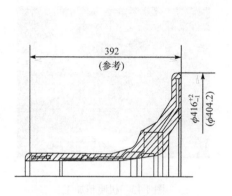

图 1.16　前轴颈毛坯(单位：mm)

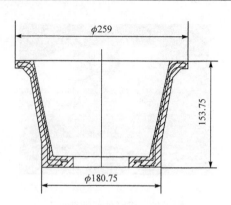

图 1.17　后轴颈毛坯(单位：mm)

1.2.4　发动机叶片

在航空发动机中，叶片处于温度最高、应力最复杂、环境最恶劣的部位，所以叶片的性能水平特别是承温能力，成为一种发动机先进程度的重要标志。

转子叶片又称动叶，是随同转子高速旋转的叶片，通过叶片的高速旋转实现气流与转子间的能量转换。转子叶片承受很大的质量惯性力、较大的气动力和振动载荷，涡轮转子叶片还要在高温状态下工作，因此转子叶片是直接影响发动机性能、可靠性和寿命的关键零件。转子叶片的设计、材料选择和制造都有十分严格的要求，如叶身必须保持准确的气动外形和光滑的表面、材料内部不允许有缺陷、晶粒不得过大等。如图 1.18 所示，转子叶片可以用销钉或燕尾形榫头(图 1.18(b)，常用于压气机)、枞树形榫头(图 1.18(d)，常用于涡轮)与轮盘可靠连接。

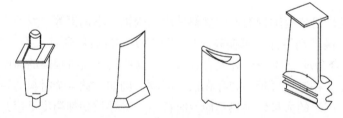

(a) 压气机静子叶片　(b) 压气机转子叶片　(c) 涡轮导向叶片　(d) 涡轮转子叶片

图 1.18　发动机叶片结构

静子叶片又称静叶、整流叶片、导向叶片，用以引导气流，改变气流的速度、方向和压力。它们可以两端插入相配合的环内，以焊接或其他方法固定(图 1.18(c))，也可用安装板借助螺纹固定(图 1.18(a))。叶片数量很大时，可采用精密锻压、无余量精密铸造、轧制和电解加工等方法制造。风扇和压气机叶片一般用铝合金、钛合金或不锈钢制作，涡轮叶片则用各种镍基、钴基和铁基耐热合金制作。

1.2.5 发动机盘类零件

发动机盘类零件是指风扇盘、压气机盘和涡轮盘，盘类零件与其对应的轴、叶片等零件相连接而组成转子组件。盘类零件处在高速工作状态，通常转速在 10000r/min 以上；涡轮盘的工作温度较高，为 500~800℃；压气机盘的工作温度不高，为 0~430℃。在工作状态下，盘类零件承受很大的应力，涡轮盘所承受的最大应力高达 5000kg/cm^2[11,12]。图 1.19 为航空发动机盘类零件。

(a) 风扇盘 (b) 压气机盘

(c) 涡轮盘

图 1.19 航空发动机盘类零件

1. 压气机盘

压气机盘是压气机转子的重要组成零件之一，与其他压气机转子零件一起利用旋转机械对流经它的空气做功，以提高空气压力，供给燃烧室高能气流。压气机盘按其结构特点可分为盘轴一体化盘、封严篦齿盘、带有承力臂盘、T 形叶片槽盘、环形叶片槽盘、弹性发夹槽盘。

典型的压气机盘由轮缘、辐板和轮毂构成。在轮缘上设计有安装叶片的槽，槽的类型有轴向燕尾形榫槽、环形燕尾形榫槽、销钉连接式的 T 形环槽，以及限制叶片的卡圈槽和限动孔。压气机盘辐板两侧由型面组成，辐板较薄，最薄处的厚度为 0.9~1.2mm，有些盘的辐板上设计有均压孔。连接成鼓筒的盘设计有承力臂，其安装边上设计有精密螺栓孔。压气机盘的刚性较弱，为弱刚性零件。随着发动机设计的不断改进，压气机盘的结构也在发生变化[13]。典型压气机盘结构如图 1.20 所示。

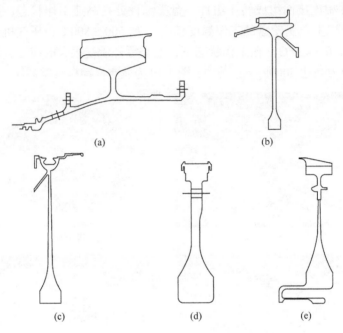

图 1.20　典型压气机盘结构

2. 涡轮盘

涡轮盘是发动机上重要的热端部件，是涡轮转子的主要承力零件，与其他涡轮转子零件一起将高温、高压燃气的动能与热能转换成旋转的机械能，从而带动压气机与其他附件工作。涡轮盘工作条件极其恶劣，工作时承受气动、离心、温度等复杂载荷，各部位所承受的应力和温度均不相同。涡轮盘对材料的力学性能要求较高，特别是在其使用温度范围内要有尽可能高的低循环疲劳寿命和持久的性能，以及良好的抗蠕变能力。

涡轮盘通常由轮缘、辐板、安装边、轮毂组成。轮缘上设计有安装叶片的枞树形榫槽和固定叶片的环形槽或精密螺栓孔；辐板上有一般用来安装挡板和安装平衡配重块的环形窄槽；安装边上有圆孔、异形孔和槽；有些涡轮盘设计有封严篦齿，封严篦齿位于轮缘附近或辐板附近，还有的位于轮毂附近，轮毂部分厚重。典型涡轮盘的结构如图 1.21 所示。

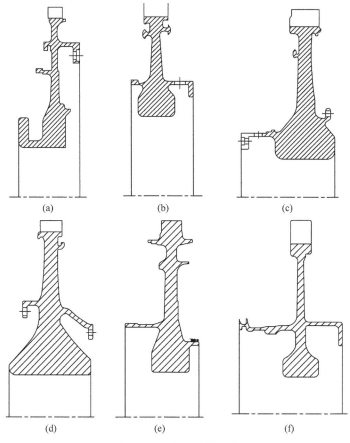

图 1.21　典型涡轮盘结构

1.2.6　发动机整体叶盘

整体叶盘是为了满足高性能航空发动机而设计的新型结构件，其结构模型如图 1.22 所示。整体叶盘将发动机转子叶片和轮盘变成一体，省去了传统连接中的榫头、榫槽及锁紧装置等，减少结构重量及零件数量，避免榫头气流损失，提高气动效率，发动机结构大为简化，而且能够使结构损伤得到避免，使航空发动机的推重比和稳定可靠性得到进一步提高。采用新型的开式整体叶盘，可使航空发动机的零件简化 50%左右，发动机重量降低 25%左右，而且可使发动机的动力性能和导热性能有所提高，提高效率 8%左右[14]。显然，钛合金整体叶盘是提高航空发动机推重比的关键，而整体叶盘的工作性能取决于其加工制造质量，现已在各国军用和民用航空发动机上得到广泛应用，如 EJ200、F119、F414 等军用发动机，法国 SNECMA 公司生产的 PAT 验证核心机以及美国 P&W 公司生产的基准发动机等民用大流量比发动机[15-17]。

图 1.22　整体叶盘结构模型

　　与整体叶盘的诸多优点相对应，其制造工艺技术面临着非常严峻的挑战。由于其结构复杂，通道开敞性差，加工精度要求高，叶片型面为空间自由曲面，导致对其制造技术要求极高，而且其工作条件多为高温、高压、高转速、气流交变等恶劣环境，故整体叶盘广泛采用钛合金、高温合金等高性能金属材料和钛基、钛铝化合物等先进复合材料，材料的可加工性差，也使整体叶盘的综合制造工艺技术成为世界性难题[18]。

　　整体叶盘是航空发动机的一种新型结构部件，与常规叶盘结构相比有以下特点：

　　(1) 不需要叶片榫头和榫槽连接的自重和支撑这些重量的结构，减轻了发动机风扇、压气机、涡轮转子的重量。英国罗·罗公司在发动机中采用整体叶盘结构后，与传统的叶片、轮盘分体结构相比，重量可减轻 50%；若采用金属基复合材料(MMC)的整体叶环(bling)，则可减重 70%。

　　(2) 原轮缘的榫头变为鼓筒，盘变薄，其内孔直径变大；消除了盘与榫头的接触应力，同时消除了由于榫头安装角引起的力矩产生的挤压应力；减轻了盘的重量，提高了叶片的振动频率。

　　(3) 整体叶盘可消除常规叶盘中气流在榫根与榫槽间缝隙中逸流造成的损失，使发动机工作效率提高，从而使发动机推重比显著提高。

　　(4) 由于省去了安装边和螺栓、螺母、锁片等连接件，零件数量大大减少，避免了榫头、榫槽间的微动磨损、微观裂纹、锁片损坏等意外事故，使发动机工作寿命和安全可靠性大大提高。

　　(5) 如整体叶盘叶片损坏，为避免拆换整个转子，可将整体叶盘与其他级用螺栓相连，形成可分解的连接结构。

　　(6) 由于高压压气机叶片短而薄，叶片离心力较小，轮缘径向厚度小，所以采用整体叶盘结构减重不显著。

钛合金整体叶盘的加工周期较长、加工效率低，在加工过程中有 90%左右的材料被去除。在其切削过程中切削力大、温度高，容易导致严重的加工硬化、刀具剧烈磨损等问题，刀具寿命短，直接影响整体叶盘的加工效率和加工质量。复合(盘/插/侧)铣削加工方法是新提出的工艺方法，该方法可以提高整体叶盘的加工效率 30%左右，采用合理的刀具结构、几何角度及刀具材料，能够有效减小加工过程中的切削力、热及振动等，从而提高整体叶盘的制造质量，延长刀具寿命，提高生产效率[19]，高效先进的切削刀具直接影响整体叶盘的制造效率和成本。

1.3　航空航天典型零件材料应用

飞行器发展到 20 世纪 80 年代已成为机械加电子的高度一体化的产品。它要求使用品种繁多的、具有先进性能的结构材料以及具有电、光、热和磁等多种性能的功能材料。航空航天零件材料按材料的使用对象不同可分为飞机材料、航空发动机材料、火箭和导弹材料以及航天器材料等；按材料的化学成分不同可分为金属与合金材料、有机非金属材料、无机非金属材料和复合材料。航空航天典型零件材料主要有高温合金、钛合金、铝合金和复合材料等。

1.3.1　航空航天典型零件材料性能特点

利用航空航天材料制造的许多零件往往需要在超高温、超低温、高真空、高应力、强腐蚀等极端条件下工作，有的则受重量和容纳空间的限制，需要以最小的体积和质量发挥在通常情况下等效的功能，有的需要在大气层中或外层空间长期运行，不可能停机检查或更换零件，因此要有极高的可靠性和质量保证。不同的工作环境要求航空航天零件材料具有如下特性。

1. 高的比强度和比刚度

对飞行器材料的基本要求是材质轻、强度高、刚度好。减轻飞行器本身的结构重量就意味着增加运载能力，提高机动性能，加大飞行距离或射程，减少燃油或推进剂的消耗。比强度和比刚度是衡量航空航天零件材料力学性能优劣的重要参数：

$$比强度 = \sigma/\rho \tag{1-1}$$

$$比刚度 = E/\rho \tag{1-2}$$

式中，σ 为材料的强度，E 为材料的弹性模量，ρ 为材料的密度。

飞行器除了受静载荷的作用外，还要经受由于起飞和降落、发动机振动、转动件的高速旋转、机动飞行和突风等因素产生的交变载荷，因此材料的疲劳性能也受到很大重视。

2. 优良的耐高低温性能

飞行器所经受的高温环境是由空气动力加热、发动机燃气以及太空中太阳的辐照造成的。航空器要长时间在空气中飞行，有的飞行速度高达 3 倍声速，所使用的高温材料要具有良好的高温持久强度、蠕变强度、热疲劳强度，在空气和腐蚀介质中要有高的抗氧化性能和抗热腐蚀性能，并应具有在高温下长期工作的组织结构稳定性。火箭发动机燃气温度可达 3000℃以上，喷射速度可达十余个马赫数，而且固体火箭燃气中还夹杂有固体粒子，弹道导弹头部在进入大气层时速度高达 20 个马赫数以上，温度高达上万摄氏度，有时还会受粒子云的侵蚀，因此在航天技术领域中涉及的高温环境往往同时包括高温高速气流和粒子的冲刷。在这种条件下需要利用材料具有的熔解热、蒸发热、升华热、分解热、化合热以及高温黏性等物理性能来设计高温耐烧蚀材料和发汗冷却材料以满足高温环境的要求。太阳辐照会造成在外层空间运行的卫星和飞船表面温度交变，一般采用温控涂层和隔热材料来解决。低温环境的形成来自大自然和低温推进剂。飞机在同温层以亚声速飞行时表面温度会降到-50℃左右，极圈以内各地域的严冬会使机场环境温度下降到-40℃以下。在这种环境下要求金属构件或橡胶轮胎不产生脆化现象。液体火箭使用液氧(沸点为-183℃)和液氢(沸点为-253℃)作为推进剂，这为材料提出了更严峻的环境条件，部分金属材料和绝大多数高分子材料在这种条件下都会变脆。通过发展或选用合适的材料，如纯铝及铝合金、钛合金、低温钢、聚四氟乙烯、聚酰亚胺和全氟聚醚等，才能解决超低温下结构承受载荷的能力和密封等问题。

3. 耐老化和耐腐蚀

各种介质和大气环境对材料的作用表现为腐蚀和老化。航空航天零件材料接触的介质是飞机用燃料(如汽油、煤油)、火箭用推进剂(如浓硝酸、四氧化二氮、肼类)和各种润滑剂、液压油等。其中多数对金属和非金属材料都有强烈的腐蚀作用或溶胀作用。在大气中受太阳的辐照、风雨的侵蚀、地下潮湿环境中长期贮存时产生的霉菌会加速高分子材料的老化过程。耐腐蚀性能、抗老化性能、抗霉菌性能是航空航天零件材料应该具备的良好特性。

4. 适应空间环境

空间环境对材料的作用主要表现为高真空($1.33 \times 10^{-1} \sim 1.33 \times 10^{-6}$Pa)和宇宙射线辐照的影响。金属材料在高真空下互相接触时，由于表面被高真空环境净化而加速了分子扩散过程，出现"冷焊"现象；非金属材料在高真空和宇宙射线辐照下会加速挥发和老化，有时这种现象会使光学镜头因挥发物沉积而被污染，密封结构因老化而失效。航空航天零件材料一般是通过地面模拟实验来选用和发展的，以求适应于空间环境。

5. 高的寿命和安全性

为了减轻飞行器的结构重量，选取尽可能小的安全余量而达到绝对可靠的安全寿命，被认为是飞行器设计的奋斗目标。对于导弹或运载火箭等短时间一次使用的飞行器，人们力求把材料性能发挥到极限程度。为了充分利用材料强度并保证安全，对于金属材料已经使用"损伤容限设计原则"。这就要求材料不但具有高的比强度，而且要有高的断裂韧性。在模拟使用的条件下测定出材料的裂纹起始寿命和裂纹的扩展速率等数据，并计算出允许的裂纹长度和相应的寿命，以此作为设计、生产和使用的重要依据。对于有机非金属材料则要求进行自然老化和人工加速老化实验，确定其寿命的保险期。复合材料的破损模式、寿命和安全也是一项重要的研究课题。钛合金以及高温合金在航空航天领域典型零件方面具有较为广泛的应用。

钛合金具有高强度、高断裂韧性、良好的抗腐蚀性和可焊接性。随着飞机机身越来越多地采用复合材料结构，钛基材料用于机身的比例也将日益增大，因为钛与复合材料的结合性能远远优于铝合金。例如，与铝合金相比，钛合金可使机身结构的寿命提高 60%左右。

高温合金是指在 760～1500℃及一定应力条件下长期工作的高温金属材料，具有优异的高温强度、良好的抗氧化和抗热腐蚀性能、良好的疲劳性能和断裂韧性等综合性能，已成为军民用燃气涡轮发动机热端部件不可替代的关键材料[20]。

1.3.2 高温合金简介

1. 高温合金在航空发动机上的应用

航空发动机被称为"工业之花"，是航空工业中技术含量最高、难度最大的部件之一。作为飞机动力装置的航空发动机，特别重要的是金属结构材料要具备轻质、高强、高韧、耐高温、抗氧化、耐腐蚀等性能，这几乎是结构材料中最高的性能要求。

航空发动机的技术进步与高温合金的发展密切相关，高温合金是推动航空发动机发展的最为关键的结构材料。军用航空发动机通常可以用其推重比综合地评定发动机的水平。提高推重比最直接和最有效的技术措施是提高涡轮的燃气温度。因此，高温合金材料的性能和选择是决定航空发动机性能的关键因素。航空装备的不断升级，对航空发动机推重比要求不断提高，发动机对高性能高温合金材料的依赖越来越大。

在现代先进的航空发动机中，高温合金材料用量占发动机总量的 40%～60%。在航空发动机上，高温合金主要用于燃烧室、导向叶片、涡轮盘和涡轮叶片四大热端零部件；此外，高温合金还用于机匣、环件、加力燃烧室和尾喷口等部件。

1) 燃烧室

燃烧室的功用是把燃油的化学能释放变为热能，是动力机械能源的发源地。燃烧室内产生的燃气温度为 1500～2000℃。其余的压缩空气在燃烧室周围流动，穿过室壁的槽孔使室壁保持冷却。燃烧筒合金材料承受温度可达 900℃以上，局部可达 1100℃。

用于制造燃烧室的主要材料有高温合金、不锈钢和结构钢；其中用量最大、最为关键的是变形高温合金。由于传统的高温合金板材受限于合金熔点，现在基本已经达到其极限使用温度，难以进一步发展。要使燃烧室用高温合金材料进一步发展，必须研究全新的材料基体和材料制备工艺。目前国际在研的新材料有碳/碳复合材料、高温陶瓷材料、氧化物弥散强化合金、金属间化合物、高温高强钛合金等。

2) 导向叶片

导向叶片是调整从燃烧室出来的燃气流动方向的部件，是航空发动机上受热冲击最大的零件之一。总体来讲，导向叶片的温度比同样条件下的涡轮叶片温度高约100℃，但叶片承受的应力比较低。

在熔模精密铸造技术突破后，铸造高温合金成为导向叶片的主要制造材料。近年来，由于定向凝固工艺的发展，用定向合金制造导向叶片的工艺也在试制中；此外，FWS10发动机涡轮导向器后篦齿环制造采用了氧化物弥散强化高温合金。

3) 涡轮盘

涡轮盘在四大热端部件中所占质量最大。涡轮盘工作时，轮缘温度达 550～750℃，而轮心温度只有 300℃左右，整个部件的温差大；转动时承受很大的离心力，启动和停车过程中承受大应力低周疲劳。

用于涡轮盘制造的主要材料是变形高温合金，其中 GH4169 合金是用量最大、应用范围最广的一个主要品种。近年来，航空发动机性能不断提高，对涡轮盘要求也越来越高，粉末涡轮盘组织均匀、晶粒细小、强度高、塑性好等优点使其成为航空发动机上理想的涡轮盘合金，但我国工艺生产的粉末涡轮盘夹杂物较多，正在进一步研制中。

4) 涡轮叶片

涡轮叶片是航空发动机上最关键的构件，其工作环境恶劣，在承受高温的同时还要承受很大的离心应力、振动应力、热应力等。用于涡轮叶片制造的主要材料是铸造高温合金。随着铸造工艺的发展，普通精密铸造、定向和单晶铸造叶片合金得到了广泛应用。单晶合金在国际上得到了快速发展，已成为高性能现代航空发动机高温涡轮工作叶片的主要材料。

2. 高温合金在民用工业的应用

随着工业化的推进，工业向高端、大型化发展，高温合金在民用工业中的需求也日益增长。高温合金也是舰船、火车、汽车涡轮增压器叶片及各类工业燃机叶片的优选材料；铁路运输的高速化、造船业的高品质要求(特别是出口造船)、舰艇动力的高效要求、工业燃机应用的高速发展等急需高性能的高温合金母合金。目前，国内民用工业高温合金约占高温合金总需求的 20%，而美国 50%的高温合金应用于民用工业领域。

1) 燃气轮机

燃气轮机是高温合金的主要用途之一。燃气轮机装置是一种以空气及燃气为介质的旋转式热力发动机，它的结构与飞机喷气式发动机一致，也类似于蒸汽轮机。燃气轮机的基本原理与蒸汽轮机相似，不同之处在于其工质不是蒸汽而是燃料燃烧后的烟气。燃气轮机属于内燃机，所以又称内燃气轮机，其构造有四大部分：空气压缩机、燃烧室、叶轮系统及回热装置。

燃气轮机的需求增长迅速，除用于发电外，还用于舰船动力、天然气输送的加气站等。与航空用高温合金叶片相比，燃气轮机用高温合金的使用寿命长，耐热腐蚀，尺寸大，质量要求很高。

2) 汽车废气涡轮增压器

汽车废气涡轮增压器也是高温合金材料的重要应用领域。目前，我国涡轮增压器生产厂家采用的涡轮叶轮多为镍基高温合金涡轮叶轮，它和涡轮轴、压气机叶轮共同组成一个转子。此外，内燃机的阀座、镶块、进气阀、密封弹簧、火花塞、螺栓等都可以采用铁基或镍基高温合金。一般而言，加装废气涡轮增压器后的发动机功率及扭矩要增大 20%～60%。

3) 核电与其他领域的高温合金应用

核电工业使用的高温合金包括：燃料元件包壳材料、结构材料、燃料棒定位格架、高温气体炉热交换器等，均是其他材料难以代替的。例如，燃料元件包壳管的管壁在工作时需承受 600～800℃的高温，需要较高的蠕变强度，因此大量采用高温合金材料。

高温合金材料在玻璃制造、冶金、医疗器械等领域也有着广泛的用途。在玻璃制造工业中应用的高温合金零件多达十几种，例如，生产玻璃棉的离心头和火焰喷吹坩埚，生产平板玻璃用的转向辊拉管机大轴、端头和通气管，玻璃炉窑的料道、闸板、马弗套、料碗和电极棒等，冶金工业的轧钢厂加热炉的垫块、线材连轧导板和高温炉热电偶保护套管等，以及医疗器械领域的人工关节等。

1.3.3　钛合金简介

钛合金是一种新型结构材料，具有优异的综合性能，例如，密度小、比强度和比断裂韧性高、疲劳强度和抗裂纹扩展能力好、低温韧性良好、抗蚀性能优异；抗拉强度与其屈服强度接近；无磁性、无毒；抗阻尼性能强；耐热性能好；吸气性能；耐腐蚀等性能。与其他金属材料相比，钛合金有下列优点：比强度高，抗拉强度可达 100～140kgf/mm^2(1kgf/mm^2 ≈ 9.8×10^6 Pa)，而密度仅为钢的 60%；钛合金的比强度高于其他轻金属、钢和镍合金，并且这一优势可以保持到 500℃左右；中温强度高，使用温度比铝合金高几百摄氏度，在中等温度下仍能保持要求的强度，可在 450～500℃的温度下长期工作。钛通常与铝、镁等被称为轻金属，其相应的钛合金、铝合金、镁合金则被称为轻合金。世界上许多国家都认识到钛合金材料的重要性，相继对钛合金材料进行研究开发，并且得到了实际应用。

1. 钛合金在医用方面的应用

金属材料是最早用于临床的生物医用材料，可用于传统的人体硬组织(包括人体躯干中所有的骨骼和牙齿)缺损、创伤、骨科、牙科疾病等的各种修复，矫形及内、外固定治疗等。

目前，用于外科植入物和矫形器械的医用金属材料主要形成了医用不锈钢、钴基合金和钛合金三大系列，它们在整个生物材料产品市场所占份额为40%左右。而钛合金由于密度小、比强度高、弹性模量低、耐腐蚀以及优良的生物相容性和加工成型性，且资源丰富，近年来已发展成外科植入物较理想的功能结构材料。

2. 钛合金在舰船方面的应用

俄罗斯、美国是最早从事舰船用钛合金研究的国家。俄罗斯船用钛合金的研究和实际应用水平居世界前列，拥有专门的船用钛合金系列，形成 490MPa、585MPa、686MPa、785MPa 强度级别的船用钛合金产品。

几十年来，俄罗斯(苏联)在核潜艇、水面舰船、常规潜艇、航空母舰、深潜器中都大量采用了钛合金材料。苏联 1968 年 12 月下水的 K166 号全钛壳体核潜艇应用了大量的钛合金板材、管材、锻件，潜艇的所有装置全部是由钛合金制造的。经过近 50 年航行并承受不同的载荷和海洋环境变化，各种装置及设备均未出现重大问题。

俄罗斯"台风"级战略核潜艇钛合金用量达 9000t，首艇水下排水量 26500t，水下航速达 $27kn(1kn \approx 0.51m/s)$。其反应堆一回路、二回路系统广泛采用钛合金材料，而且其反应堆支撑及壳体结构、管路及附件、容器等全部采用钛合金材料。同时，针对钛合金耐腐蚀的优点，钛合金管道、阀门、泵、热交换器等也在舰艇设计中大量采用。

美国对船用钛合金也进行了大量的工程研究，成功地将钛合金用于各种动力的潜艇、水面艇、民用船，主要应用的有纯钛、Ti-0.3Mo-0.8Ni、Ti-3Al-2.5V、Ti-6Al-4V、Ti-6Al-2Nb-1Ta-0.8Mo、Ti-3Al-8V-6Cr-4Mo-4Zr。在美国，钛合金的应用范围覆盖了各类动力的潜艇、水面舰艇、民用船舶的耐压壳体、海水管路系统、冷凝器、热交换器、排风扇叶片、推进器、弹簧及消防设备等。

我国船用钛合金工业起步于 20 世纪 60 年代，经过几十年的发展，其研究、制造水平有了很大的提高，并初步形成了自己的船用钛合金体系，目前已能生产板、管、棒、饼、环、丝和铸件等多种形式的产品，能满足一定强度级别的要求。近十年来，我国在深潜器用钛合金、声呐导流罩用钛合金等专用结构及其合金的应用研究中，也取得了较大的进步。

3. 钛合金在汽车零件方面的应用

钛合金以其比强度高、耐腐蚀能力强以及耐热耐冷性能好等特点被人们誉为"魔力"金属或"神奇"金属，先后在航空航天、海洋发电及化工冶金等方面得到应用。目前，随着汽油价格的不断攀升，以及人们对高性能轿车日益增长的需求，将钛合金应用于汽车工业以减轻车重和提高性能已逐渐为汽车制造厂商所认同。

1) 发动机部件

在汽车发动机部件中，连杆是目前钛合金的主要应用对象之一，主要使用的钛合金有 Ti-6Al-4V、Ti-10V-2Fe-3Al、Ti-4Al-4Mo-4Sn-0.5Si 等。用钛合金制备连杆的优点之一是质量轻，其次是疲劳性能高。因为连杆的质量越轻，其振荡能耗越少、噪声越低、振动越小、最大引擎速度越高，车的油耗减少，性能提高。同时，疲劳性能提高意味着使用寿命延长，汽车的质量及价格均得到提升。连杆在工作时，不仅要受到往复拉压载荷(低周疲劳)，同时在高速运转时受离心力冲击载荷(高周疲劳)，因此既要求材料具有高的抗拉强度以满足高周疲劳的需要，同时要求其具有一定的塑性以满足低周疲劳的需要。

2) 排气系统

钛合金在汽车上的另一个应用就是排气系统。以前排气系统使用的材料为不锈钢，其质量比钛合金大，且由于钛合金的焊接性能好，不易从焊缝开裂，所以钛合金排气阀的使用寿命较长，为 12～14 年，而不锈钢一般不到 7 年就要更换，从而有效节约了费用。

3) 车用弹簧

钛合金在汽车上最理想、也是目前最成功的应用环节之一是制造弹簧。钛合金几乎所有的特点都在制备弹簧过程中得到了应用，并且达到了钢铁材料难以达到的性能指标，使其成为最佳的弹簧候选材料。

用钛合金制备轿车弹簧具有一系列优点：首先，从其弹性性能上看，由于钛合金的弹性极限高而弹性模量低，其弹性应变能非常高，是钢弹簧的 10 倍以上，所以使用钛合金弹簧将明显提高乘车舒适度；其次，从使用寿命上看，由于钛合金具有优异的疲劳极限，可以满足弯曲疲劳强度大于 800MPa 的要求，其卷簧所需材料的质量减少且寿命延长，同时，钛合金的抗腐蚀能力强，无须额外的表面防锈处理，所以钛合金弹簧的使用寿命比汽车本身的寿命还长，无须中间更换；再次，从加工角度来说，由于制备弹簧的钛合金为 β 钛合金，其在淬火状态下强度很低，非常有利于冷拔拉丝，可以利用钢丝的设备进行加工，然后通过时效处理提高强度，所以生产设备简单；最后，从油耗方面来说，由于钛合金的密度小，钛合金弹簧的质量仅为钢弹簧的 50% 以上，所以省油效果明显。在相同的弹性功前提下，钛合金弹簧的高度仅为钢弹簧的 40%，便于车体设计。因此，钛合金是制造车用弹簧最理想的材料之一。

4. 钛合金在能源工业中的应用

在能源工业中已有用钛合金作发电装置的冷凝器和热交换器，例如，我国浙能台州发电厂、上海金山热电厂和浙江镇海发电厂的发电机组都选用了钛管冷凝器，秦山核电站和大亚湾核电站都选用了全钛冷凝器。在地热卤水的高温腐蚀性环境中用作动力蒸汽涡轮，其他材料皆因寿命短而不得不被钛合金取而代之。钛合金的优点在于能提高采热的生产率和延长地热井的寿命。

钛合金是航空航天工业中使用的一种新的重要结构材料，密度、强度和使用温度介于铝和钢之间，但比强度高并具有优异的抗海水腐蚀性能和超低温性能。20 世纪 60 年代开始，钛合金的使用部位从后机身移向中机身，部分代替结构钢制造隔框、梁、滑轨等重要承力构件。钛合金在军用飞机中的用量迅速增加，达到飞机结构重量的 20%～25%。70 年代，钛合金在航空发动机中的用量一般占结构总重量的 20%～30%，主要用于制造压气机部件，如锻造钛风扇、压气机盘和叶片、铸钛压气机机匣、中介机匣、轴承壳体等。航天器主要利用钛合金的高比强度、耐腐蚀和耐低温性能来制造各种压力容器、燃料贮箱、紧固件、仪器绑带、构架和火箭壳体。人造地球卫星、登月舱、载人飞船和航天飞机也都使用钛合金板材焊接件。

1.3.4　铝合金简介

铝合金是轻质金属材料中的佼佼者，它是将铝作为基础元素，以其他元素作为辅助元素混合组成的金属合金，具有耐腐蚀性好、质量轻、强度较高、比刚度高的优良性能，并且可焊接。铝合金是结构材料中常用的一种金属材料，在生活中随处可见铝合金的相关产品，分为变形铝合金和铸造铝合金。良好的塑性和铸造性造就了铝合金高质量、高效率的加工工艺，其在航空航天、交通运输、建筑、机电中有着广泛的应用。

1. 铝合金在建筑工程中的应用

铝合金在建筑工程中的应用已经有 100 余年的历史，通常为人们所熟悉的是其作为建筑装饰材料，如铝合金门窗外框、玻璃幕墙支撑体系以及铝合金的外包层等。欧美一些国家和地区自 20 世纪 50 年代即开展了铝合金应用于建筑结构的研究，60 年代后期铝合金的价格上涨阻碍了铝合金材料在建筑结构中的应用。90 年代以后，随着铝合金材料价格的回落，其在建筑结构中的应用又重新引起人们的广泛关注。与国外相比，我国在铝合金用于建筑结构方面的研究起步较晚，但是近年来发展极为迅速，建造了很多铝合金建筑结构。

与混凝土和钢材等传统建筑材料相比，铝合金具有下列优点：

(1) 重量轻、比强度高。铝合金材料的密度为 $2.7g/cm^3$，约为钢材的 1/3，而常用的 6000 铝合金材料的强度比一般常用的碳素钢的强度还要高，例如，6061-T6 型铝合金的屈服强度为 245MPa，抗拉强度可达 265MPa，已超过 Q235 钢的强度指标。

(2) 耐腐蚀性能好。铝合金在大气的影响下，其表面能够自然形成一层氧化膜，这种氧化膜可以在很大程度上防止铝合金材料的腐蚀，良好的耐腐蚀性可极大减少建筑物的防腐和维护费用；在钢筋混凝土板和铝合金构件起组合作用的情况下，由于铝合金材料的热膨胀系数比钢筋混凝土大，所以在寒冷的环境下铝合金材料的收缩可以使混凝土中产生的微裂缝趋于封闭，使得水分和氯化物无法侵入，从而保护钢筋。

(3) 低温性能良好。随着温度的降低，其强度和延伸率反而有所增加且无低温脆性问题，因此可以用于制造寒冷地区的建筑结构。

(4) 由于重量轻，铝合金构件或者整个结构大多可采用工厂预制、现场安装的方法，其预制、运输及安装过程简单，时间短，费用较低，能够适应现代施工技术的工业化要求。

(5) 铝合金材料表面具有特殊的光泽和质感，可以挤压成型，这是铝合金材料相对于钢材最主要的优点。挤压成型可以生产出热轧和焊接所不能得到的复杂截面型材，能够使构件的截面形式更加合理。

(6) 在既有建筑物的维修加固时，可以以较小的重量增加较大的承载力。

(7) 铝合金材料易于回收，再处理成本低、再利用率高，有利于环境保护。

2. 铝合金在船舶和海洋工程中的应用

随着国内外造船业迅速发展，船舶的轻量化越来越受到重视，铝合金的密度小，弹性模量约为钢的 1/3，比强度比钢高，用在船舶上代替钢材可降低构件重量 50%以上。铝合金用于船舶制造中有如下优点：减轻重量，提高船速，节约燃料；改善船的长宽比，增加稳定性，使船易于操作；易焊接；吸收冲击能力较强。因此，在造船业中铝合金具有很大的应用和发展空间。

船舶用耐蚀铝合金主要在 Al-Mg 系和 Al-Mg-Si 系中选择，主要产品类型为 Al-Mg 系板材和型材、Al-Mg-Si 系型材。船用铝合金按用途可分为船体结构用铝合金、上层舾装用铝合金。船体结构包括船侧、船底外板、龙骨、肋板、隔壁等，舾装包括操舵室、舷墙、烟筒、舷窗、桅杆等。在舾装结构中，常采用由 Al-Mg 合金挤压成型的整体壁板，能够减少焊接变形而使应力分布更加合理。船舶的工作环境要求结构材料具有一定的力学强度、疲劳强度、伸长率和抗冲击等性能，但高强度铝合金通常很难同时具有优良的耐蚀性和可焊性，因此舰船用铝合金一般选用具有中等强度的耐蚀可焊铝合金。

3. 铝合金在汽车工业中的应用

在汽车制造行业中，以"减轻重量，减少耗油量"为竞争手段，轻质金属的铝合金便是汽车生产中不可缺少的重要材料。资料表明，如果用铝合金取代钢材，那么发动机的质量就可以减轻 30%左右，车轮可减轻 50%左右，汽车总重量将减轻 30%~40%。从实际能源消耗的角度来讲，如果一辆汽车的质量减少 1kg，那么每升汽油就能够多行驶 40m 的路程。也就是说，如果一辆汽车的质量减少 1%，耗油量就会减少 0.6%~1%。早在 19 世纪，国外就将铝合金用于制造汽车曲轴箱。20 世纪早期，铝合金应用于一些豪华汽车和赛车上，如用铝合金制造汽车的骨架结构等。铝合金在国外的汽车工业中主要制造装饰部件、汽缸盖、油底壳、离合器片、热交换器、活塞等。在国内，采用铝合金制造汽车零件也逐渐增多。

发展至今,汽车中用铝合金制造的零件越来越多,从先前的铝合金曲轴箱到现在的汽缸盖、油底壳、离合器片、热交换器、活塞等零件都是运用铝合金材料制造出来的。面对当今快速发展的汽车工业制造,用铝合金替代铸铁制造汽车零件已经成为一种主流趋势。在法国的汽车行业中,用铝合金制造汽缸套已达到100%,汽缸体达到 45%。随着未来科技的发展和技术的革新,在高强度的优质铝合金材料研发之下,铝合金材料也将会更为广泛地应用于汽车制造,进而促进更高层次的工业发展。

4. 铝合金在航空飞机上的应用

目前,世界各国大部分飞机上铝合金仍然是最主要的机体结构材料。铝合金具有制造工艺简单,加工和成型性好,耐久性、可靠性和可维修性高,耐腐蚀性好,比强度、比刚度较高以及成本低廉等一系列优点。例如,7000 系列高强度铝合金为 Al-Zn-Mg-Cu 合金,属于超高强变形铝合金,由于其既具有高的抗拉强度,又能保持较高的韧性和耐腐蚀性,所以广泛地应用于航空航天工业等领域。铝锂合金具有低密度、高比强度、高比刚度、优良的低温性能、良好的耐腐蚀性能和卓越的超塑成型性能的特点,可用其取代常规铝合金,被认为是航空航天工业中的理想结构材料。

苏联的费利德良杰尔等于 1948 年开发出与 7075 合金类似的 B95 铝合金。随后,各国纷纷仿制这两种合金,而美国和苏联又在此基础上通过提高 Zn、Mg、Cu 的含量,降低 Fe、Si 的含量,提高 Zn 与 Mg 的质量比以及添加一些其他微量元素(如 Zr、Sc)等方法,相继研制出一些改良的新型 7000 系铝合金。1978年,美国铝业公司在 7075 合金的基础上降低 Fe、Si 杂质含量,将主要合金元素Zn、Mg、Cu 的含量精确地控制在 7075 成分范围的上限,成功研制出 7150 合金,该合金已用于制造波音 757 和波音 767、空中客车 A310 和麦道 MD-11 等飞机上的机翼结构。20 世纪 90 年代,美国铝业公司在 7150 合金的基础上进一步降低 Fe、Si 和 Mn 杂质含量,提高 Zn 与 Mg 的质量比,研制出强度更高且具有较强断裂韧性的 7055 合金。7055-T77 合金专利热处理工艺用于波音 777 的上翼蒙皮、机翼桁条和龙骨梁等高强结构件,质量减轻达 466kg。

1.3.5　复合材料简介

先进复合材料(ACM)专指可用于加工主承力结构和次承力结构、刚度和强度性能相当于或超过铝合金的复合材料;目前主要指有较高强度和模量的硼纤维、碳纤维、芳纶等增强的复合材料。ACM 在航空航天、船舶建造等军事上的应用价值非常高。例如，军用飞机和卫星，要又轻又结实；军用舰船，要又耐高压又耐腐蚀。这些苛刻的要求，只有借助新材料技术才能解决。ACM 具有质量轻，较高的比强度、比模量，较好的延展性，抗腐蚀、导热、隔热、隔音、减振、耐高温，独特的耐烧蚀性，透电磁波，吸波隐蔽性，材料性能的可设计性，制备的灵活性和易加工性等特点，被大量地应用到航空航天等军事领域中，是制造飞机、火箭、航天飞行器等军事武器的理想材料。

1. 复合材料在航空飞机上的应用

飞机用 ACM 经过多年的发展，已经从最初的应用于非承力构件发展到应用于次承力和主承力构件，可获得减轻质量 20%～30%的显著效果。目前已进入成熟应用期，对提高飞机战术技术水平的贡献、可靠性、耐久性和维护性已无可置疑，其设计、制造和使用经验也日趋丰富。迄今为止，战斗机使用的 ACM 占所用材料总量的 30%左右，新一代战斗机将达到 40%；直升机和小型飞机 ACM 用量将达到 70%～80%，甚至出现全 ACM 飞机。

近年来，国内飞机上也较多使用了 ACM。例如，由国内三家科研单位合作开发研制的某歼击机 ACM 垂尾壁板，比原铝合金结构轻 21kg，质量减轻 30%。北京航空制造工程研究所研制并生产的 QY8911/HT3 双马来酰亚胺单向碳纤维预浸料及其 ACM 已应用于飞机前机身段、垂直尾翼安定面、机翼外翼、阻力板、整流壁板等构件。由北京航空材料研究院研制的 PEEK/AS4C 热塑性树脂单向碳纤维预浸料及其 ACM，具有优异的抗断裂韧性、耐水性、抗老化性、阻燃性和抗疲劳性能，适合制造飞机主承力构件，可在 120℃下长期工作，已应用于飞机起落架舱护板前蒙皮。

2. 复合材料在航空发动机上的应用

美国通用电气公司和普惠公司，以及其他一些二次承包公司，都在用 ACM 取代金属制造飞机发动机零部件，包括发动机舱系统的许多部位推力反向器、风扇罩、风扇出风道导流片等都用 ACM 制造。例如，发动机进口气罩的外壳由美国聚合物公司的碳纤维环氧树脂预混料(E707A)叠铺而成，它具有耐 177℃高温的热氧化稳定性，壳表面光滑似镜面，有利于形成层流。又如，FW4000 型发动机有 80 个 149℃的高温空气喷口导流片，这些导流片也是由碳纤维环氧预浸料制造的。

在 316℃这一极限温度下，ACM 不仅性能优于金属，而且经济效益高。据波音公司估算，喷气客机质量每减轻 1kg，飞机在整个使用期限内即可节省约 2200美元。

3. 复合材料在机用雷达天线罩上的应用

机用雷达罩是一种罩在雷达天线外的壳形结构，其要求透微波性能良好，能承受空气动力载荷作用且保持规定的气动外形，便于拆装维护，能在严酷的飞行条件下正常工作，可抵抗恶劣环境引起的侵蚀。ACM 具有优良的透雷达波性能、足够的力学性能和简便的成型工艺，使它成为理想的机用雷达罩材料。目前制造机用雷达罩材料采用较多的是环氧树脂和 E 玻璃纤维。

4. 复合材料在防热方面的应用

导弹、卫星及其他航天器在进入大气层的防热，是航天技术必须解决的关键问题之一。早在 20 世纪 50 年代，美国就采用石棉酚醛作为烧蚀防热材料，如"丘比特"中程导弹，而苏联的"东方号"飞船也用该种材料。

此后广泛地使用玻璃/酚醛、高硅氧/酚醛，如美国的"MK-11A"弹头和"水星号"飞船、苏联的"联盟号"飞船、法国第一代导弹的弹头等。另外，国内外均将高强度玻璃纤维增强树脂基复合材料用于多管远程火箭弹和空空导弹的结构材料和耐烧蚀/隔热材料，使金属喷管达到了塑料化，耐烧蚀/隔热结构多功能化，实现了喷管收敛段、扩张段和尾翼架多部件一体化，大大减轻了武器质量，提高了战术性能。

5. 复合材料在卫星和宇航器上的应用

卫星结构的轻型化对卫星功能及运载火箭的要求至关重要，所以对卫星结构的质量要求很严。国际通信卫星 VA 中心推力筒用碳纤维 ACM 取代铝合金后质量减轻 23kg(约占 30%)，可使有效载荷舱增加 450 条电话线路。美、欧卫星结构质量不到总质量的 10%，其原因就是广泛使用了 ACM。目前卫星的微波通信系统、能源系统(太阳能电池基板、框架)各种支撑结构件等已基本上做到 ACM 化。

我国在"风云二号"气象卫星及"神舟"系列飞船上均采用了碳/环氧 ACM 作为主承力构件，大大减轻了整星的质量，降低了发射成本。

1.4　航空航天类零件加工特点

1.4.1　发动机鼓筒类零件加工特点

鼓筒类零件结构(图 1.7)越来越复杂，增加了加工困难，原因主要有以下三点：

(1) 增压级鼓筒为多级榫槽的整体零件，直径一般大于 800mm，高度在 400mm 左右，壁厚 2.15mm，属于大直径薄壁鼓筒。由于零件刚性差，加工中易产生切削振动，一方面严重影响切削效果，另一方面对加工表面质量产生重要影响。

(2) 增压级鼓筒环形燕尾榫槽为封闭型面且腔大口小，加工中切削液很难喷射到刀尖部位，影响冷却润滑效果，易导致热量集中。

(3) 由于增压级鼓筒的薄壁结构特点，加工过程中易产生让刀现象，同时随着残余应力释放，加工变形现象严重，影响零件加工精度。

1.4.2　发动机机匣类零件加工特点

目前，机匣外型面一般采用数控铣削加工，机匣内型面及 T 形槽采用数控车削加工。机匣毛坯为自由锻件或简单轮廓的模锻件，加工余量很大。因此，为了保证机匣的加工精度，机匣的加工过程通常划分为粗加工、半精加工和精加工三个阶段。粗加工主要是去除毛坯大部分余量，虽然对尺寸精度和表面精度要求不高，但是应控制粗加工后机匣的变形量；半精加工去除热处理后机匣的变形，进一步去除各表面的加工余量，使精加工余量均匀，并为精加工准备工艺基准；精加工机匣毛坯时，加工余量比较小，各表面需最终加工完成，全部技术要求也要得到保证。总体来说，机匣的加工特点和难点主要如下。

1. 材料难加工且切除率大

航空发动机机匣选择的材料多是一些难加工的材料，如高温合金、钛合金等，这些材料的硬度和强度比较高，切削性能差，加工过程中会影响表面加工精度。航空发动机机匣毛坯为自由锻件或简单轮廓的模锻件，在后续的加工中，大部分材料都会被切除，加工余量很大。

2. 形状与结构复杂

为了减轻重量，增加航空发动机的效率，航空发动机机匣大多采用整体结构，安装座、凸台等结构不再焊接在表面上，而且壁厚越来越小，零件刚性弱，结构的变化使加工工艺更加复杂。此外，对开式环形机匣设计结构复杂，由于采用两个半环形机匣的装配结构，机匣的加工工艺过程复杂，与整体环形机匣相比，总体加工难度增大。对开式环形机匣为薄壁件，尺寸较大的机匣除了径向尺寸大，轴向尺寸也大，刚性很弱，加工过程易产生振动，加工后机匣易产生变形。同时，对开式环形机匣的对开结构，也使其加工变形难以控制。

3. 对加工精度要求高

机匣作为发动机的关键部件，对加工精度要求很高，设计基准的形状公差小，主要表面之间相互位置要求的项目多，且位置公差小，要同时保证这些高精度要求，加工难度很大。机匣的加工精度受加工工艺、结构以及材料等多种因素的制约，而且研究成本高、耗时长，这些因素制约了航空发动机机匣加工精度的提高。

1.4.3　发动机轴颈类零件加工特点

轴颈类零件主要以车铣复合加工为主，其特点是以工序集中为原则，将车削、铣削、钻镗等加工合为一体，在一台加工设备上完成不同工序或者不同工艺方法的加工，特别适合于零件精加工阶段，在完成主要型面车削加工的同时，还可同步完成定位孔、连接孔、键槽、花边、花键等镗铣加工和滚齿加工，即通过一次装夹，完成车、铣、钻、镗、铰、攻丝、滚齿等多种加工要求。车铣复合加工可以减少零件定位装夹次数和找正时间，消除重复定位误差，减少工装数量，实现自动化、集成化加工，大幅度提高零件加工精度和加工效率。

车铣复合加工中心适合加工以车削为主，钻、镗、铣加工为辅的回转类零件。五轴车铣型复合加工中心具有的 B 轴摆动车削功能，特别适用于航空发动机一些结构复杂零件的半封闭深型腔加工，如涡轮盘、盘轴一体零件的深型腔加工。这类零件的主要结构特点是：辐板较长，型腔空间狭小，且径向深度大，盘心孔部位轴向开口宽度窄，加工中主要难点一方面是零件的薄壁结构，加工中易受切削力影响产生加工变形，影响加工精度，另一方面深型腔切削过程中刀具与零件易产生碰撞、干涉，甚至打刀，造成零件报废。为解决上述问题，除加工前进行模拟仿真，消除加工中的干涉外，同时需要设计满足深型腔加工的非标专用刀具。半封闭深型腔在普通数控车床或车削中心加工，需要至少三把非标刀具才能将整个型面全部加工完成，而应用车铣复合加工中心的 B 轴摆动车削功能，使铣削主轴头带动刀具同步摆动，刀具随着加工部位的形状不断调整切削角度和运动方位，弥补了常规车削中刀杆固定不动的不足。在上述盘轴一体零件的深型腔加工中只需采用一把高压内冷结构非标刀具，通过程序设计中应用 B 轴摆动车削加工技术，即可实现 X、Z、B 轴三轴联动车削，满足半封闭深型腔加工需要，减少接刀、换刀次数，保证深型腔型面轮廓的圆滑转接，提高零件加工质量。

1.4.4　发动机叶片加工特点

发动机叶片的加工分两大部分：一部分为叶片型面加工，另一部分为榫头加工及缘板加工。压气机工作叶片的型面用高能高速热挤压成型后经抛光而成，整流叶片由冷轧成型经抛光而成。涡轮叶片的叶型，无论是工作叶片还是导向叶片，其型面都是经数控铣削、抛光而成的。压气机叶片和涡轮叶片的榫头及上、下缘板尺寸为机械加工而成。

　　叶片数控加工传统工艺是单个叶片依次加工，毛坯锻造可以是模锻也可以是自由锻。在铣削加工和车削加工前必须合理设计工装，并高精度地制造出来，这样才能保证叶片的精度，工装的精度对叶片的制造精度影响很大。在叶片铣削加工全部完成后，必须把叶片组合成一周，通过车削完成内、外缘板的加工。

1.4.5　发动机盘类零件加工特点

　　盘类零件处在高速工作状态，承受很大的应力，因此其加工难度较大，具体表现在以下几个方面：

　　(1) 盘类零件设计精度高，其中涡轮盘的设计精度更高。盘主要表面尺寸精度高，基准表面形状公差严，主要表面之间相互位置要求的项目多，且位置公差小，表面精度高。要同时保证这些高精度要求，加工难度很大。

　　(2) 盘类零件设计结构复杂。盘上设计有榫槽、箅齿、端面弧齿、花边、精密孔、螺纹孔、槽等型面，表面要求喷丸，箅齿要求喷涂，因此需要的加工工艺方法多。而榫槽和端面弧齿的加工和检查又需要特殊的、精密的加工工艺和检验方法。

　　(3) 盘类零件刚性差，辐板厚度小，压气机盘辐板最薄处只有 0.9mm，辐板表面为多圆弧转接的型面，辐板型腔可达性差，加工中容易变形。

　　(4) 超声波探伤和腐蚀检查对加工表面形状、加工余量和表面粗糙度有特定的要求。

　　(5) 盘类零件的材料多为钛合金或高温合金，它们都是难加工材料，切削加工性不好。

1.4.6　发动机整体叶盘加工特点

　　由于整体叶盘是高速旋转部件，既要达到减重和精确平衡的要求，又要提高疲劳强度，所以其制造技术难度较大，主要的加工特点有以下几个方面：

　　(1) 整体叶盘尺寸较大，且范围较宽，外径轮廓一般为 $\phi 600 \sim \phi 1200$，需要较大规格的加工设备。

　　(2) 整体叶盘结构复杂，其盘和叶片采用一体化结构设计，盘上的叶片为空间自由曲面，尤其是风扇整体叶盘的叶片，为宽弦、大扭角，通道开敞性差，鼓筒与叶片连接处型面较为复杂，机械加工难度大。因此，需要解决数控编程中五轴加工方式的确定、多约束加工干涉和复杂的刀轴矢量计算等技术问题。

　　(3) 整体叶盘的尺寸、形位公差和表面粗糙度设计精度高，其尺寸和形位公差一般要求在自由状态下检测，而整个加工过程零件处在限位状态，两者的状态会有一定的差异，因此加工过程会严格控制形位公差，导致加工难度变大。

(4) 盘体部分辐板型面区域较大、厚度薄，叶片部分为悬臂结构，叶片壁厚又薄，整体叶盘的刚性较弱，加工过程中易产生颤振和变形。因此，在夹具设计上需要采取措施，在加工工艺上也需要采取措施，以提高整体叶盘的切削刚性，解决颤振和加工变形问题。

(5) 整体叶盘材料为钛合金或高温合金，它们为难加工材料，切削加工困难，因此需要选择适合整体叶盘切削加工的刀具材料、刀具结构及几何参数。

1.5　本书主要内容

本书从航空航天典型零件入手，分析航空航天零件的种类及难加工性，并以整体叶盘为对象，详细介绍盘铣、插铣和侧铣刀具优化设计方法，通过切削实验验证刀具优化设计的合理性及有效性。研究内容主要来源于"高档数控机床与基础制造装备"科技重大专项"航空发动机整体叶盘高效强力复合数控铣床开发及应用"(2013ZX04001-081)。本书的主要内容安排如下：

第 1 章主要进行航空航天工业发展的背景及航空航天典型零件的介绍。航空航天典型难加工材料零件是制约航空航天工业发展的瓶颈，通过分析航空航天典型零件的种类、结构特点、材料特性及加工特点，为后续各章刀具优化设计奠定基础。

第 2 章阐述航空航天零件典型材料切削加工性特点及评价方法。以广泛应用于航空航天零件的难加工材料——钛合金和高温合金为例，通过大进给高速条件下铣削钛合金及高温合金实验，探讨钛合金和高温合金的切削加工特性，为铣削刀具的优化设计提供理论依据。

第 3 章主要进行整体叶盘加工技术分析。在对整体叶盘结构特性进行分析的基础上，探讨整体叶盘的各种加工技术，明确数控复合铣削技术是制造整体叶盘的最优方法，然后对数控复合铣削技术中应用的盘铣刀、插铣刀、侧铣刀进行分析探讨，以期将其应用到复合铣削加工中，高效、经济地实现整体叶盘的加工制造。

第 4 章进行盘铣刀具设计及其加工技术研究。在介绍盘铣加工的特点及其应用的基础上，重点对整体叶盘盘铣加工区域进行工艺规划，选用可转位刀具结构，建立刀片相对刀体位置矢量模型，并对刀具主要结构进行设计及几何参数优化；应用有限元仿真技术对盘铣刀进行结构强度及模态分析，验证刀具的设计合理性，并对所设计的刀具进行制备工艺分析。

第 5 章进行插铣刀具设计及其加工技术研究。在论述插铣加工特点及其应用范围的基础上，分析插铣加工的轨迹并建立时域模型及切削力的动态模型；进行插铣刀参数化设计，完成插铣刀切削仿真分析及几何角度优化；论述插铣刀刀体材料及刀片材料的选用以及加工制备工艺主要流程。

第 6 章进行侧铣刀具设计及其加工技术研究。对钛合金整体叶盘的结构及侧铣加工工艺进行分析，建立切削层及动态切削力的数学模型，并通过仿真与实验验证切削力模型的准确性；从周刃螺旋线、球刃螺旋线及退刀槽等方面进行球头刀结构设计，并实现参数化建模研究；进行球头刀切削仿真分析及几何角度优化；通过对砂轮、磨制工艺的分析优化，提高球头铣刀的磨制质量，并对球头铣刀刃口、刃线和几何参数进行检测。

第 7 章进行钛合金盘铣加工实验。研究切削参数的变化对切削力的影响，并进行刀具磨损分析，以提高加工效率及控制切削力的大小，在保证切削效率的前提下，获得较佳的切削参数组合。

第 8 章进行钛合金插铣加工实验。通过对切削力数据进行分析，获得切削力随切削参数变化的影响规律及权重，建立钛合金插铣切削力预测模型，根据模糊分析方法对切削参数进行优化。

第 9 章进行钛合金侧铣加工实验。探讨切削力随铣削参数的变化规律，在实验研究的基础上，建立钛合金侧铣切削力预测模型；通过多目标优化切削参数，结合实验数据分析对设计的球头铣刀加工钛合金切削参数进行优化，在提高切削效率的前提下，减小切削力，延长刀具寿命。

参 考 文 献

[1] 唐见茂. 航空航天材料发展现状及前景[J]. 航天器环境工程, 2013, (2): 115-121.

[2] 刘光智. 中国航空航天产业创新能力及其评价研究[D]. 合肥: 合肥工业大学, 2012.

[3] Chen S J. Composite technology and large aircraft[J]. Acta Aeronautica et Astronautica Sinica, 2008, 29(3): 605-610.

[4] Mouritz A P. Introduction to Aerospace Materials[M]. Sawston: Woodhead Publishine Limited, 2012.

[5] Tang J M. Current status and trend of functional composites in aerospace applications[J]. Spacecraft Environment Engineering, 2012, 29(2): 123-128.

[6] 张定华, 汪文虎, 卜昆, 等. 涡轮叶片精密铸造模具技术[M]. 北京: 国防工业出版社, 2014.

[7] 宋峰. 某发动机高压压气机转子鼓筒装配与加工[D]. 大连: 大连理工大学, 2008.

[8] 贾玉佩. 航空发动机典型零件刀具性能综合评价技术研究[D]. 南京: 南京航空航天大学, 2016.

[9] 贾玉佩, 赵威, 李亮. 航空发动机整体叶盘刀具性能灰色综合评价[J]. 中国机械工程, 2016, (12): 1621-1625.

[10] 马辉, 太兴宇, 李焕军, 等. 旋转叶片-机匣碰摩模型及实验研究综述[J]. 航空动力学报, 2013, (9): 2055-2069.

[11] 樊国福, 宋海荣, 赵敏, 等. 航空压气机盘裂纹分析[J]. 理化检验, 2004, (1): 35-39.

[12] 李增强, 劳金海, 庞克昌, 等. 航空发动机钛合金压气机盘等温成型研究[J]. 上海钢研, 1990, (2): 5-8.

[13] 王聪梅. 航空发动机典型零件机械加工[M]. 北京: 航空工业出版社, 2014.

[14] 史耀耀, 段继豪, 张军锋, 等. 整体叶盘制造工艺技术综述[J]. 航空制造技术, 2012, (3): 26-31.

[15] 赵万生, 詹涵菁, 王刚. 涡轮叶盘加工技术[J]. 航空精密制造技术, 2000, (5): 1-5.

[16] Liu S G , Chen M. Numerical simulation of the dynamic process of aero-engine blade to case rub impact[J]. Journal of Aerospace Power, 2011, 26(6): 1282-1288.

[17] Zhu D, Zhu D, Xu Z Y, et al. Trajectory control strategy of cathodes in blisk electrochemical machining[J]. Chinese Journal of Aeronautics, 2013, 26(4): 1064-1070.

[18] Wang Z Q. Machining technology of aeroengine blisk[J]. Aeronautical Manufacturing Technology, 2013, (9): 40-43.

[19] 左殿阁. 钛合金整体叶盘侧铣加工用球头铣刀设计及优化[D]. 哈尔滨: 哈尔滨理工大学, 2016.

[20] 郑欣, 白润, 王东辉, 等. 航天航空用难熔金属材料的研究进展[J]. 稀有金属材料与工程, 2011, (10):1871-1875.

第 2 章　航空航天零件典型材料切削加工性及其切削加工实验研究

2.1　材料切削加工性的概念及评定方法

2.1.1　材料切削加工性概念

切削加工性(可切削性、机械加工性)是指金属材料被刀具切削加工后而成为合格工件的难易程度。切削加工性好坏常用加工后工件的表面粗糙度、允许的切削速度以及刀具的磨损程度来衡量。它与金属材料的化学成分、力学性能、导热性及加工硬化程度等诸多因素有关。通常用硬度和韧性作为切削加工性好坏的大致判断。一般来讲，金属材料的硬度越高，越难切削，硬度虽不高，但韧性大，切削也较困难。一般有色金属不如黑色金属切削加工性好[1-3]。

2.1.2　材料切削加工性评定方法

评定一种材料的切削加工性好与差的指标是多方面的，每种指标仅反映切削过程中的一个方面，代表相应的切削加工性。目前对于切削加工性的评价并没有统一、规范的衡量标准，也没有绝对的数据加以描述，常用刀具切削实验确定的相对切削加工性及分级来描述工件材料切削的难易程度。总体来说，有以下几个方面可以描述航空航天材料切削加工性[4]：

(1) 以工件材料切削效率和刀具使用寿命指标评定切削加工性；

(2) 以工件材料切削加工表面质量指标评定切削加工性；

(3) 以工件材料切削加工过程中影响切削过程可靠性、稳定性指标评定切削加工性；

(4) 以切削过程中的一些特殊指标评定切削加工性，例如，少数切削加工中，切屑容易在空气中发生易燃等剧烈反应，安全性指标是评定工件材料切削加工性不可忽视的方面；

(5) 以最佳切削速度作为指标评定工件材料的切削加工性。

2.1.3　工件材料切削加工性的评定

对于每一种加工材料都要选择合理的加工条件、切削刀具及切削用量，因此很难找到一种方法或物理量可以精确规定或计算出相应的参数来衡量材料的切削加工性，但实践中需要对每一种材料切削加工性做一个基本的衡量，以利于刀具的设计与应用。

目前，常用一定刀具耐用度下允许的切削速度 v_c 评价材料的切削加工性，v_c 是指刀具耐用度为 T 时，切削某种材料的允许切削速度。v_c 越高，说明该材料的切削加工性能越好。任何事情都是相对的，对于材料的切削加工性，也要用相对切削加工性 K_r 表示。

这种方法是以切削抗拉强度 σ_b=0.735GPa 的 45 钢，耐用度 T=60min 时的切削速度 v_{60} 为基准[5,6]。相对切削加工性就是切削其他材料时的 v_c 与基准 v_{60} 的比值，即

$$K_r = v_c / v_{60}$$

(1) 当 K_r>1 时，说明该材料比 45 钢容易切削，切削加工性好；

(2) 当 K_r<1 时，说明该材料比 45 钢难切削，切削加工性差。

常用金属工件材料，相对切削加工性 K_r 值从 0.15 以下到 3.0 以上，切削加工性差别很大。因此，对切削加工性进行分级，不同的 K_r 值对应不同的加工难度和级别，见表 2.1。

表 2.1　切削加工性分级与切削加工难易程度

切削加工性分级	材料类别及切削加工性难易		相对切削加工性	典型材料举例
0, 1	易切削材料	一般非铁金属	>3.0	铜铅合金、铜铝合金、铝镁合金
2		易切削钢	2.5～3.0	退火 15Cr (0.373～0.441GPa)
3		较易切削钢	1.6～2.5	正火 30 钢 (0.441～0.549GPa)
4	一般材料	一般钢及铸铁	1.0～1.6	45 钢 (退火、调质)、灰口铸铁
5		稍难切削材料	0.65～1.0	2Cr13 (调质 0.834GPa)
6, 7	难切削材料	较难切削材料	0.5～0.65	40Cr (调质 1.03GPa)
8		难切削材料	0.15～0.5	1Cr18Ni9Ti 等不锈钢
9		很难切削材料	<0.15	钛合金、高温合金材料等

2.2　钛合金切削加工性及其切削加工实验研究

钛合金是航空航天工业中使用的一种新的重要结构材料，密度、强度和使用

温度介于铝和钢之间，但比强度高并具有优异的抗腐蚀性能和超低温性能。当航空发动机的推重比从 4～6 提高到 8～10，压气机出口温度相应地从 200～300℃增加到 500～600℃时，原来用铝制造的低压压气机盘和叶片就必须改用钛合金，或用钛合金代替不锈钢制造高压压气机盘和叶片，以减轻结构重量。钛合金在航空发动机中的用量一般占结构总重量的 20%～30%，主要用于制造压气机部件，如锻造钛风扇、压气机盘和叶片、铸钛压气机机匣、中介机匣、轴承壳体等[7]。

20 世纪 50～60 年代，主要是发展航空发动机用的高温钛合金和机体用的结构钛合金，70 年代开发出一批耐蚀钛合金，80 年代以来耐蚀钛合金和高强钛合金得到进一步发展。耐热钛合金的使用温度从 50 年代的 400℃提高到 90 年代的 600～650℃。A2(Ti3Al)基和 r(TiAl)基合金的出现，使钛合金在发动机的使用部位由发动机的冷端(风扇和压气机)向发动机的热端(涡轮)方向推进。结构钛合金向高强、高塑、高韧、高模量和高损伤容限方向发展[8,9]。

目前，世界上已研制出的钛合金有数百种，最著名的合金有 20～30 种，如 Ti-6Al-4V、Ti-5Al-2.5Sn、Ti-2Al-2.5Zr、Ti-32Mo、Ti-Mo-Ni、Ti-Pd、SP-700、Ti-6242、Ti-10-5-3、Ti-1023、BT9、BT20、IMI829、IMI834 等。

2.2.1　钛合金分类

钛合金是以钛元素为基础加入其他元素组成的合金。钛是同素异构体，熔点为 1668℃，在低于 882℃时呈密排六方晶格结构，称为 α 钛；在 882℃以上呈体心立方结构，称为 β 钛。可利用钛的上述两种不同结构的特点，添加适当的合金元素，使其相变温度及相分含量逐渐改变而得到不同组织的钛合金，加入的元素常有 Al、Cu、Mo、Mn、V、Fe 等。室温下，钛合金有三种基体组织，钛合金也相应分为以下三类：α 钛合金、β 钛合金和 α+β 钛合金[10-14]。

1. α钛合金

α 钛合金是 α 相固溶体组成的单相合金，无论是在一般温度下还是在较高的实际应用温度下，均是 α 相，组织稳定，耐磨性高于纯钛，抗氧化能力强。在 500～600℃的温度下，仍保持其强度和抗蠕变性能，但不能进行热处理强化，室温强度不高。

2. β钛合金

β 钛合金是 β 相固溶体组成的单相合金，未热处理前就具有较高的强度，淬火、时效后合金得到进一步强化，室温强度可达 1372～1666MPa；但热稳定性较差，不宜在高温下使用。

3. α+β 钛合金

α+β 钛合金是双相合金，具有良好的综合性能，组织稳定性好，有良好的韧性、塑性和高温变形性能，能较好地进行热压力加工，并能进行淬火、时效使合金强化。热处理后的强度比退火状态提高 50%～100%；高温强度高，可在400～500℃的温度下长期工作，其热稳定性次于 α 钛合金。

三种钛合金中最常用的是 α 钛合金和 α+β 钛合金；α 钛合金的切削加工性最好，α+β 钛合金次之，β 钛合金最差。α 钛合金代号为 TA，β 钛合金代号为 TB，α+β 钛合金代号为 TC。

钛合金按用途可分为耐热合金、高强合金、耐蚀合金(钛-钼合金、钛-钯合金等)、低温合金及特殊功能合金(钛-铁贮氢材料和钛-镍记忆合金)等。

热处理钛合金通过调整热处理工艺可以获得不同的金相组成和组织。一般认为，细小等轴组织具有较好的塑性、热稳定性和疲劳强度；针状组织具有较高的持久强度、蠕变强度和断裂韧性；等轴和针状混合组织具有较好的综合性能。

2.2.2　钛合金加工刀具几何参数优选实验研究

钛比钢密度小 40%，而钛的强度和钢的强度相当，从而可以提高结构效率。同时，钛的耐热性、耐蚀性、弹性和成型加工性良好。但是在切削钛合金时，易形成挤裂切屑，切屑变形系数通常为 0.8～1.05。

切屑与前刀面接触处温度很高，引起 α-Ti 和 β-Ti 的转化，使切屑组织发生变化。高温下，钛合金吸收大气中的氢、氧、氮等元素，使切屑失去塑性。钛合金在切削过程中刀具磨损较为剧烈，因为切削变形系数小，沿前刀面的流出速度大于切削速度，切屑沿刀具前刀面的摩擦更剧烈，又因为钛合金的热导率低，所以切削产生的热量和温度分布状况使刀具更易产生磨损现象[15-17]。

1. 实验条件

1) 机床及刀具

采用 VDL-1000E 立式加工中心，实验装置连接如图 2.1 所示。刀具几何参数优选实验中所使用的刀片，即京瓷公司生产的牌号为 NDCW150308FRX 的硬质合金刀片，所焊接的复合片为元素六公司生产的平均粒径为 10μm、牌号为CTB010 的 PCD(聚晶金刚石)复合片，刀片如图 2.2 所示。

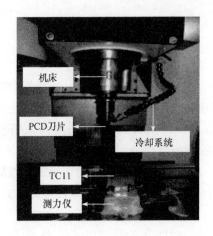

图 2.1　实验装置　　　　　　　　　　　　图 2.2　实验所用刀片

2) 工件材料

工件材料为 TC11 钛合金，其主要化学成分如表 2.2 所示。

表 2.2　TC11 钛合金化学成分表(质量分数：%)

材料	Ti	Al	Si	Mo	Zr
TC11	基体	5.8~7.0	0.2~0.35	2.8~3.7	0.8~2.0

3) 测试仪器

切削力的测量采用 Kistler 9265B 动态测力仪，其 x、y 方向的量程为 0～5kN，z 方向的量程为 0～10kN。测量灵敏度范围：x、y 方向为 10.0mV/N；z 方向为 5.00mV/N。铣刀径向切深方向为 x 方向，进给方向为 y 方向，刀具轴向为 z 方向。在测量过程中，测力仪信号先经过电荷放大器放大后，再经过数据采集卡后将信号传输到计算机，利用配套软件 Dynoware 对力信号进行分析和处理。表面粗糙度的测量采用型号为 TR200 的手持式表面粗糙度测量仪。

2. 实验方案

大进给刀具几何参数优选实验采用三因素三水平的正交实验，如表 2.3 所示。实验对径向前角、轴向前角和刀尖圆弧半径进行优选，对切削力和表面粗糙度进行测量，并通过极差分析方法对实验数据进行分析整理。

表 2.3　正交实验方案

序号	径向前角/(°)	轴向前角/(°)	刀尖圆弧半径/mm
1	2	1	0.8
2	6	4	1.6
3	11	9	2.4

3. 实验结果分析

1) 刀具几何参数对切削力的影响分析

实验结果如表 2.4 所示。

表 2.4　切削力实验数据及极差分析

编号	径向前角/(°)	轴向前角/(°)	刀尖圆弧半径/mm	切削合力/N
1	6	4	0.8	682
2	11	1	0.8	704
3	2	9	0.8	491
4	6	1	1.6	614
5	11	9	1.6	1049
6	2	4	1.6	312
7	6	9	2.4	784
8	11	4	2.4	521
9	2	1	2.4	238
优水平	2	4	2.4	
R	411	269.7	144	
主次顺序	径向前角、轴向前角、刀尖圆弧半径			

通过数据分析可知，径向前角对切削力的影响最大，其次是轴向前角，最后是刀尖圆弧半径。较小的径向前角和轴向前角可以获得较小的切削力，但并不是角度最小时，切削力最小，同时要使刀具具有一定的径向前角和轴向前角来保持其切削刃锋利性。从刀尖圆弧半径的变化来看，尽管不同的刀尖圆弧半径下所测得的切削力的大小不同，但是切削力的波动范围并不是很大，所以其影响切削力的效果不如改变前角明显。优化水平中所选取的数值在正交实验中并未取到，而最接近的一组为第六组刀片，其径向前角为 2°、轴向前角为 4°、刀尖圆弧半径为 1.6mm。

2) 刀具几何参数对表面粗糙度的影响分析

实验结果如表 2.5 所示。

表 2.5　表面粗糙度实验数据及极差分析

编号	径向前角/(°)	轴向前角/(°)	刀尖圆弧半径/mm	表面粗糙度/μm
1	6	4	0.8	1.118
2	11	1	0.8	1.364
3	2	9	0.8	0.980
4	6	1	1.6	1.097
5	11	9	1.6	1.462
6	2	4	1.6	0.821
7	6	9	2.4	1.120
8	11	4	2.4	1.314
9	2	1	2.4	0.919
优水平	2	4	2.4	
R	0.473	0.103	0.036	
主次顺序	径向前角、轴向前角、刀尖圆弧半径			

通过数据分析可以得到，径向前角对表面粗糙度的影响最大，其次是轴向前角和刀尖圆弧半径，表面粗糙度极差分析的优化水平与切削力极差分析的优化水平基本相同。结合对切削力及表面粗糙度的分析可知，第六组刀片即可作为最优几何参数刀片进行后续实验。

2.2.3　大进给与高速切削钛合金实验研究

1. 单因素实验设计及结果

在正交实验中优选出较优的几何参数刀片进行每齿进给量的单因素实验，采用较大的每齿进给量和较小的轴向切深，同时切削速度保持在 150m/min 的高速下进行实验，目的是在保证刀具强度的同时提高切削效率，以此验证刀具能否在大进给的情况下对钛合金进行切削加工[18,19]。

单因素实验共进行两组，分别是大进给切削 TC11 钛合金单因素实验和高速切削 TC11 钛合金单因素实验[20-22]。在高速切削单因素实验中所使用的刀片为京瓷公司生产的 KPD010 刀片。每齿进给量单因素实验与切削速度单因素实验数据如表 2.6 和表 2.7 所示。

表 2.6　每齿进给量单因素实验数据

序号	切削速度 v_c/(m/min)	每齿进给量 f_z/(mm/z)	轴向切深 a_p/mm	径向力 F_x/N	进给力 F_y/N	切向力 F_z/N	表面粗糙度 R_a/μm
1	150	0.3	0.08	151.4	136.7	53.7	0.706
2	150	0.4	0.08	168.5	158.7	51.3	0.821
3	150	0.5	0.08	247.9	211.2	65.9	1.122
4	150	0.6	0.08	358.8	312.4	68.4	1.423

表 2.7　切削速度单因素实验数据

序号	切削速度 v_c/(m/min)	每齿进给量 f_z/(mm/z)	轴向切深 a_p/mm	径向力 F_x/N	进给力 F_y/N	切向力 F_z/N	表面粗糙度 R_a/μm
1	210	0.1	0.12	48.8	48.8	14.6	0.32
2	270	0.1	0.12	39.1	36.6	9.8	0.216
3	330	0.1	0.12	70.8	65.9	17.1	0.141
4	390	0.1	0. 12	188	168.5	51.3	0.509

2. 对切削力的影响规律分析

通过两组不同的实验数据，分别得出每齿进给量、切削速度的改变对切削力的影响曲线如图 2.3 所示，其中图 2.3(a)为大进给单因素实验中切削力的变化曲线，图 2.3(b)为切削速度单因素实验中切削力的变化曲线。

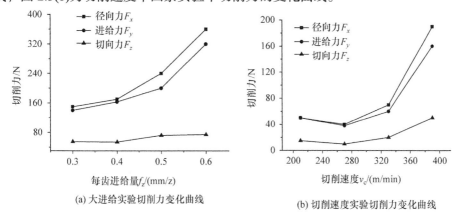

(a) 大进给实验切削力变化曲线　　　　　(b) 切削速度实验切削力变化曲线

图 2.3　切削力随切削用量变化曲线

从图 2.3 可以看出，无论是大进给单因素实验还是切削速度单因素实验，切削力的总体变化趋势都是随着每齿进给量和切削速度的增加而增大的。实验中发现径向力和进给力的大小几乎都是切向力的 2 倍左右，且当每齿进给量大于

0.4mm/z、切削速度大于 270m/min 时切削力增加较快。从切削力变化曲线还可以看出，大进给单因素实验中的切削力比切削速度单因素实验中的切削力大 2 倍以上，这是由于刀尖圆弧半径在大进给单因素实验中为 1.6mm，而在切削速度实验中的只有 0.4mm，有效切削刃的增加可能导致振动增加，从而引起摩擦力的增加[23]。

从图 2.3(a) 中可以看出，每齿进给量 f_z 的增加导致切削功增大，所以切削力也随之增大。当每齿进给量超过 0.4mm/z 以后切削面积增加的幅度越来越大，导致变形力和刀具与工件之间的摩擦力越来越大，同时随着摩擦力的增加，刀具磨损也不断加剧，尽管切削功的增加使得切削温度升高，且使工件一定程度上发生软化，但不及切削力的增加快。从图 2.3(b) 中可以看出，在切削速度为 200～330m/min 的范围内，切削力几乎没有太大的变化，而当切削速度超过 330m/min 后，切削力迅速增加，这主要是由于在切削速度超过 330m/min 后，切削温度急剧上升，而钛合金在高温下发生化学反应，使切削刃发生损坏。从图中还可以看出，在切削速度为 200～270m/min 内，径向力和切向力出现了小幅度的下降，这是由于切削速度在一定范围内增加后，摩擦系数 μ 减小，剪切角增加，变形系数减小，使切削力减小。

3. 对表面粗糙度的影响规律分析

通过实验数据，分别得出每齿进给量、切削速度的改变对表面粗糙度的影响曲线如图 2.4 所示，其中图 2.4(a) 为大进给单因素实验中表面粗糙度的变化曲线，图 2.4(b) 为切削速度单因素实验中表面粗糙度的变化曲线。

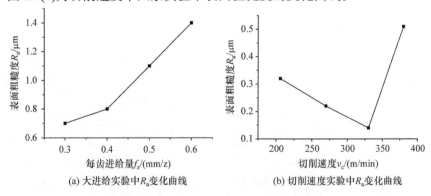

(a) 大进给实验中 R_a 变化曲线　　　　　　(b) 切削速度实验中 R_a 变化曲线

图 2.4　表面粗糙度随切削用量变化曲线

从图 2.4 中可以看出，表面粗糙度在两组实验中的变化趋势差异比较明显，在图 2.4(a) 中表面粗糙度随着每齿进给量的增加而不断增大；在图 2.4(b) 中表面粗糙度先随着切削速度的增加而减小，在切削速度超过 330m/min 后出现了急剧上升的趋势，而且每齿进给量单因素实验中的表面粗糙度总体大于切削速度单因素实验中的表面粗糙度。

从图 2.4(a)中可以看出，随着每齿进给量的增加，表面粗糙度不断增大，且在每齿进给量达到 0.5mm/z 后对于铣削 TC11 钛合金，已经超出了精加工的范围。这种表面粗糙度的迅速增加表明在断续加工过程中，每齿进给量的增加使得每次切入工件时刀具与工件的接触长度增加，这导致振动不断加大，因而表面粗糙度不断增加。从图 2.4(b)中可以看出，在切削速度为 200～330m/min 范围内，表面粗糙度随着切削速度的增加而不断减小，这是由于提高切削速度可以有效减小积屑瘤和鳞刺，甚至使其消失，同时可以减小工件的塑性变形，因而可以减小表面粗糙度。但是，当切削速度超过 330m/min 以后，表面粗糙度的急剧增加有可能说明一种情况是切削速度超过了积屑瘤消失的临界值，另一种情况是在切削速度达到 330m/min 后刀具可能发生微崩刃，这导致刀具与工件的接触面积增加，摩擦力随之增加，因此表面粗糙度急剧增加。

4. 金属去除率对比分析

通过以上实验数据的分析可知，对于高效加工钛合金，一种办法是提高切削速度，另一种办法是通过改变刀具的几何参数从而保证在一定的速度范围内可以提高每齿进给量而达到高效切削的目的。大进给刀具与高速切削刀具切削参数对比如表 2.8 所示，根据金属去除率公式(2-2)分别对其进行计算，最终比较哪一种方法更为高效。

$$v_f = f_z z n \tag{2-1}$$

$$Q = v_f a_p a_e \tag{2-2}$$

式中，v_f 为进给速度；z 为齿数，实验中齿数都为 1；n 为主轴转速；Q 为金属去除率；a_e 为径向切深。

表 2.8　大进给刀具与高速切削刀具切削参数对比

组别	进给速度 v_f /(mm/min)	轴向切深 a_p /mm	径向切深 a_e /mm	金属去除率 Q/(mm³/min)
大进给实验	1273.88	0.08	15	4800
高速实验	573.25	0.12	15	3240

从表 2.8 中可以看出，大进给刀具的金属去除率较高，约为高速切削时的 1.5 倍，但是尽管同为精加工，高速切削加工后的表面质量要远优于大进给切削加工后的表面质量。

2.2.4 基于刀具寿命的钛合金切削加工实验研究

对于实验用刀具，虽然其具有极高的硬度及耐磨性，但由于工件材料为钛合金，属于难加工材料，导致刀具在对钛合金的切削加工中容易发生刀具磨损，甚至在切削参数选取不当的情况下容易发生刀具破损，这不仅影响加工表面质量，使刀具不能体现出高效加工的优势，而且从经济性上考虑刀具寿命低会造成成本上的增加。所以，对于如何在高效切削加工钛合金的同时既能保证刀具的使用寿命又能保证加工表面质量，已经成为钛合金加工过程中亟待解决的难题之一[24,25]。

1. 实验条件

本次实验中所使用的机床、工件材料及冷却系统与 2.2.3 节实验相同，测试仪器采用 VHX1000 型超景深显微镜。为探讨刀具不同几何参数对刀具寿命的影响规律，在实验过程中每切削一定时间就对刀片进行观察并测量出其后刀面的磨损值，选择后刀面磨损量 VB=0.2mm 作为磨钝标准。

2. 刀具几何参数对刀具寿命的影响分析

对 2.2.3 节中几何参数优选实验的 9 组刀片进行刀具寿命实验，实验所选取的切削参数为切削速度 v_c=150m/min，每齿进给量 f_z=0.4mm/z，轴向切深 a_p=0.08mm，径向切深 a_e=15mm，实验数据及分析如表 2.9 所示。

表 2.9 刀具几何角度正交实验数据及刀具寿命极差分析

编号	径向前角/(°)	轴向前角/(°)	刀尖圆弧半径/mm	刀具耐用度/min
1	6	4	0.8	8.5
2	11	1	0.8	19.5
3	2	9	0.8	37
4	6	1	1.6	24.5
5	11	9	1.6	1
6	2	4	1.6	81.5
7	6	9	2.4	1
8	11	4	2.4	1
9	2	1	2.4	29.5
优水平	2	4	1.6	
R	42.1	7.8	25.2	
主次顺序	径向前角、刀尖圆弧半径、轴向前角			

注：刀具寿命用"刀具耐用度"表征。

从分析得出的优水平中可以看出，编号为 6 的刀片寿命与其最优几何参数相符合，从图 2.5 也可以看出，6 号刀片的寿命最长达到 81.5min。几何参数对刀具耐用度影响的主次顺序为径向前角、刀尖圆弧半径、轴向前角。从图 2.5 中还可以看出，5 号、7 号、8 号刀片寿命不到 1min，这是由于刀具在刚刚切入工件不久即发生了崩刃致使刀具破损。这也说明刀具的径向前角和轴向前角不宜过大，如果刀具的前角选择过大可能导致强度不足而崩刃，因此实验中的径向前角 11°和轴向前角 9°都不适合在大进给条件下进行切削。从 3 号、6 号、9 号刀片的寿命可以看出，这三组实验刀具的寿命都超过了 29min 且大于其他组的寿命，而这三组的共同点是对寿命影响最大的径向前角的角度为 2°，故在大进给条件下应该选择较小的径向前角。

从刀尖圆弧半径可以看出，1~3 号刀片的寿命要大于 7~9 号，这说明刀尖圆弧半径不宜过大，因为当刀尖圆弧半径过大时，如果选择较大的每齿进给量可能发生振动，导致刀具发生微崩刃，磨损急剧增加导致刀具失效。然而，寿命最长的 6 号刀片的刀尖圆弧半径为 1.6mm，大于 1~3 号刀片的 0.8mm，这说明在一定范围内刀尖圆弧半径的增加相当于减小了主偏角，从而使切屑变薄，这与大进给刀具的设计优点相符，也可能是 6 号刀片寿命较长的原因之一。图 2.6 为 6 号刀片的磨损曲线。

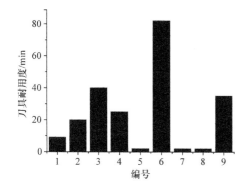

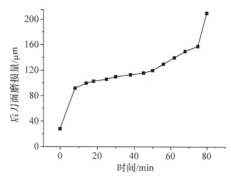

图 2.5　刀具寿命柱状图　　　　　图 2.6　6 号刀片磨损曲线

3. 刀具几何参数对刀具磨损的影响分析

1) 刀具前刀面磨损分析

图 2.7 为实验中刀具前刀面磨损图，从图中可以看出，大进给刀具在切削钛合金的过程中前刀面的磨损形式主要是微崩刃和月牙洼磨损(黏结磨损)，其中寿

命最长的 6 号刀片的前刀面几乎没有崩刃现象,以月牙洼磨损为主,而 7 号和 8 号刀片寿命短的原因是发生了严重的崩刃现象,从 1~9 号刀片还可以看出,寿命较长的刀片的前刀面多出现月牙洼磨损。

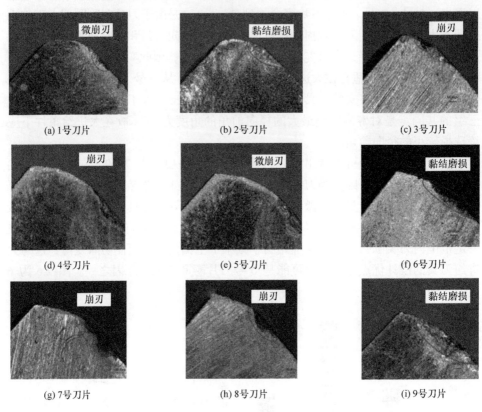

(a) 1号刀片　　　　　　　(b) 2号刀片　　　　　　　(c) 3号刀片

(d) 4号刀片　　　　　　　(e) 5号刀片　　　　　　　(f) 6号刀片

(g) 7号刀片　　　　　　　(h) 8号刀片　　　　　　　(i) 9号刀片

图 2.7　前刀面磨损

2) 刀具后刀面磨损分析

图 2.8 为实验中刀具后刀面磨损图,1 号和 6 号刀片有明显的磨损带且都伴有边界磨损出现,而其他刀片有微崩刃和化学磨损导致的深沟出现,并且磨损区域较长,这是由刀尖圆弧半径大导致的,而在 4 号、5 号、7 号、8 号刀片上出现的崩刃较为严重,这可能是因为刀具材料硬度高、脆性大,且材料组织不均匀,可能分布有众多的缺陷和空隙,导致 5 号、7 号和 8 号刀片在早期就由于冲击出现了较为严重的破损。

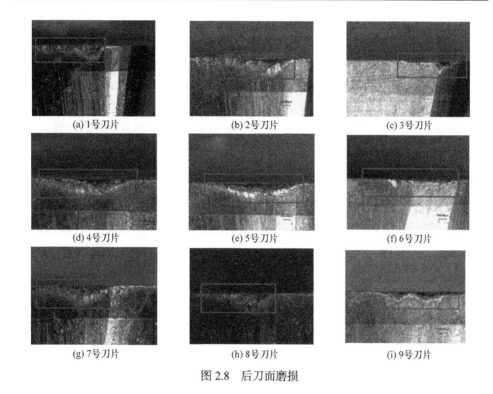

图 2.8　后刀面磨损

2.3　高温合金切削加工性及其切削加工实验研究

高温合金具有强度高、耐热性好、耐腐蚀能力强等特点，在 650～1000℃高温下，仍具有较高的强度与一定的抗氧化能力，由于足够高的高温强度与抗氧化腐蚀能力，所以常用于热交换部件和汽油机、柴油机的排气阀，汽轮机的叶片、高温紧固件等。高温合金的特点，使得其切削性能较差，采用传统的切削条件很难正常加工。高温合金的高效加工问题一直是航空航天工业及其他行业制造技术中亟待解决的重要问题，主要反映在刀具切削加工时切削温度高、刀具受力大、刀具磨损剧烈、加工硬化严重、生产效率低等方面。

高温合金是现代航空航天、航海及核工业上必需的金属材料，它主要用于制造航空器、飞机和轮船的发动机及涡轮机、火力发电、原子能发电、石化机械、矿山机械等在特殊条件(高温、持久、疲劳、腐蚀气氛等)下工作的零部件。它是以 Ni-Cr-(Fe, C)奥氏体为基，其组织依靠 Mo、W、Nb 等元素的固溶强化，通过 Y 相(把 Ni_3Al 作为基，Ti、T 等固溶)析出强化，以及通过 Hf、B 等产生的晶界强化而形成的化学成分很复杂的一类合金材料。高温合金按生产工艺可以分为变形和铸造两类；按其主要元素分为铁基、铁镍基、镍基、钴基四类[26]。

高温合金具有以下特点：①高温合金组元很多，激活能高的高熔点金属元素含量多；②强度高，硬度大；③导热性极差；④含有大量的硬质相；⑤其高温下的力学性能比常温下的并未逊色多少[27]。

正是由于高温合金特殊的物理、化学及力学性能，对其进行切削加工非常困难，其相对切削加工性 K_r 仅为 45 钢的 5%～15%，关于高温合金的切削加工问题一直是许多学者研究的中心问题。

2.3.1 高温合金分类

高温合金是指能够在 600℃以上的高温长期适应一定的抗压力作用下工作的且具有较好的综合性能的金属材料，在极端的高温高压下仍然具有优良的组织稳定性和可靠性[28]。传统的划分高温合金材料可以根据以下三种方式来进行：基体元素种类、合金强化类型、材料成型方式。

(1) 根据基体元素种类，高温合金可以分为铁基、镍基、钴基等，其中，铁基高温合金又可称为耐热合金钢。它的基体是 Fe 元素，加入少量的 Ni、Cr 等合金元素，耐热合金钢按其正火要求可分为马氏体、奥氏体、珠光体、铁素体等[29]。镍基高温合金的镍含量在 50%以上，适用于 1000℃以上的工作条件，采用固溶、时效的加工方法，可以使其抗蠕变性能和抗压、抗屈服强度大幅提升。钴基高温合金是以钴为基体，钴含量约占 60%，同时需要加入 Cr、Ni 等元素来提升高温合金的耐热性能，虽然这种高温合金耐热性能较好，但由于各个国家钴资源产量比较少，加工比较困难，所以用量不多。目前就高温环境使用的高温合金来看，使用镍基高温合金的范围远远超过铁基高温合金和钴基高温合金，同时镍基高温合金也是我国产量最大、使用最广的一种高温合金[30]。

(2) 根据合金强化类型，高温合金可以分为固溶强化高温合金和时效沉淀强化高温合金。固溶强化高温合金即添加一些合金元素到铁、镍或钴基高温合金中，形成单相奥氏体组织，溶质原子使固溶体基体点阵发生畸变，使固溶体中滑移阻力增加，而强化有些溶质原子可以降低合金系的层错能，提高位错分解的倾向，导致交滑移难以进行，合金被强化，达到高温合金强化的目的。时效沉淀强化即合金工件经固溶处理，冷塑性变形后，在较高的温度放置或室温保持其性能的一种热处理工艺[31]。

(3) 根据材料成型方式划分，高温合金有铸造高温合金、变形高温合金和新型高温合金。

铸造高温合金：采用铸造方法直接制备零部件的合金材料，根据合金基体成分，可以分为铁基铸造高温合金、镍基铸造高温合金和钴基铸造高温合金三种类型。按结晶方式，可以分为多晶铸造高温合金、定向凝固铸造高温合金、定向共晶铸造高温合金和单晶铸造高温合金四种类型。铸造高温合金是航天发动机零部件的重要组成部分，根据研究分析，对航空发动机寿命的长短影响最显著的因素就是铸造高温合金的好坏，随着航空航天领域的快速蓬勃发展，要求广泛使用高科技含量的合金材料，如高性能等轴晶、单晶合金、定向合金。

变形高温合金：变形高温合金仍然是航空发动机中使用最多的材料，在国内外应用都比较广泛，我国变形高温合金年产量约为美国的1/8，以GH6149合金为例，它是国内外应用范围最广的一个主要品种。我国主要在涡轮轴发动机的螺栓压缩机及轮盘、甩油盘上作为主要零件进行应用，随着其他合金产品的日益成熟，变形高温合金的使用量可能逐渐减少，但在未来数十年中仍然会占据主导地位[32]。

我国变形高温合金最新进展是大型难变形合金盘件的生产加工取得了历史性突破，解决了一直难以攻克的冶炼和热加工中涉及的技术革新问题，成功研制了直径为1.2m的GH4698合金盘和直径为0.8m的GH4742合金盘，这项技术的成功运用摆脱了一直以来对国外的依赖性，满足了我国大型舰船和燃气轮机发展的迫切需要[33]。

新型高温合金：包括粉末高温合金、钛铝系金属间化合物、氧化物弥散强化高温合金、耐蚀高温合金、粉末冶金及纳米材料等多种产品领域。

(1) 第三代粉末高温合金的合金化程度提升，使其兼顾了前两代的优点，获得了更高的强度及较低的损伤，粉末高温合金生产工艺日趋成熟，未来可能从以下几个方面开展：粉末制备、热处理工艺、计算机模拟技术、双性能粉末盘。

(2) 钛铝系金属间化合物逐步向多元微量和大量微元两个方向拓展，德国汉堡大学、日本京都大学、德国GKSS中心等都进行了广泛的研究，钛铝系金属间化合物现已应用于船舶、生物医用、体育用品领域。

(3) 氧化物弥散强化高温合金是粉末高温合金的一部分，具有较高的高温强度和较低的应力系数，广泛应用于燃气轮机耐热抗氧化部件、先进航空发动机、石油化工反应釜等。

(4) 耐蚀高温合金主要用于替代耐火材料和耐热钢，应用于建筑及航空航天领域。

2.3.2 高温合金 GH706 切削加工实验研究

难加工材料的切削问题一直是金属切削领域的重点研究内容，镍基高温合金的加工过程中刀具磨损严重、加工硬化严重、切削温度较大等问题使高速钢刀具以及一般的硬质合金刀具都无法有效加工。通常对于材料加工的难易程度可以从诸多方面来衡量，如刀具的耐用度、切屑控制以及已加工表面的完整性等。从 20 世纪 80 年代开始，国内外学者对切削镍基高温合金进行了多方面的研究。

随着材料科学的发展进步，其在刀具领域的扩展，使刀具的性能一直在不断提高，其中最为年轻的 PCBN 刀具，经过几十年的发展与应用，其性能已日益完善，并且出现了新型适用于不同加工要求的材质牌号。PCBN 刀具主要应用于耐磨零件、高硬度零件的切削加工，由于具有较好的耐磨性，所以可以大幅提高生产率，并可承受较高的切削速度[34]。

PCBN 刀具综合性能的提高为解决镍基高温合金等难加工材料的切削加工问题提供了一个崭新的途径，PCBN 刀具硬态切削淬硬材料时，可以有更好的加工柔性，并且能够得到更好的加工表面质量，所以 PCBN 刀具为精密和超精密加工带来了新的活力。目前，对难加工材料的研究重点已从能否切削加工转化为能否高效、清洁地加工。

然而，PCBN 刀具价格较高一直限制着 PCBN 刀具的应用，并且 PCBN 刀具在切削难加工材料技术上的应用集中在连续切削上，在断续切削上很少有应用，这是因为 PCBN 刀具在抗冲击性能上存在劣势，相对于连续切削，断续切削过程中切入切出以及负载频繁变化的性质使得刀具磨损变得异常剧烈，磨损的机理与正常连续切削不尽相同，因此研究的重点在如何提高 PCBN 刀具断续切削时的使用寿命上。

由于镍基高温合金 GH706 属于难加工材料，其本身塑性较大，加工硬化严重，切削力和切削温度较高，使刀具磨损严重，甚至在切削的早期和后期出现刀具破损的现象，使刀具丧失切削能力，所以研究高速切削镍基高温合金 GH706 中刀具的磨损，对现阶段的实际生产有十分重要的意义[35]。

切削镍基高温合金这种难加工材料会出现磨损和破损现象，由于其材料本身的特点，其磨损的原因主要包括在高温高压下的硬质点磨损、黏结磨损、化学磨损、脆性破损等，但占主导地位的磨损原因，在不同的刀具材料和切削条件下往往不尽相同，在低速时，通常是以磨粒磨损为主，但黏结磨损和化学磨损会随着切削速度的提高而更加凸显，其表现为后刀面的磨损、前刀面的月牙洼磨损、初期微崩刃和后期的剥落等。刀具主要磨损为后刀面磨损、边界磨损、月牙洼磨损、片状剥落和塑性变形等。

1.切削镍基高温合金实验

1) 切削刀具的选用

实验采用株洲钻石切削刀具股份有限公司生产的 FME02-050-A22-SP12-04 刀盘。选用两种刀片，一种是株洲钻石切削刀具股份有限公司生产的 TiAlN 涂层硬质合金刀片 SPKT1204EDR，另一种采用 PCBN 刀片，CBN 复合片分别采用美国通用电气公司生产的 BZN9000、BZN9100、BZN2100 型号，其中这三种 CBN 复合片材料性质如表 2.10 所示。

表 2.10　CBN 复合片材料型号及属性

型号	CBN 体积分数/%	CBN 粒径/μm	结合剂材料
BZN9000	75	4	钛基结合剂
BZN9100	90	2	钛基结合剂
BZN2100	50	2	氮化钛

2) 工件材料

工件材料为镍基高温合金 GH706，硬度为 51～52HRC，尺寸为 171mm× 44mm×49mm；其材料化学成分如表 2.11 所示，物理及力学性能如表 2.12 所示。

表 2.11　工件材料化学成分

成分	C	Al	Si	Nb	Ti	Cr	Fe	Ni
质量分数/%	6.45	0.31	0.38	2.95	1.77	14.86	37.96	35.33
原子分数/%	24.42	0.52	0.61	1.44	1.68	13.01	30.93	27.39

表 2.12　工件物理及力学性能

屈服强度/MPa	抗拉强度/MPa	延伸率/%	弹性模量/GPa	热导率/(W/(m·K))	密度/(kg/m³)
1090	1280	23	210	13.2	8500

3) 实验条件与方法

高速切削实验在 VDL-1000E 立式加工中心进行，采用油基切削液和逆铣方式，刀具的磨钝标准为后刀面 VB=0.3mm 或刀片出现破损。为了分析高速切削镍基高温合金 GH706 的影响因素，首先采用正交实验设计法，对切削速度 v_c、每齿进给量 f_z、轴向切深 a_p 和径向切深 a_e 在相同切削长度的情况下对刀具磨损的影响进行研究；其次为了研究不同材料刀具的切削性能，分别进行 PCBN 刀具和硬质合金刀具在相同切削用量下的磨损对比实验，以探讨刀具的磨损形态和磨损机理。

4) 刀具磨损实验设计

正交实验的方案设计为四因素三水平，并只针对硬质合金刀具进行正交实验，正交实验设计如表 2.13 所示。

表 2.13　正交实验设计

序号	v_c /(m/min)	f_z /(mm/z)	a_p /mm	VB/μm
1	230	0.08	0.1	30
2	250	0.10	0.15	35
3	300	0.12	0.2	38

单因素实验中切削速度分别为 80m/min、100m/min、150m/min、200m/min、250m/min，以切削长度为参考量观察刀具的磨损。

5) 后刀面磨损分析

表 2.14 为正交实验数据及极差分析数据表。

表 2.14　正交实验数据及极差分析数据表

参数 序号	v_c /(m/min)	f_z /(mm/z)	a_p /mm	a_e /mm	VB/μm
1	230	0.08	0.10	30	61.93
2	230	0.10	0.15	35	64.10
3	230	0.12	0.20	38	60.62
4	250	0.08	0.15	38	97.75
5	250	0.10	0.20	30	196.39
6	250	0.12	0.10	35	57.52
7	300	0.08	0.20	35	107.35
8	300	0.10	0.10	38	80.31
9	300	0.12	0.15	30	63.26
K_1	186.69	267.03	199.76	321.58	
K_2	351.66	340.8	225.11	228.97	
K_3	250.92	181.38	364.36	238.68	
k_1	62.13	89.01	66.59	107.19	
k_2	117.22	113.6	75.04	76.32	
k_3	83.64	60.46	121.45	79.56	
R	55.09	53.14	54.86	30.87	

切削速度是影响刀具磨损的主要因素，这主要是由速度的上升引起切削温度的急剧上升所致。

6) 切削速度对刀具寿命的影响

在 a_p=0.15mm、f_z=0.15mm/z 的情况下切削速度 v_c 为单因素变量，进行硬质合金刀具高速切削镍基高温合金 GH706 的实验，实验结果如图 2.9 所示。

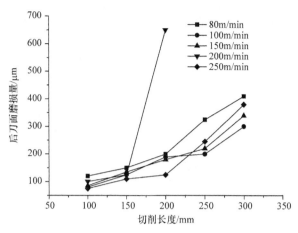

图 2.9 不同切削速度下的后刀面磨损量

从图 2.9 中可以得到，在切削初期时切削刃较锋利，与工件材料实际接触面积较小，导致切削力相对较小，因此不同速度下的初期磨损阶段相差不大；在中、后期，不同速度导致刀具磨损差异的趋势变得明显，在 200m/min 时刀具在进给方向切削长度为 200mm 时即出现崩刃现象，这说明刀具在此切削用量下承受的断续冲击力大，导致疲劳强度降低，引起刀具的破损失效；实验中还发现，刀具在 100m/min 以下进行切削时，在中、后期的磨损比其他速度下的剧烈，因此在选用该刀具切削镍基高温合金时建议尽量避免低于 100m/min 的速度进行切削。

2. 不同材料刀具切削性能实验结果与讨论

1) 前刀面磨损

图 2.10 为硬质合金刀具在前刀面上的月牙洼磨损形貌，从图中可以看到，随着切削速度的增大，月牙洼的宽度逐渐扩大，并在速度为 200m/min 时前刀面的月牙洼已经与后刀面的磨损汇合，导致前刀面崩碎，使刀具失效。发生月牙洼磨损主要由磨损的初期前刀面与切屑的底部的高温和高压作用所致，此时前刀面属于新鲜的刀具表面，在高温高压以及摩擦力的作用下极易与切屑底部发生化学反应，随着切削速度的增大，其切削温度也急剧上升，月牙洼逐渐扩大，主要是深度逐渐增大，其最深的位置相当于切削温度的最高位置，当月牙洼磨损的发展逐渐接近刀刃时，实际前角增大，刀刃的强度降低，并逐渐与后刀面磨损区域相连，最终导致刀刃破损。

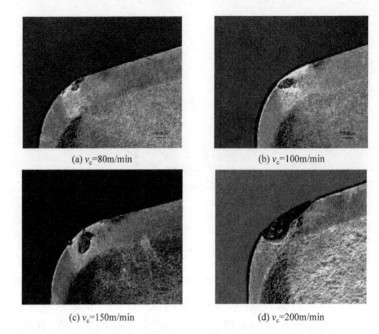

（a）v_c=80m/min　　　　　　　　　　（b）v_c=100m/min

（c）v_c=150m/min　　　　　　　　　　（d）v_c=200m/min

图 2.10　硬质合金刀具在不同切削速度下的前刀面磨损

　　PCBN 刀具摩擦系数较小，并且化学惰性非常大，很难在前刀面与切屑的底部发生化学反应，故很难在前刀面发生月牙洼磨损。此外，刀具前刀面上还出现了微崩刃，如图 2.11 所示，由于镍基高温合金 GH706 硬度高，并且此次切削方式为铣削加工，属于断续加工，冲击力较大，则刀具出现崩刃在所难免。由图中可以观察到，在同等的切削条件下，PCBN 刀具的微崩刃现象比硬质合金刀具严重。

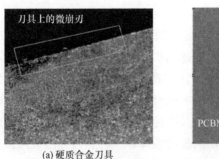

（a）硬质合金刀具　　　　　　　　　　（b）PCBN刀具

图 2.11　两种切削刀具的微崩刃

　　在前刀面上可以观察到由于切屑的不断刮擦和冲击形成的亮白区域，如图 2.12(a)～(c)所示，并且刀具前刀面上的主要磨损形貌都在此区域内，说明在初期，硬质合金刀具的磨损主要是前刀面上的切屑和刀具材料的化学反应引起的月牙洼磨损，并未出现因为断续切削引起的破损现象。

2) 后刀面磨损

图 2.12 为后刀面在相同的切削长度下(沿进给方向 200mm)的磨损形貌，其磨损形貌主要为刃口的削弱，且后刀面的磨损已经与前刀面的磨损汇合，在切削速度为 200m/min 时出现严重破损，但当速度高于 200m/min 时，后刀面的磨损量反而降低，同时随着切削的进行，伴随着黏结磨损，并且由于速度的提高黏结层更加明显，导致磨粒磨损在黏结层的划擦痕迹更加明显，与前刀面光亮部分的原因相同，都源于镍基高温合金 GH706 中硬质颗粒对刀具表面的摩擦，如图 2.12(e)所示。

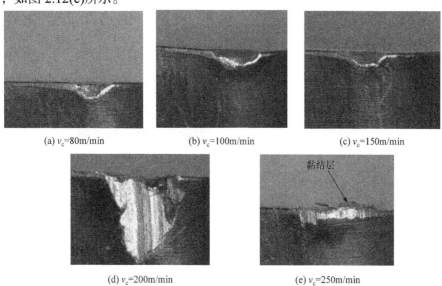

(a) v_c=80m/min　　　　　(b) v_c=100m/min　　　　　(c) v_c=150m/min

(d) v_c=200m/min　　　　　(e) v_c=250m/min

图 2.12　硬质合金刀具在不同切削速度下的后刀面磨损

3) 刀具破损

在磨损实验中可以观察到，两种刀具在切削镍基高温合金 GH706 时都出现刀具破损现象。如图 2.13 所示，PCBN 刀具切削高温合金 GH706 早期时出现刀具破损现象，导致刀具失去切削能力，由图中可以观察到，这种破损形貌主要是刀尖和负切削刃处发生碎裂破损；而用硬质合金刀具切削时，在切削的后期才出现破损现象，且破损的形态也不相同，这从对比图中可以看到。如图 2.14 所示，硬质合金刀具破损的形貌主要是在前刀面上连接切削刃一起剥落，这种剥落破损情况基本都在切削后期出现，并且在相同的切削长度下，随着切削速度的增大，其前刀面剥落的程度同时增大，如图 2.15 所示。这是因为随着切削速度的提高，切削温度升高，黏结现象与裂纹扩展更为严重，当黏结脱落时，其前刀面就会出现较大面积的贝壳状剥落。

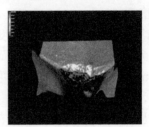

(a) 前刀面　　　　　　　　　　　　　(b) 后刀面

图 2.13　PCBN 刀具破损形貌

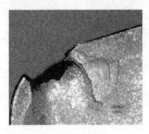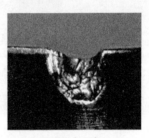

(a) 前刀面　　　　　　　　　　　　　(b) 后刀面

图 2.14　硬质合金刀具破损形貌

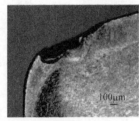

(a) v_c=80m/min　　　　　(b) v_c=100m/min　　　　　(c) v_c=150m/min

图 2.15　不同切削速度下的硬质合金刀具破损形貌

2.4　本 章 小 结

本章阐述了航空航天材料加工性概念、评定方法以及用相对切削加工性综合评价切削加工性，并详细介绍了航空航天典型材料钛合金以及高温合金材料的切削加工性特点；进行了刀具在大进给和高速条件下铣削钛合金实验并基于刀具寿命分析钛合金切削加工性；以镍基高温合金 GH706 为例探究了镍基高温合金高速切削条件下的切削特性并对比分析不同材料刀具切削性能。

参 考 文 献

[1] 赵皓, 周楚. 难切削材料的切削加工性研究[J]. 企业导报, 2012, (21): 296.

[2] 李其钒, 郭在云, 关兆麟. 影响工件材料切削加工性的因素分析[J]. 机械工程与自动化, 2011, (2): 209-211.

[3] 耿连福, 高顺喜, 李美岩. 难加工材料的切削加工性研究与实践[J]. 煤矿机械, 2009, (7): 97-99.

[4] 赵炳桢, 商宏谟, 辛节之. 现代刀具设计与应用[M]. 北京: 国防工业出版社, 2014.

[5] 周鹏. 碳纤维复合材料工件切削表面粗糙度测量与评定方法研究[D]. 大连: 大连理工大学, 2011.

[6] 杜劲, 刘战强. 材料切削加工性的综合评价方法[J]. 工具技术, 2010, (7): 3-6.

[7] 金和喜, 魏克湘, 李建明, 等. 航空用钛合金研究进展[J]. 中国有色金属学报, 2015, (2): 280-292.

[8] 赵永庆, 葛鹏. 我国自主研发钛合金现状与进展[J]. 航空材料学报, 2014, 34(4): 51-61.

[9] Shou W Y, Shu J X, Peng B Z, et al. RE-boronizing below beta transus temperature on TC4 titanium alloy surface[J]. Advanced Materials Research, 2013, 750-752: 651-654.

[10] Venkateswarlu V, Tripathy D, Rajagopal K, et al. Failure analysis and optimization of thermo-mechanical process parameters of titanium alloy (Ti-6Al-4V) fasteners for aerospace applications[J]. Case Studies in Engineering Failure Analysis, 2013, 1(2): 49-60.

[11] Chandravanshi V K, Sarkar R, Ghosal P, et al. Effect of minor additions of boron on microstructure and mechanical properties of as-cast near α, titanium alloy[J]. Metallurgical and Materials Transactions A, 2010, 41(4): 936-946.

[12] 王亚军, 付鹏飞, 关永军. TC4 钛合金电子束焊缝形状特征分类研究[J]. 航空材料学报, 2009, (2):53-56.

[13] 秦占友. 钛及钛合金的分类、特性以及常用的焊前清理方法[J]. 电焊机, 2007, (12): 49.

[14] 王金友. 论钛合金的分类[J]. 稀有金属材料与工程, 1982, (1): 3-10.

[15] 张喜燕, 赵永庆, 白晨光. 钛合金及应用[M]. 北京: 化学工业出版社, 2005.

[16] 邓炬. 钛与航空[J]. 钛工业进展, 2004, 21(2): 6.

[17] 逯福生, 何瑜. 世界钛工业现状及今后发展趋势[J]. 钛工业进展, 2001, 5: 1-5.

[18] 宋一平. 钛合金 TC4 高速铣削的理论和实验研究[D]. 湘潭: 湖南科技大学, 2009.

[19] Baikrishna R. An experimental and numerical study on the face miling of Ti-6Al-4V alloy tool performance and surface integrity[J]. Journal of Materials, 2011, 211(2): 294-304.

[20] 罗汉兵. 钛合金高速铣削刀具失效及加工表面质量实验研究[D]. 济南: 山东大学, 2011.

[21] Rao B C. Modeling and analysis of high-speed machining of aerospace alloys[J]. Dissertation Abstracts International, 2002, 64: 3492.

[22] Norihiko N. High-speed machining of titanium alloy[J]. Chinese Journal of Mechanical Engineering, 2002, 15(S): 109.

[23] Sridhar B R, Devananda G, Ramachandra K, et al. Effect of machining parameters and heat treatment on the residual stress distribution in titanium alloy IMI-834[J]. Journal of Materials Processing Technology, 2003, 139(1-3): 628-634.

[24] Amin A K M N, Ismail A F, Khairusshima M K N. Effectiveness of uncoated WC-Co and PCD

inserts in end milling of titanium alloy—Ti-6Al-4V[J]. Journal of Materials Processing Technology, 2007, 193(5): 147-158.

[25] 许业林, 朱春临, 张冲, 等. 钛合金铣削仿真分析及实验研究[J]. 电子机械工程, 2012, (4): 53-55, 59.

[26] Feyzi T, Safavi S M. Improving machinability of inconel 718 with a new hybrid machining technique[J]. International Journal of Advanced Manufacturing Technology, 2013, 66(5-8): 1025-1030.

[27] Xiang W K, Bin L, Zhi B J, et al. Broaching performance of superalloy GH4169 based on FEM[J]. Journal of Materials Science and Technology, 2011, 27(12): 1178-1184.

[28] Sun J, Guo Y B. A comprehensive experimental study on surface integrity by end milling Ti-6Al-4V[J]. Journal of Materials Processing Technology, 2009, 209(8): 4036-4042.

[29] Ji W, Liu X L, Yan F G , et al. Investigations of surface roughness with cutting speed and cooling in the wear process during turing GH4133 with PCBN tool[J]. Key Engineering Materials, 2013, 589-590: 258-263.

[30] 宋庭科. PCBN 刀具车削镍基高温合金切削性能研究[D]. 大连: 大连理工大学, 2010.

[31] Thakur D G, Ramamoorthy B, Vijayaraghavan L. Study on the machinability characteristics of superalloy inconel 718 during high speed turning[J]. Materials and Design, 2009, 30(5): 1718-1725.

[32] 杜劲. 粉末高温合金 FGH95 高速切削加工表面完整性研究[D]. 济南: 山东大学, 2012.

[33] Thakur D G, Ramamoorthy B, Vijayaraghavan L. A study on the parameters in high-speed turning of superalloy inconel 718[J]. Materials and Manufacturing Processes, 2009, 24(4): 497-503.

[34] 周文超, 杨吟飞, 李亮, 等. GH706 高温合金铣削力实验研究[J]. 工具技术, 2014, (8): 22-25.

[35] 萧胜磊. 镍基高温合金 GH706 高速铣削机理研究[D]. 哈尔滨: 哈尔滨理工大学, 2014.

第3章 整体叶盘加工技术分析

3.1 整体叶盘结构特性分析

航空发动机作为飞机的心脏如图 3.1 所示,被称为"工业之花",它影响着飞机的性能,也是一个国家科技、制造业和国防实力的重要体现。20 世纪 50 年代末,只有美国、俄罗斯、英国、法国等国家能够独立研制航空发动机。经过 60 多年的不断研究开发,我国已经能够独立自主研制高性能的航空涡扇发动机,2003 年"秦岭"发动机的成功制造,填补了我国大中型航空涡扇发动机制造的技术空白,2005 年"太行"发动机的成功研制,标志着我国在航空发动机制造技术方面已接近世界先进水平。2011 年"峨眉"发动机的实验成功,意味着我国自主研制的航空发动机又实现了历史性跨越。然而,压气机中整体叶盘等重要零件的加工制造技术比较难突破,与世界先进制造水平相比,我国独立自主研制的航空发动机还具有很大差距。

(a) 航空发动机结构　　　　　　　　(b) 开式整体叶盘

图 3.1　航空发动机及整体叶盘

整体叶盘是现代航空发动机中压气机的关键零件,运行过程中气体沿进气边进入流道,从排气边排出。

整体叶盘结构(图 3.2)主要包括三部分:叶片、叶根和轮毂。对叶盘流道特征材料的快速去除是整体叶盘粗加工的首要目标。其流道由相邻两叶片及轮毂所围区域组成,叶片曲面由叶盆面、叶背面、进气边和排气边组成。

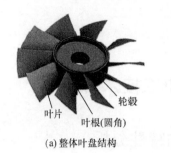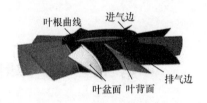

(a) 整体叶盘结构　　　　　　　　　　　(b) 整体叶盘特征

图 3.2　整体叶盘结构及特征

通过先进的制造工艺将叶盘和叶片加工成整体结构，避免使用传统叶盘的榫头与榫槽等连接件，简化整体结构，与传统叶盘相比整体式叶盘具备如下优点：

(1) 减少自重及支撑类似连接件的结构，同时最大限度地简化叶盘结构；

(2) 消除由于榫头安装引发的挤压应力，有助于稳定叶盘结构，降低叶盘的重量，促使叶片的振动频率有所提高；

(3) 整体叶盘可避免榫根与榫槽间隙中的气流损失，提高发动机工作效率。

图 3.2(b)为某型号航空发动机压气机中的开式整体叶盘。目前应用于新一代航空发动机中的整体叶盘，使发动机中相关零件数量减少 50%左右，使发动机减重约 25%，而且可以很大程度上提高发动机的动力和导热性能，进而提高工作效率 8%左右。而钛合金以其比强度高、耐高温等特点作为整体叶盘主要材料可有效降低发动机重量，因此钛合金整体叶盘可有效提高航空发动机推重比。

3.2　整体叶盘加工技术简介

钛合金整体叶盘的结构形式目前主要分为三种：开式、闭式和大小叶片型。由于整体叶盘在加工制造、设备方法及工艺上存在差异，根据不同的加工制造方法，主要可以分为焊接加工和整体加工两种方法[1]。其中几种主要制造技术有电火花加工、电解加工、电子束焊接加工、线性摩擦焊加工、精密铸造加工和数控铣削加工。

3.2.1　整体叶盘电火花加工技术简介

1. 电火花加工原理及特点

电火花加工(electrical discharge machining，EDM)是一种将电能转化为热能，然后对材料进行熔化去除的工艺方法，其原理如图 3.3 所示。电火花加工的原理为通过工具和工件正、负电极之间脉冲性火花放电产生的电腐蚀现象来蚀除掉工件上多余的金属材料，通过这种方法来使零件的尺寸、形状及表面质量满足预定的加工要求。这一加工过程是一个非常复杂的、微观的和快速变化的物理过程，包含介质的击穿和通道的形成过程、能量的分配和热量的传递过程、电腐蚀产物的抛出和转移过程、工作液的热结和胶体化过程。将工件和工具的电极分别与脉冲电源的两个输出端连接起来。伺服进给机构能够使工具电极和工件稳定在一个很小的放电间隙之间，当在两电极之间加上脉冲电压时，就会在相对某一个间隙最小的地方或是绝缘强度最低的地方击穿介质，在此处局部就会产生火花放电，瞬时高温会同时蚀除掉工具和工件表面的一小部分金属，都会产生一个小的凹坑。在这样连续不断地重复放电过程中，工具电极就会不停地向工件进给，把工具的形状反向复制到工件上，最后加工出生产所需要的零件，无数的小凹坑构成了整个加工表面[2]。因为电火花加工属于电蚀除材料，而不是切削材料，被加工材料的物理加工性能不会对加工过程产生影响，所以将电火花加工广泛应用在形状复杂、材料难以切削的整体结构件的加工上。数控电火花加工依靠成型或近成型电极的多位坐标的数控运动，能够实现非常复杂的型腔、型面的加工，具有很高的加工精度和很好的加工稳定性，非常适用于一些精度要求高、结构形状复杂的零件。例如，美国的 Macro EDM 公司就是利用数控电火花来生产 A286 型火箭发动机上的不锈钢翼型，这种翼型上拥有 103 片复杂扭曲的叶片，其公差为 0.03mm，精度比较高[3]。

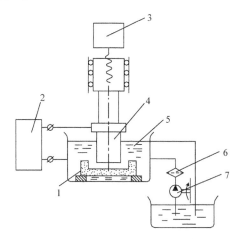

图 3.3　电火花加工原理示意图

1-工件；2-脉冲电源；3-自动进给调节装置；4-工具；5-工作液；6-过滤器；7-工作液泵

电火花加工与传统的机械加工相比具有以下特点：

(1) 脉冲放电时释放的能量密度高，能够比较方便地加工用普通机械加工方法不易加工或者不能加工的特殊材料和形状复杂的工件，不受材料硬度的影响，不受热处理状况的影响。

(2) 脉冲放电时持续时间极短，放电时产生的热量传导扩散的范围小，材料受热影响的范围小。

(3) 加工时，工具电极与工件材料不接触，两者之间宏观作用力极小，工具电极材料无需比工件材料硬，因此能用"软"的工具电极加工"硬"的工件，如用石墨、紫铜电极可加工淬火钢、硬质合金甚至金刚石。

(4) 由于能够精确控制脉冲放电的能量密度，两极之间也没有宏观机械作用力，所以能够进行精密微细加工。例如，模具和零件上的窄缝、窄槽、微细小孔等的加工，其加工精度能够达到微米级，甚至亚微米级。

(5) 由于直接利用电能进行加工，便于实现加工过程的自动化，并可以减少机械加工工序，加工周期短，劳动强度低，使用维护方便。

2. 电火花加工工艺方法

电火花加工主要是用来加工一些普通机械加工不易加工的合金材料，加工一些具有复杂形状的型孔和型腔工件以及加工各种成型刀具，刻写和表面强化改性等。根据工具电极和工件不同相对运动的方式和用途，可以将电火花加工的工艺方法分为电火花成型加工、电火花线切割、电火花磨削、电火花同步共轭回转加工、电火花高速小孔加工、电火花表面强化与刻字六大类。

(1) 电火花成型加工。在这种工艺方法中，工具和工件主要只进行一个相对伺服进给运动。工具作为成型电极，具有与被加工表面相同的截面和相应的形状。该方法的主要用途是加工各种冲模、挤压模、粉末冶金模，各种异形孔、微孔以及各类型腔模和各种复杂型腔零件。

(2) 电火花线切割。这种工艺方法的工具电极为顺电极丝轴线垂直移动，电极工具与工件在两个水平方向同时有相对伺服进给运动。该方法主要用于切割各种冲模和具有直纹面的零件以及下料、截割和窄缝加工。

(3) 电火花磨削。在这种工艺方法中，工具与工件具有相对的旋转运动，工具与工件间能够进行径向和轴向的进给运动。该方法的主要用途是加工高精度、表面粗糙度小的小孔以及加工外圆和小模数滚刀等。

(4) 电火花同步共轭回转加工。在这种工艺方法中，成型工具与工件都是做旋转运动的，但是它们的角速度相等或者成整数倍，相对应接近的放电点可以有切向的相对运动速度，工具相对工件能够进行纵向和横向的进给运动。该方法主要应用于通过同步回转、展成回转、倍角速度回转等不同方式加工各种复杂型面的零件。

(5) 电火花高速小孔加工。这种工艺方法采用管内冲入高压工作液的旋转细管电极进行工作。该方法的主要用途是加工线切割穿丝预孔和深径比很大的小孔。

(6) 电火花表面强化与刻字。这种工艺方法中的工具在工件的表面上不停振动，工具能够相对于工件进行移动。该方法的主要用途是模具刃口、刀具、量具刃口表面强化和镀覆以及电火花刻字、打印记等。

3. 复杂型面电火花成型加工关键技术

1) 电极 CAD/CAM 技术

在电火花成型加工过程中，一般通过电极的"拷贝"运动来加工出所需要的零件和型面。由于电极的设计和制造误差将直接引起加工零件和型面的误差，电极的设计和制造技术是电火花成型加工的一项关键技术。此外，合理的电极设计能大幅度提高电火花成型加工效率。

电火花成型加工中，通常使用石墨作为电极，给电极的制造带来了难度。对于复杂型面的电火花成型加工，电极自身的结构和型面也很复杂。目前，大多数成型电极都是通过电火花线切割加工或加工中心来制造生产。

2) 电火花加工轨迹搜索

整体叶盘的结构复杂，叶片型面多为复杂自由曲面，且为典型的半封闭结构，这些特点都给电火花加工轨迹的规划以及加工精度的保证带来了很大困难。在整体叶盘电火花加工中，尽管采用了型面复杂的成型电极，但是简单进给运动仍无法实现无干涉的完善加工。

整体叶盘的叶片扭曲度一般很大，叶片相互遮蔽，沿叶盘轴向观察，叶冠则在叶盘径向覆盖所有叶片。由相邻叶片、轮毂围成的流体通道非常狭窄，将电极送入流体通道仅靠简单自由度进给运动无法避免干涉。简言之，整体叶盘的电火花加工过程，是复杂电极沿复杂轨迹进给的加工过程。在流体通道和电极都很复杂的条件下，搜索一条电极无干涉进入流体通道的轨迹，是整体叶盘电火花加工的核心问题。

4. 整体叶盘电火花加工电极设计

电极设计是叶盘加工最关键的工艺准备，良好的电极设计方案不仅能减小电极加工、装夹调整误差对成型精度的影响，还能延长电极的寿命，减少电极的更换次数，提高生产效率。

根据整体叶盘叶片和流道的特点，总结出整体叶盘电火花加工成型电极设计应遵循以下基本原则：

(1) 设计的电极能够精确地复制叶片型面、轮毂外圆面和叶冠内圆面。

(2) 当加工叶片弯扭程度小、通道较大的叶盘时，应尽量采用单一的整体式电极，通过一次进刀完成整个流体通道的加工，这样可以避免由于电极切分带来的加工接缝；在需要采用一个以上的电极分多工序加工时，应尽量把多个电极设计成一个整体零件，一方面保证电极制造过程只装夹一次，另一方面保证叶片加工时电极一次装夹能完成所有工序的加工，以减小电极切分带来的加工接缝。

(3) 电极能够在叶盘流体通道中自加工初始位置无干涉过切地进给到加工终了位置。

(4) 在不产生干涉过切的前提下，电极厚度应尽可能大，有利于提高电极的刚度，减小制造的变形误差；较厚的电极还能减小电极损耗的影响，增加有效放电面积，提高生产率。

(5) 在拷贝叶片型面之前，电极必须进入流体通道内，这个过程应尽量避免用于拷贝加工的型面参与加工，因此需要在电极前端设计一段"预损耗区"，由预损耗区蚀除流体通道内的大部分金属，达到保护有效型面、延长电极寿命的目的。

(6) 电极要有足够的强度，防止制造过程中产生变形，影响电极的型面精度。

(7) 电极应具有安装和定位基准，便于电极安装[4]。

电火花成型加工可以利用成型电极精确"拷贝"出工件的型面。想要精确地加工出整体叶盘叶片型面和流道，必须先获得同整体叶盘流道相符合的电极。但是，因为流体通道扭曲狭窄，当使用电火花加工整体叶盘时，要使电极自加工的初始位置无干涉过切地运动到加工终了位置，就需要保证有足够的运动空间。流体通道是加工对象，不能改变，所以只能通过缩小电极来得到更多的运动空间。通常缩小电极的设计方法有两种：减厚设计和减高设计。

减厚设计是通过减小电极的厚度来获得电极沿叶盘圆周方向的运动空间，是通过减小叶片之间的中心角实现的。叶片、轮毂和叶冠构成流体通道，如果把叶片旋转一定角度，则设计的电极将能够获得一定的运动空间。若电极获得较大的运动空间，则电极厚度小、强度低，制造过程中容易出现变形，难以保证电极型面精度；若电极获得较小的运动空间，则电极从加工起始位置运动到终了位置的轨迹相对复杂，甚至根本不存在无干涉的运动轨迹。因此，需要同时兼顾电极强度和运动空间进行电极设计与优化，在保证电极能搜索出无干涉加工轨迹的前提下，电极应该有最大的厚度。

减高设计是通过减小电极的高度来得到电极沿着叶盘径向的运动空间。如果电极拥有比较大的运动空间，那么电极的高度就会小，不易安装找正；如果电极拥有比较小的运动空间，那么电极的加工轨迹就会相对复杂，甚至不会存在无干涉的运动轨迹。所以，在设计和优化时要同时考虑运动轨迹和安装找正。

与减厚设计相比，通过减高设计得到的电极，加工叶冠表面和加工轮毂表面的电极型面不是同圆心，故该方法在设计中存在误差。减高设计一般用于直纹叶盘电极的设计，通常用于泵叶轮类零件的电极设计。

如果整体叶盘的流体通道狭窄，叶片轮廓的斜率会产生很大的变化，叶片形状复杂，依靠单一电极不能找到不产生干涉的轨迹。这时要进行剖分电极，主要的电极剖分为左右剖分的方法，如图 3.4 所示。将电极剖分完之后，应该将获得的左右电极设置一定的加工重合区，这样能够避免由于电极型面损耗而造成的流道中央部分不能够完成加工到位而出现"接刀痕"。完成剖分之后，需要设计一个基座把左右的两个电极组合成为一个整体电极。这样可以较好地避免电极装夹时产生的误差，能够很好地避免因电极剖分而带来的"接刀痕"问题。

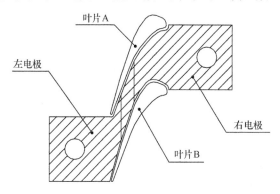

图 3.4　电极剖分处理

3.2.2　整体叶盘电解加工技术简介

目前的航空发动机整体叶盘大多数是由耐高温、高硬度的难切削材料制造而成的，如钛合金、高温合金等，结构方面使用变截面、扭曲度大的复杂型面的叶片，并且叶片数量多，通道狭窄。传统的加工技术是很难制造出这类整体叶盘的，这种情况下特种加工技术就表现出其突出的优越性，其中，电解加工技术是利用电化学阳极溶解的原理将工件金属材料蚀除掉，以此达到加工目的。该技术具有很多优点，如加工范围广、表面质量好、加工效率高、阴极无损耗、工件无残余应力等，在材料难切削、叶片形状复杂的整体叶盘制造中展现出非常大的优势。

1. 电解加工的基本原理与特点

电解加工的原理是利用金属在电解液中发生阳极溶解而去除材料，并将零件加工成型，是电化学加工方法之一。电解加工属于非接触加工，在进行加工时，电解液快速流动，加工时工件与电源的正极接到一起，工具与电源的负极接到一起，在电极不断进给的过程中，工件的被加工面就会发生阳极溶解，将阴极的形状"复制"到工件上，这种加工方式类似于"拷贝"，在加工电流密度和总加工面积不断增大时其加工效率也会随之提高，通常可以达到每分钟数百立方毫米，有时甚至高达 $10000mm^3/min$。电解加工的过程中，在阴极处会发生还原反应并释放出气体，在阳极处会发生氧化反应并将工件溶解。电解加工的基本定律是法拉第定律，利用这条定律既能进行定性分析，又能进行定量计算，深刻体现了电解加工的工艺规律。

(1) 法拉第第一定律：在电极界面上发生电化学反应的物质的质量(m)与通过其界面上的电量(Q)成正比，用公式表达为

$$m=KQ=KIt \tag{3-1}$$

式中，m 为阳极溶解的物质的质量，g；K 为单位电量溶解的元素质量，称为电化学当量，g/(A·s)或 g/(A·min)；Q 为通过的电荷量；I 为电流强度，A；t 为电流通过时间，s 或 min。

(2) 法拉第第二定律：在电极上析出 1mol 任何物质的量所需的电量是一样的，约为 96500C，这一特定电量称为法拉第常数，记为 F。由式(3-1)可以得到工件体积变化的公式：

$$V=m/\rho=KIt/\rho=\omega It \tag{3-2}$$

式中，V 为阳极溶解的金属体积，cm^3；ρ 为金属密度，g/cm^3；ω 为元素体积电化学当量，即单位电量溶解的元素体积，$cm^3/(A·s)$或 $cm^3/(A·min)$。

元素体积电化学当量是电解加工的一个重要参数，实际加工过程中，工件材料并不是单一的金属元素，用理论计算元素体积电化学当量较为困难，所以一般用实验方法测得。

整体叶盘电解加工的主要加工方法有套形电解加工、仿形电解加工和数控电解加工。套形电解加工工艺通常应用在等截面叶盘电解加工上。仿形电解加工采用成型或者近似成型阴极相对于零件做数控仿形运动，通常用在整体叶盘和组合式整体叶轮的加工上。数控电解加工与数控铣削原理相似，采用作为刀具的阴极做数控展成运动，进一步去除掉材料。这种方法通常用在可展直纹曲面、非可展直纹面的整体叶盘电解加工上。工具阴极无损耗、不受材料的力学性能限制、适用加工范围广等是整体叶盘数控电解加工技术的几种特点，可以将其用于加工各类复杂结构、多品种、小批量，甚至单件试制的生产中。

2. 整体叶盘电解加工关键技术

整体叶盘作为航空发动机中最为关键的零部件，其制造一直是机械领域的难点之一，主要因为它存在一些技术难点：

(1) 整体叶盘多采用难加工材料，如钛合金、镍基高温合金等；

(2) 叶盘表面完整性要求高，不得存在毛刺等缺陷；

(3) 叶片薄，通道扭曲度大。

国外一些航空发动机制造大国在该领域的研究已经取得了较为显著的成果，但对我国实行装备和技术封锁；我国在该领域起步较晚，对整体叶盘通道的电解加工技术研究还比较少，在装备的研制和工艺探索方面与国外还有较大差距。通常情况下，可以将整体叶盘电解加工分成两个步骤：通道预加工和叶片型面精密加工。通道预加工是指在叶盘毛坯圆周方向上加工出许多个通槽并且确保不过切，这些通槽的作用是在叶片型面精密加工时，叶片工具电极可以进入通槽，然后就能完成叶片型面的精密加工。通道预加工同样是叶盘电解加工过程中不可或缺的阶段，也是保证进行叶盘精加工的基础。

目前整体叶盘通道电解预加工还存在一些问题，如加工效率有待进一步提高、留给后续工艺的叶片加工余量均匀性较差等。

3. 整体叶盘电解加工电极设计

针对目前整体叶盘叶片超薄、通道扭曲度大的特点以及现有的电解加工工具电极无法满足加工要求、适用性不强的现状，提出一种圆管状工具电极，如图 3.5 所示。该工具电极按照设定的轨迹相对于工件毛坯运动，可以加工出精加工余量相对均匀的叶盘通道，而且对于不同尺寸系列的叶盘具有良好的适用性。

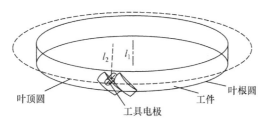

图 3.5　整体叶盘通道电解加工示意图

在整体叶盘通道电解加工中，工具接电源负极，工件接电源正极，采用的工具电极为一端开口另一端封闭的圆管状电极，电解液会从电极开口端流入，然后从电极侧壁上规律排布的出液口中流出，进入加工间隙，电解产物就这样被不停带走，加工区的电解液也得到了及时的更新。

4. 整体叶盘电解加工电极工具轨迹设计

采用传统方法进行整体叶盘通道电解加工时，一般采用工具电极沿毛坯轴线平动和毛坯绕自身轴线转动。整体叶盘叶片多为复杂扭曲型面，扭曲角较大，这给叶盘通道的传统电解加工提出了难题。

图 3.6 为工具电极运动示意图，由于通道扭曲程度较大，在加工过程中电极与 x 轴夹角若保持不变，精加工余量分布均匀性较差，甚至会造成与工件干涉的情况。为了提高整体叶盘通道精加工余量分布均匀性，工具电极应根据叶片扭曲方向进行相应的转动，以避免与叶片型面干涉，更精确地贴近叶片的型面。

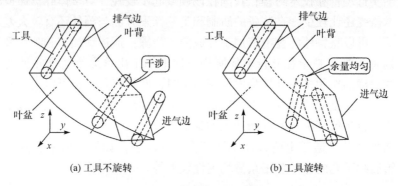

(a) 工具不旋转　　　　　　　　(b) 工具旋转

图 3.6　工具电极运动示意图

根据上述分析可知，除了工具电极沿工件轴线方向直线运动和工件绕自身轴线转动外，还需要工具在加工过程中绕一条平行于叶盘毛坯轴线的直线进行转动。图 3.7 为工具电极旋转轴线分析图，其中图 3.7(a) 为旋转中心不在叶盘叶根处的示意图，图 3.7(b) 为旋转中心在叶盘叶根处的示意图。为了保证叶盘叶根处的余量是均匀的，这条直线应该通过叶盘的叶根圆与电极轴线的延长线的交点，在加工过程中工具端部与叶根圆的距离是不发生变化的。

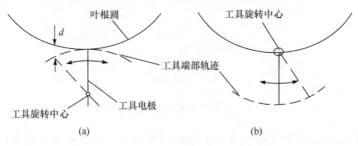

(a)　　　　　　　　　　　(b)

图 3.7　工具电极旋转轴线分析图

如图 3.8 所示，工具电极沿叶盘毛坯轴线 l_1 方向直线运动，并绕一条与叶盘

轴线平行的直线 l_2 旋转，同时工件绕自身轴线旋转，通过工具和工件的复合运动，实现扭曲通道的电解加工。

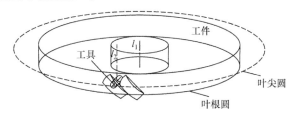

图 3.8 扭曲通道电解加工示意图

3.2.3 整体叶盘电子束焊接加工技术简介

电子束焊接技术起源于德国。1948 年，德国物理学家 Steigarwald 博士在研究高功率密度束流源在电子显微镜上的应用时，发现电子束可用于热加工，尤其是用于机械表上宝石的打孔，以及真空条件下金属的熔化和焊接。电子束焊接技术是从 20 世纪 50 年代发展起来的，这种技术的诞生和最初应用都是与当时核能工业技术的需求紧密联系的。在 60 年代初期，我国跟随世界电子束加工技术的发展，开始进行设备及工艺的研究工作。70 年代，随着电子束焊接技术日益成熟、电子束焊接设备的稳定性和操作过程自动化程度的提高，以及当时机械制造业技术改造的需要，电子束焊接以其精密焊接的特点迅速普及到一般机械制造业。从 80 年代末开始，电子束焊接又充分发挥其深穿透的特点向大型大厚度重型零件的焊接领域进军。同时，电子束焊接技术以其功率密度高、焊接热输入量小、零件变形小、焊缝深宽比大、焊接接头无氧化、焊后残余应力小和焊缝质量好等特点，广泛应用于航空航天及原子能等工业领域。在航空制造业中，电子束焊接技术的应用，提高了飞机发动机的制造水平，使发动机中的许多减重设计及异种材料的焊接成为现实，大大提高了发动机的性能和制造水平，同时为许多整体加工难以实现的零件制造提供了一种加工途径。

1. 电子束焊接技术的原理与特点

电子束焊接是利用会聚的高速电子轰击工件接缝处所产生的热能，使材料熔合的一种焊接方法，电子轰击工件时，动能转变为热能，从而作为焊接的热源。电子束是在高真空环境中由电子枪产生的，电子枪一般由阴极、聚束极和阳极组成，如图 3.9 所示。当阴极被加热后，由于热发射效应，表面就发射电子且在电场作用下(热发射材料接负高压)连续不断地加速飞向工件。通过电磁光学系统把电子束会聚起来，提高其能量密度，以达到熔化焊接金属的目的。

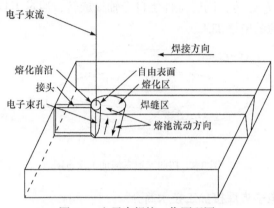

图 3.9　电子束焊接工作原理图

　　小孔效应是高能密度焊接的共有现象。当电子束功率密度增加到一定值时，使得熔化金属蒸发而产生大量蒸气，在蒸气压力作用下会形成充满蒸气的小孔，随着功率密度的进一步增加，熔化金属的温度也继续升高，蒸气压力也随之增大，最终导致产生了针状的、充满金属蒸气的并被熔化金属包围的小孔，这时电子束流通过小孔穿入工件内部，从而形成深宽比大的焊缝，实现高效焊接。电子束焊接过程如图 3.10 所示。

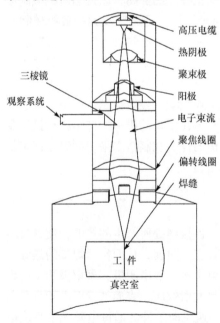

图 3.10　电子束焊接过程示意图

　　电子束所具有的高能量密度在目前已实际应用的各种焊接热源中居首位，其优质、高效、低耗、清洁和灵活生产等优越的技术特性，日益受到制造业的重视，具有很多传统焊接工艺无法比拟的技术优势：

　　(1) 深宽比大。高功率密度电子束能够形成一个深而窄的焊缝。通常电弧焊焊缝的深宽比很难超过 2:1，而电子束焊缝的深宽比可达 20:1，脉冲电子束焊接可达 50:1。

　　(2) 焊接效率高。由于能量集中，熔化和凝固过程均大大加快，因而焊接速度加快。采用氩弧焊焊接英国原子能管理局(UKAEA)的 60mm 厚 316LN 不锈钢全尺寸模型的大型受控热核反应堆装置曲面场线圈框架时，共需 71 天完成，而英国焊接研究所(TWI)采用电子束焊接仅需 24 小时。在焊接大厚度件时，电子束的深穿透能力在提高焊接效率上，发挥了无可替代的作用，例如，采用埋弧焊焊接厚度 100mm 材料时，需焊接 90 道，而电子束焊接只需焊接 1 道即能满足工艺要求。

(3) 工件变形小。由于能量集中，焊接速度快，输入工件的热量小，深宽比大，焊接热影响区小，所以产生的工件变形较小。

(4) 焊缝物理性能好。电子束焊接速度快，能够避免晶粒长大，使延展性增加。同时，由于热输入小，高温作用时间短，碳和其他合金元素析出少，焊缝抗蚀性好。真空对焊缝有良好的保护作用，而且通常采用不填料焊接，避免了环境和不纯物质对焊缝金属的污染。

(5) 可焊材料多。电子束可对陶瓷、石英玻璃等进行焊接；也可以焊接某些功能材料、超导材料、热敏材料；同时适用于焊接难熔金属、活泼金属和高纯度金属，以及通常熔化焊方法无法焊接的异种金属材料；还可以将陶瓷与某些金属焊接在一起。

(6) 焊接工艺参数易于调节，工艺适应性强，重复性和再现性好。

2. 电子束焊接加工的关键技术

现在一个公认的理论是在电子束焊接中存在小孔效应。小孔的形成过程是一个复杂的高温流体动力学过程。一个基本的解释是：高功率密度的电子束轰击焊件，使焊件表面材料熔化并伴随着液态金属的蒸发，材料表面蒸发出的原子的反作用力试图将液态金属表面压凹，随着电子束功率密度的增加，金属蒸气量增多，液面被压凹的程度也增大，并形成一个通道，即"匙孔"。当焊接速度较快时，熔池的形貌变得非常狭窄，熔池表面积减小，所以选用慢的焊接速度更有利于气体的逸出。

电子束焊接时，由于不添加任何填充材料，所以无法改变熔池的金属成分以减少焊缝气孔的形成；而且，电子束焊接是在真空度相当高的情况下进行的，所以基本上不存在由空气引起的气孔。分析认为，材料中的杂质及气体是形成气孔的主要因素。电子束焊接时熔池中少量的金属杂质气化以及杂质气体的逸出形成一个个微小的气孔源，当这些气孔源越来越多时，在表面张力及熔池的流动等共同作用下，这些微小的气孔最终汇聚在一起，从而形成较大的气孔。较大气孔形成以后，在还未来得及逃逸时，电子束就离开了已熔化区域，焊缝中就形成了气孔缺陷。

为防止气孔产生，提出以下措施：

(1) 对焊接参数的适当选择。选择较大的电子束斑、较慢的焊接速度以及复杂的电子束扫描图形都是减少气孔的重要措施。因为较大的电子束斑使熔池的体积增大，熔池的表面积也相应增大；而较慢的焊接速度可以使电子束在熔化区域停留的时间延长；复杂的电子束扫描图形可以使熔池的搅拌更加剧烈。以上措施都有利于焊缝中已经形成的气孔逃逸出熔池的表面，从而达到消除气孔的目的。

(2) 保证焊透的情况下尽量采用较小的焊接电流，以防止金属杂质过度气化。

(3) 焊接时对空气极为敏感，因此应尽可能在高的真空环境进行焊接，实验表明，当真空度超过 1.3×10^{-2}Pa 时，焊缝中气孔的产生可以得到有效的控制。

3. 钛合金的焊接性

工业纯钛及 α 钛合金即使进行焊接，在常温下也呈 α 单相，因此依冷却速度不同，生成锯齿状或针状等不同形态的显微组织，但无论何种情况，其力学性能和母材都没有多大的变化。α+β 钛合金在焊接冷却过程中会形成马氏体，马氏体相的数量或性能依合金的组成和冷却速度而变化，但一般来说，随着马氏体的增加，延展性和韧性下降。对于 β 钛合金，马氏体生成温度低于室温，焊缝处是亚稳定 β 相，因此焊接性能不劣化。但是，由于合金添加量很多，往往缺乏延展性，而且通常用时效处理或冷加工来提高强度，考虑到焊接会使强度有所损失，故一般不作为焊接的对象。

与其他金属相比，钛及钛合金导热性差，电阻系数大，热容量小，这使得焊接时熔池具有较高的温度，因此焊接接头有过热倾向，容易造成晶粒粗大。熔焊时，应保证焊接接头既不过热，又不产生淬硬组织，因此宜采用能量集中的热源，小电流高焊速焊接。目前，钛及钛合金可用熔焊(如 TIG 焊、MIG 焊、电子束焊接和激光束焊接等)、钎焊、固相焊(摩擦焊和爆炸焊等)和扩散焊等多种方式进行焊接，在优化焊接工艺参数时，选用适当的冶金和焊后热处理等措施后，一般可使钛合金焊缝金属的静载强度和塑性达到母材的水平，但是由于焊缝金属中粗大柱状晶的存在，钛合金焊缝金属动载强度和抗介质腐蚀性能显著降低。

表 3.1 是 TIG 焊、PAW 焊、电子束焊接和激光束焊接几种方法的比较，可见电子束焊接的功率密度比较高，熔深范围比较大，并且焊接速度极快，焊件变形极小，因此是钛合金焊接加工的首选方法之一。

表 3.1 几种不同焊接方法的比较

焊接方法	熔深范围/mm	最大输出功率/kW	功率密度/(W/m²)	要否开坡口	焊接速度	焊件变形
TIG 焊	0.5~5	6	~3×10	要	慢	大
PAW 焊	0.1~10	15	3×10~3×10¹⁰	不要	一般	发生
电子束焊接	0.5~200	100	~10¹³	不要	极快	极小
激光束焊接	0.5~20	15	~3×10¹¹	不要	快	小

采用 Ti-6Al-4V(TC4)钛合金作为研究对象进行电子束焊接实验研究。TC4 钛合金是高温下使用的焊件，优先选用的工序是退火、焊接、固溶处理和时效，其他使用条件的焊件，一般采用固溶处理、时效、焊接和退火的工序，两种工序获得焊缝的强度和其他力学性能差别不大，只是后一种工序焊缝的断裂韧性较低。根据文献介绍，TC4 钛合金电子束焊接接头硬度比母材要高，且由焊缝中心向母材呈抛物线下降。焊接接头组织在焊缝区为 100%马氏体，在热影响区为部分马氏体和部分 α 相的混合物，焊缝区和热影响区的平均晶粒尺寸分别为 160μm 和 40μm，较之其他熔化焊方法，晶粒粗化轻微得多。焊接接头的冲击韧性在 −150～90℃范围，不存在脆性转化现象，焊后无须回火处理，但是要经过焊后消除应力退火，一般可以消除 70%～80%的残余应力。

表 3.2 是同质焊丝的 TIG 焊和 PAW 焊焊接接头力学性能，与不加填充材料的电子束焊接接头力学性能的比较。由表可见，采用 TIG 焊和 PAW 焊的 TC4 钛合金接头，其强度和塑性都比母材低，尤其是塑性的下降更为显著，断裂位置也都发生在焊缝和热影响区。而电子束焊接接头的断裂发生在母材上，因此 TC4 钛合金真空电子束焊接接头的强度和塑性不低于母材金属。

表 3.2　TC4 钛合金焊接接头力学性能

焊接方法	抗拉强度 σ_b/MPa	屈服强度 $\sigma_{0.2}$/MPa	延伸率 δ_5/%	收缩率 ψ/%
TIG 焊	1006	957	5.9	14.6
PAW 焊	1005	954	6.9	21.8
电子束焊接	1117	1046	12.5	——
TC4 钛合金母材	1072	984	11.2	27.3

3.2.4　整体叶盘线性摩擦焊加工技术简介

摩擦焊接是一种先进的焊接技术，优点在于优质、高效、低耗、清洁，在电力、机械制造、石油钻探、汽车制造等产业部门及航空航天、核能、海洋开发等高技术领域均得到了广泛的应用。20 世纪 80 年代中期在航空发动机设计中出现了整体叶盘结构，该结构是高推重比航空发动机的发展方向，既能简化结构设计、减少零件数目、减轻重量，又能提高发动机性能，同种材料的整体叶盘可以采用数控铣削和电解加工等方法，异种材料的整体叶盘只能采用焊接结构，而焊接的精度和焊缝质量与整体叶盘的性能和工作可靠性密切相关，因此焊接工序只能采用先进、精密的焊接工艺，多采用线性摩擦焊技术[5]。

1. 线性摩擦焊技术的原理与特点

线性摩擦焊是一种新型的固态焊接技术，利用被焊接材料接触面相对往复运动摩擦生热使界面金属发生黏塑性来实现焊接。其工艺原理为：一移动工件夹持在尾座夹具中；另一待焊工件做线性往复运动，工件夹持在往复运动机构中。焊接过程中，在动力源驱动下以一定频率和振幅做往复运动；由于液压力的作用，移动工件逐步向往复运动的工件靠近，使得运动的工件相互接触后，大量的摩擦热逐渐产生在摩擦界面上，由于凸起的部分最先接触，摩擦力使其发生相互摩擦。进而两个工件被压紧，导致工件的实际接触面积增大，因为摩擦力持续升高，所以摩擦界面的温度也随之迅速上升，结果导致摩擦界面逐渐被一层高温黏塑性金属覆盖。此时，在黏塑性金属层下方的金属也开始受热与相近的金属间发生相互运动，这时初期的摩擦产热被黏塑性金属层内的塑性变形产热替代。发生大量形变的黏塑性金属在热激活作用下不断发生动态再结晶。摩擦产生的热量已不再是摩擦面，而是向其内部传导，焊接面两侧金属在受热传导作用下温度逐渐升高，当摩擦焊接区的变形、温度分布达到一定程度后，焊件对齐后施加顶锻压力，大量金属挤出形成飞边。顶锻过程使得焊接区金属相互扩散，同时伴有再结晶过程的生成，从而达到两侧金属牢固焊接在一起的目的，完成整个焊接过程。线性摩擦焊分为四个阶段：初始阶段、过渡阶段、平衡阶段和顶锻阶段。

(1) 初始阶段。相互运动的两工件逐步靠拢，继而产生干摩擦，在摩擦表面产生摩擦热，实际接触面积不断增大，但在初始阶段不会产生轴向缩短。

(2) 过渡阶段。过渡阶段也称为不稳定摩擦阶段。当初始阶段通过干摩擦产生足够的摩擦热后，导致界面金属软化，由于大量摩擦颗粒从界面处被挤出，材料实际接触面积达到 100%。产热机制由初始阶段的干摩擦产热逐渐转变为金属层内部的塑形变形产热。

(3) 平衡阶段。摩擦热从界面处向两侧金属传导，在接触界面两侧形成塑形金属层。塑形金属层在摩擦力和顶锻压力的作用下被挤出形成飞边。轴向缩短量急剧增大。

(4) 顶锻阶段。顶锻阶段也称减速阶段。当平衡阶段达到合适的轴向缩短量后，急停相对运动的两工件，使焊件对中。施加顶锻力并维持，使焊合区金属通过扩散和再结晶达到可靠连接。

虽然线性摩擦焊从理论上可分为四个阶段，但这四个阶段又是相互联系、依次发生、密不可分的，且每个阶段的摩擦产热量及塑性化程度均与焊接接头的质量好坏有密切的关系。线性摩擦焊是把复杂、加工困难的叶型改变成单个叶片的叶型加工，这样可根据叶片、轮盘的工作条件选用不同的材料，使转子结构的重量进一步降低。这一方法深受生产厂家的欢迎，并已成为航空发动机制造业中一项关键的制造技术和修复技术，其应用前景非常广阔。

线性摩擦焊与其他焊接方法相比，具有很多优点：

(1) 使用范围广，可焊接方形、多边形截面的金属或塑料件，也可以进行异种材料的焊接，这样可根据叶片和轮盘的工作条件分别选择不同的材料，改善整体叶盘的使用性能，也可以进一步减轻转子的重量。

(2) 焊接过程可靠性高，其焊接接头疲劳寿命和强度可以达到甚至超过母材；焊接过程可以由焊接设备完全自动控制，焊接过程中仅需对压力、时间、频率和振幅等焊接参数进行控制。

(3) 焊接过程环境清洁，不需要填充焊丝和保护气体，是一种绿色工艺。

(4) 焊接过程产生的热量均集中于摩擦界面，使焊接接头热影响区较窄，不易产生缺陷。

2. 焊接工艺及其影响因素

焊接结构与其他结构相比，具有许多特点，但是由于焊接接头在线性摩擦焊焊接过程中受到局部的加热以及摩擦力的作用，必然会引起焊接接头处的组织、成分与力学性能不均匀。而这些特点很有可能导致焊接接头处产生断裂，从而在实际应用中存在危害。因此，焊接接头的性能好坏对于获得优质的焊接结构极为关键。

线性摩擦焊的工艺参数主要有焊接时间、频率、振幅、摩擦力、摩擦时间、顶锻时间、顶锻力。焊接时间影响试样的缩短量，摩擦时间影响接头的温度分布的均匀性。如果时间短，则界面加热不充分导致接头温度和温度场不能满足焊接要求；如果时间长，则消耗能量多，热影响区大，高温区金属易过热，变形飞边大，消耗材料多。时间越长缩短量越大，飞边挤出量也越多。其原因是摩擦接触面随着摩擦时间的增大，发生塑性变形的金属逐渐增多，最后在顶锻力的作用下大部分被挤出。

频率与振幅影响焊接接头处的塑性变形量，随着频率与振幅的增大，焊接试样接触面的金属在摩擦力的作用下更快软化，进而发生塑性变形。同时，接触面的热量也迅速向试样内部传导，这样就更扩大了塑性变形区域。

顶锻力和顶锻时间也应该控制好，顶锻时间短或者顶锻力小都不能完全把焊接接触面的杂质及氧化物等挤出去，无法使焊缝得到锻压、结合牢固、晶粒细化。相反，顶锻力和顶锻时间也不能过大，过大则增加了缩短量，既浪费材料，又可能使细晶组织被完全挤出。

3. 焊接接头区域划分

TC4 钛合金线性摩擦焊接接头宏观形貌如图 3.11 所示，由图可见，接头焊接良好，没有气孔夹杂及裂纹。焊缝呈八字形，中间最细宽度为 0.4mm，越靠近飞边焊缝越宽，为 1.5mm。这是由于在焊接过程中焊接界面金属在摩擦力的作用下发生塑性变形，塑性变形的金属在焊接过程中不断向边缘挤出，最后在顶锻力作用下，一部分金属被挤出形成飞边，一部分留在焊缝中间，所以焊缝呈八字形与线性摩擦焊的特点有关。

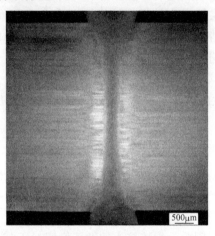

图 3.11　TC4 钛合金线性摩擦焊接接头宏观形貌

　　焊接过程需要热与力的共同作用。在焊接过程中焊接接触面升温最快，导致最后达到的温度也最高，由于热的传导，由焊接界面逐渐向试样内部过渡，在从界面向试样过渡产生了温度梯度。从力的角度看，最先受力的是焊接接触面，受力最大，远离焊缝的地方受力逐渐减小。在线性摩擦焊焊接过程中力与热的共同作用下，性能与组织发生变化，应力场与温度场分布不均匀的区域所带来的结果是越靠近焊缝，温度越高，塑性变形程度越大，这称为热机影响区。同种金属在焊接过程中，合金元素发生相互的物理扩散与渗透及机械混合，进而导致两侧金属连接在一起形成的区域称为焊核区。此区域在焊接过程中也是组织变形程度最大、温度最高的，整个焊接接头的产热源就是由此产生的。热量最先从这一区域开始向两侧金属内部传导。

　　根据焊接接头组织的不同，TC4 钛合金线性摩擦焊接接头可以分为几个不同的区域，图 3.12 为接头部分区域的划分。其中既不受热也不受力的原始区域称为母材区；焊接界面受热与力最大，焊接结束后出现完全不同于母材的组织，这部分为焊核区；介于这两个区域的部分受热与力的作用，随着距离界面的长度不同受到的影响也不同，最后焊接结束后也呈现出不同于母材和焊核区的组织，称为热机影响区。所以，焊接接头可分为三个大的区域：母材区、热机影响区、焊核区。

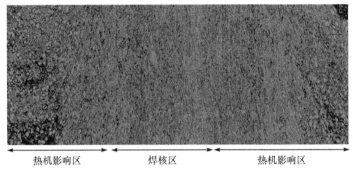

热机影响区　　　　焊核区　　　　热机影响区

图 3.12　接头部分区域划分

4. 线性摩擦焊在叶盘制造中的应用

叶盘采用线性摩擦焊的加工过程：首先分别制造出单个叶片与轮盘，轮盘的轮缘处已做好了连接叶片的凸座，而叶片根部处留有较厚的裙边(由于轮缘上已有一段叶片的凸座，所以叶片比正常的叶片要短)；然后将叶片紧压在轮盘轮缘的凸座上，高频往复运动使叶片底部表面与凸座表面间高速摩擦，产生足以使两者之间原子相互转移所需的高温，当达到所需的高温后，往复运动停止并保持将叶片紧压在轮盘轮缘上，直到两者结合成一体；最后铣掉焊缝的飞边。

实践表明，制造钛合金宽弦风扇叶片整体叶盘结构使用线性摩擦焊技术是行之有效的方法。欧洲战斗机 EJ200 的三级风扇整体叶盘制造中成功应用整体叶盘线性摩擦焊技术，标志着线性摩擦焊技术的应用达到了登峰造极的程度。目前英国罗·罗公司和 MTU 公司已用该技术成功地制造出钛合金宽弦风扇整体叶盘，并为欧洲战斗机(Typhoon)计划提供线性摩擦焊的整体叶盘。美国 F-35 战斗机所用 F135 发动机也采取用线性摩擦焊的整体叶盘结构。

整体叶盘加工技术方面在欧洲实施的 DUTIFRISK 项目(双材料钛合金摩擦焊整体叶盘)中取得重大进展，实验并开发了一种新的双合金线性摩擦焊整体叶盘。采用两种材料的目的是取得重量和强度的最佳平衡。改进的整体叶盘加工技术能够使叶片和轮盘材料选择最佳，从而极大地增强循环性能和可靠性，同时显著减少重量。这项研究为开发更经济、高效的发动机所需的新一代整体叶盘铺平了道路。

在为 F-22 研制的 F119 发动机中，全部风扇及高压压气机转子均采用了整体叶盘，第一级风扇工作叶片做成空心的，用线性摩擦焊将钛合金空心叶片连接到轮盘上，这是用线性摩擦焊加工最先进的发动机整体叶盘的一例。目前普惠公司已经为 F119 发动机生产出线性摩擦焊的风扇整体叶盘，该线性摩擦焊系统以 250Hz 高频往复振动，振幅为±4mm，位置精度可达到<0.25mm，施加的压力甚至达到 400000kN。美国 21 世纪初计划生产 3000 架 JSF 联合攻击战斗机，其采

用的 F135 发动机将采用线性摩擦焊的整体叶盘结构；美国通用电气公司和英国罗·罗公司研制的 JSF 备用型 F136 发动机的三级叶片全部采用线性摩擦焊焊接的整体叶盘结构；美国通用电气公司航空发动机部也在探索在将来航空发动机的制造和维修中使用线性摩擦焊。

3.2.5 整体叶盘精密铸造加工技术简介

目前精密铸造整体叶盘广泛应用于直升机和起动机等小型发动机上，整体叶盘叶片的极限温度高于 1000℃，转速可达 100000r/min。整体叶盘在如此高的温度和转速条件下的工作条件是相当恶劣的，叶盘的叶片同时承受高温、燃气腐蚀、离心力、弯曲应力、热应力、振动和热疲劳的作用，因此要求叶片除了具有良好的高温抗氧化性、耐腐蚀能力和足够高的强度外，还应具有良好的高温持久和蠕变性能、机械疲劳和热疲劳性能以及足够的塑性和冲击韧性。轮盘部分工作温度虽然比工作叶片低，但应力条件异常复杂，轮毂部位所受应力、温度、介质作用程度不同，因此对轮盘的基本性能要求为：在中低温条件下具有较高的屈服强度、抗拉强度和塑性，足够的持久、蠕变强度和低循环疲劳强度，良好的耐蚀性能和组织稳定性。根据叶盘的工作环境和力学性能指标，熔模精密铸造技术可以很好地满足上述要求。现代熔模铸造方法在工业生产中得到实际应用是在 20 世纪 40 年代，当时航空喷气式发动机的发展，要求制造叶片、叶轮、喷嘴等形状复杂、尺寸精确及表面光洁的耐热合金零件。由于耐热合金材料难以机械加工，零件形状复杂，以致不能或难以用其他方法制造，所以需要寻找一种新的精密成型工艺，于是借鉴古代流传下来的失蜡铸造，经过对材料和工艺的改进，现代熔模铸造方法在古代工艺的基础上获得重要的发展。航空工业的发展推动了熔模铸造的应用，而熔模铸造的不断改进和完善，也为航空工业进一步提高产品性能创造了有利的条件。

1. 熔模精密铸造技术原理与特点

熔模铸造又称失蜡铸造，其铸造方法是用可熔性一次模料使铸件成型。在铸造过程中，首先做出所需毛坯(可留余量非常小或者不留余量)的电极，然后通过电极腐蚀模具体，形成空腔，最后原始的蜡模用浇铸的方法铸蜡获得。将耐高温的液体砂料在蜡模上一层层刷上，待获得理想的厚度之后晾干，再加温，使内部的蜡模溶化，获得与所需毛坯一致的型腔。再浇铸熔化的材料在型腔里，固化之后将外壳剥掉，就能获得精密制造的成品。

熔模铸造最大的优点就是熔模铸件有着很高的尺寸精度和表面光洁度，只需在零件上要求较高的部位留少许加工余量即可，甚至某些铸件只留打磨、抛光余量，不必机械加工即可使用，可以大大减少机械加工工作。由此可见，采用熔模铸造方法可大量节省机床设备和加工工时，大幅度节约金属原材料。此方法的另一优点是，可以铸造各种合金的复杂铸件，特别是可以铸造高温合金、钛合金铸件。例如，喷气式发动机的叶片，其流线型外廓与冷却用内腔，用机械加工工艺几乎无法形成。此方法不仅适用于各种类型、各种合金的铸造，而且生产出的铸件尺寸精度、表面质量比其他铸造方法高，甚至其他铸造方法难以铸得的复杂、耐高温、不易加工的铸件，均可采用熔模精密铸造铸得；不仅可以做到批量生产，保证铸件的一致性，而且能避免机械加工后残留刀纹的应力集中。

当然，由于熔模铸造的工艺过程复杂，影响铸件尺寸精度的因素较多，如模料的收缩、熔模的变形、型壳在加热和冷却过程中合金的收缩率以及在凝固过程中铸件的变形等，所以普通熔模铸件的尺寸精度虽然较高，但其一致性仍需提高。

2. 钛合金熔模精密铸造典型工艺

1) 石墨熔模型壳

在钛合金熔模精密铸造工艺中，石墨熔模型壳的应用比较早，采用的耐火材料是人造石墨粉，黏结剂也是碳质的，通常是树脂或胶体石墨。石墨撒砂粒度为：面层和邻面层 35～150 目，背层 8～35 目，型壳一般涂挂 8～9 层，厚度约为 10mm，型壳预热温度不宜过高，一般为 400℃左右，否则型壳与液钛会发生反应。石墨熔模型壳的缺点是：浇出的钛铸件表面存在较厚的脆性层，需用喷砂、酸洗等方法处理，由于浇注时铸件各部位受热条件不同，层也不均匀，所以清除不彻底，会影响铸件性能，清除过多，又难以保证铸件精度。

2) 金属钨面层陶瓷型壳

金属钨面层陶瓷型壳是美国 Rem 公司发展起来的一种型壳系统。该工艺的特点是采用金属有机化合物、锆卤化物或胶体金属氧化物作为黏结剂，以金属钨粉作面层耐火材料。为保证良好的涂挂性，需将蜡模组放在清洗液中清洗，清洗液由 20%酒精、40%三氯氟甲烷、40%四氯代乙烯组成。脱蜡采用四氯代乙烯熔剂。此工艺的铸件表面粗糙度好，内部质量高，钛铸件精度可达铸钢件水平。

3) 氧化物陶瓷型壳

氧化物陶瓷型壳是目前国内外普遍采用的一种先进工艺，面层耐火材料为 ThO_2、ZrO_2、Y_2O_3 或稀土氧化物(ReO)等难熔金属氧化物，黏结剂采用难熔金属氧化物胶体或金属有机化合物。黏结剂是制造此类型壳的关键，此类型壳具有较高的常温强度和高温强度、较小的收缩率，能保证所浇的钛铸件具有较高的尺寸精度和表面粗糙度。

3. 高温合金熔模精密铸造典型工艺

高温合金叶盘叶片在结构方面实现了从实心到空心的发展，在凝固方式方面实现了从多晶、定向凝固到单晶的跨越。近净形熔模精密铸造高温合金是当前制造叶盘空心叶片的主要技术之一，而此项技术的前提是制备性能良好的陶瓷型芯与陶瓷型壳。

1) 陶瓷型芯

当前，叶片的冷却结构已由传统的对流冷却、冲击冷却和气膜冷却等方式发展到高效发散冷却与层板冷却等。所有的这些冷却方式都与叶片内腔的形状有关，而内腔形状实现的可能性又取决于陶瓷型芯的性能。目前，陶瓷型芯正向形状更复杂、尺寸更小、性能更高的方向发展，从而极大地促进了高性能铸造高温合金在叶盘叶片中的应用。

制备陶瓷型芯的原材料必须具备以下条件：足够的耐火度(熔点或高温软化点要高于 1600℃)；较好的热化学稳定性；热稳定性和抗热震性能好，线膨胀系数较小且与型壳相匹配；易脱除，烧成后无过多的高低温晶型转变。国内外常用的陶瓷型芯基体材料主要有石英玻璃、氧化铝、锆英石、氧化镁、氧化锆等。

2) 陶瓷型壳

高温合金空心叶片铸造用陶瓷型壳的工作条件非常苛刻，型壳需要在 1500～1600℃的高温下长时间工作。因此，优质的型壳应满足以下要求：具有足够的高温强度和高温抗蠕变性能，能够承受熔融金属的热冲击与金属液压力冲击；型壳与高温合金熔体有良好的润湿性和热化学稳定性，与熔融金属不发生明显的化学反应；型壳壁厚不宜太厚，且热物理性能稳定，热膨胀系数低，满足导热性的要求；浇注完毕后，型壳要具有良好的溃散性，易清除。耐火材料占型壳总质量的 90%以上，对型壳的高温强度、热化学稳定性、热物理性能起着决定性的影响。高温合金空心叶片熔模铸造用陶瓷型壳的耐火材料应有足够的耐火度，热化学稳定性良好，热膨胀系数小且均匀；同时还应保证合适的粒度。

制备型壳的耐火材料主要用于两个方面：其一是与黏结剂配制成涂料，要求耐火材料的颗粒较细；其二是用于加固型壳的撒砂材料，要求面层砂粒度较细，背层砂较粗。由于型壳的面层与合金熔体接触，所以要求用于面层的耐火材料能经受金属液的热冲击和热物理化学冲击，用该耐火材料制得的型壳还要有足够的常温强度和高温强度、良好的透气性、抗热震性、脱壳性等性能。国内外熔模铸造用型壳选用的耐火材料主要有锆英石、氧化铝、熔融石英、高岭土、莫来石、莫莱卡特等，在定向凝固或单晶高温合金熔模铸造方面，主要以氧化铝作为型壳的耐火材料。在近几十年的技术积累基础上，近年来加强高温合金近净形精密铸造技术领域的基础材料、成型与凝固结晶机理和先进的工艺保障条件的研究，为高温结构材料近净形熔模精密铸造技术注入新的生机。

3.2.6　整体叶盘数控铣削加工技术简介

近年来，发达工业国家的多轴数控加工技术发展一直领先于国内，国外诸多科研机构针对复杂曲面的加工技术进行了研究，并将该技术应用于整体叶盘的加工中。根据整体叶盘结构制造方法的种类，主要分为连接制造方法和整体制造方法，其中的几种主要制造技术有电火花加工、电解加工、电子束焊接、线性摩擦焊、精密铸造加工和数控加工。表 3.3 为主要的整体叶盘加工方法特点、局限性及适用范围。

表 3.3　整体叶盘加工方法特点及其应用情况

加工方法	特点	局限性	适用范围
电火花加工	叶片无变形，适用材料种类多，稳定性与精度较高	加工后存在残余应力，价格昂贵，效率低	对叶盘尺寸及结构形式无限制
电解加工	加工效率高，叶片变形小	加工不稳定，精度难保证	可加工叶片薄长、流道狭窄的叶盘
电子束焊接	制造效率高，叶盘精度强度高	存在技术局限性	钛合金整体叶盘
线性摩擦焊	节省材料，无污染	加工设备昂贵，技术难突破	研究较少，应用受到限制
精密铸造加工	成本低，可大量生产	加工复杂，成品率低	制造技术有待进一步提高
数控加工	制造精度高，质量好，稳定可靠	效率较低，刀具磨损严重，刀具可达性受限	可加工各种尺寸叶盘，尤其是开式整体叶盘

在国内，西北工业大学进行了大量数控加工制造整体叶盘的研究，突破了诸多关键技术难题，开发出盘/插/侧复合铣削加工方法[6]，有效地解决了整体叶盘加工的诸多问题，提高了加工精度，缩短了生产周期。

整体叶盘复合铣削加工的工艺过程可分为通道加工和叶型加工两部分，按加工工序分为盘铣开槽、插铣扩槽、侧铣除棱清根。该方法的提出对提高钛合金整体叶盘加工效率起着重要作用[7,8]，各加工工艺如图 1.3 所示。

3.3　整体叶盘加工刀具应用分析

设计开发合适的盘铣刀、插铣刀、球头铣刀，采用盘/插/侧复合铣削的加工方法对开式整体叶盘进行开槽加工，可提高加工效率，延长刀具使用寿命[9,10]。

3.3.1　整体叶盘加工盘铣刀具技术简介

盘铣刀主切削刃位于圆周表面，两侧面的副切削刃参与切削，主要用于铣削槽类结构零部件，按其结构分为直齿结构盘铣刀、错齿结构盘铣刀和可转位盘铣刀(图 3.13)。直齿结构盘铣刀由于同一切削时间内仅单一刀片参与切削，切削力及振动较大，影响其加工效率，而错齿结构盘铣刀可以有效解决上述问题。市场上的盘铣刀结构多样，但多为通用刀具。针对整体叶盘结构及难加工材料的加工特性进行盘铣刀的设计，对其结构、加工效率、切削性能等评价分析研究较少，而盘铣刀加工技术的研究对于提高整体叶盘加工效率与质量、节约加工成本具有显著的意义。

(a) 直齿结构盘铣刀　　　　(b) 错齿结构盘铣刀　　　　　　(c) 可转位盘铣刀

图 3.13　盘铣刀种类

国内对盘铣刀的研究侧重原理设计，根据具体零部件的材料，设计出满足条件的盘铣刀结构，并对其局部加工工艺进行合理改进。西华大学对模块式可转位槽盘铣刀的设计原理进行阐述，通过计算结果的分析，证明刀具设计合理，对于优化刀具的结构有重要意义[11]。株洲钻石切削刀具股份有限公司推出的沟槽加工 SMP03 型号的盘铣刀，采用平装结构及新型涂层刀片，使加工效率显著提升。中国一拖集团有限公司提出齿槽宽度计算公式，能够保证错齿刀片在盘铣刀体上定位安装精度[12]。太原工具厂为加工槽类零部件开发设计尺寸225mm×24mm 可转位盘铣刀，针对刀具的容屑槽结构，改进现有的槽型设计，并对刀具设计要点进行了归纳[13]。

国外刀具制造厂商 Tungaloy 针对开槽及侧铣加工而设计的盘铣系列，尺寸范围为 $\phi 100 \sim \phi 150$，具有多个有效切削刃，刀片形状设计独特，切削范围大，排屑效果好，材料适应性强，具有较高的经济性。Sandvik 公司也针对大槽宽铣削的特点设计盘铣刀，以 V 形刀片理念为特色，经过优化后的几何角度能够降低刀具切削过程中产生的切削力和噪声水平[14]，有效提高刀具切削性能，当刀具在不稳定切削工况下，V 形刀片可在刀片与刀体之间形成可靠连接。

3.3.2　整体叶盘加工插铣刀具技术简介

由于插铣技术逐渐完善成熟，插铣刀应用的需求量变大，基本处于供不应求的状态。近年来，有许多刀具厂商开始对插铣刀的设计开发进行研究，特别是像山高(SECO)、英格索尔(Ingersoll)、伊斯卡(ISCAR)等刀具生产商纷纷研制出自己的插铣刀具产品。这些厂商的插铣刀设计开发系统相对其他厂商成熟，而且以插铣切削加工理论和生产实践为基础，再对生产的刀具进行参数化设计，因此能够在较短的时间内设计开发出具有高性能的插铣刀。图 3.14 为主要刀具厂家开发推出的插铣刀具产品，山高公司开发出的型号为 R217/220.79-12 的主要用于粗加工的插铣刀，推荐的每齿进给量为 0.10～0.25mm/z，最大轴向切深为 11mm，切削速度最大可达 200m/min；伊斯卡公司开发的新型蝴蝶插铣刀，刀槽具有较高的耐用性，切削性能好，自身带有内冷却孔，可有效冷却切削区域，有助于排屑；山特维克公司开发的插铣刀主要适用于插铣的粗加工。

(a) 山高插铣刀 (b) 伊斯卡插铣刀 (c) 山特维克插铣刀

图 3.14 主要刀具厂家插铣刀

插铣刀开发技术的研究在国内起步较晚，虽然对插铣原理具有一定的研究，但是还不能生产具有高可靠性的插铣刀具产品，并且通常情况下设计的插铣刀主要是通过传统经验进行的定性设计，缺乏理论研究和刀具结构参数设计，而且这种方法研究的时间较长，直接导致其生产设计的刀具的切削加工性能、已加工表面质量、刀具使用寿命和经济性满足不了现代机械制造业的需要。

北京航空航天大学进行了插铣叶盘的铣削力实验研究，通过实验得出插铣加工的工件变形大大降低，铣削加工的效率也得到了明显提高，而且优化了插铣的刀具轨迹路径[15]。西北工业大学优化了插铣钛合金过程中的切削参数，研究分析了切削参数对插铣铣削力和铣削温度的影响，且通过实验的方法将插铣加工铣削力和振动方面与侧铣加工进行对比，验证了插铣切削加工的优越性，另外还研究了加工整体叶盘插铣的轨迹路径并进行了优化[16-20]。西安科技大学在叶轮的数控铣削加工过程中采用了插铣技术，而且插铣加工过程的编程在 MasterCAM 软件中得到了实现[21]。哈尔滨工业大学对直纹面叶盘五坐标加工关键技术进行了研究，对插铣加工整体叶盘专用的计算机辅助制造软件进行了开发，并将该软件运用到整体叶轮五坐标插铣加工的分析上[22]。北京交通大学通过对多曲面通道的数控插铣实验的研究分析，提出了一种非等参数刀具轨迹生成的算法，使刀具轨迹和工件发生干涉的问题得到了解决，但是对优化刀具路径的研究还有待完善[23]。

3.3.3　整体叶盘加工侧铣刀具技术简介

整体叶盘加工侧铣选用球头铣刀，图 3.15 为球头铣刀结构，由于为斜角切削，切削加工效果较好。考虑实际铣削加工，针对钛合金切削加工性，优化刀具几何角度，并且选择合理的切削参数，才能更好地发挥刀具的加工性能。

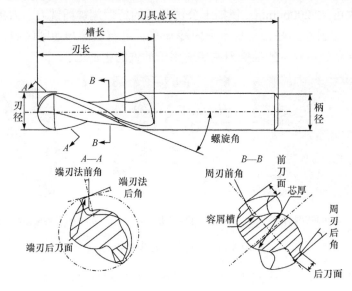

图 3.15　球头铣刀结构

国内外学者在球头铣刀的几何结构、刃线模型及制造方法等方面进行了以下研究。Engin 等根据螺旋角的定义设计了球头铣刀切削刃，分析了等螺旋角螺旋线刀具的刃磨及切削加工性，并建立了其刃线模型[24]。Kang 和 Ehman 研究了刀具的端截面形线，计算出其形线模型及螺旋槽刃磨方法[25]。Feng 等依据通用回转刀具的刃线数学模型，在非线性局部切削力模型的基础上，建立了斜角切削时球头铣刀的切削力模型[26]。兰州理工大学对球头铣刀螺旋角的物理意义及作用进行了论述，基于螺旋角和导程的数学模型分别建立了球头铣刀刃线方程[27]。厦门大学基于球头铣刀的刃线完成了刀具磨削砂轮轨迹的计算，为球头铣刀的磨削成型提供了理论依据[28]。哈尔滨理工大学针对钛合金叶轮加工用球头铣刀进行了参数化设计及优化，进行了整体硬质合金球头铣刀的参数化设计，优化了刀具几何参数[29]。厦门金鹭特种合金有限公司建立了切削加工 Ti-6Al-4V 时的铣削仿真模型，研究了涂层材料、厚度对切削温度、切削力及球头铣刀切削加工性的影响规律[30]。

球头铣刀在侧铣加工中周刃为线接触式加工，加工效率高，广泛应用于复杂曲面的加工，其加工有如下优点[31]：

(1) 可以实现任意方向的切入；

(2) 刀刃曲线为圆弧形状，不易产生局部集中磨损，刀具的使用寿命长；

(3) 螺旋进刀使刀具在切入-切出时冲击小，切削力波动范围小；

(4) 由于螺旋角的存在，有利于切屑的排出，避免了黏结破损，提高了刀具的使用寿命。

3.3.4　可转位刀具的发展现状

随着刀具的不断发展，为了实现更加快速的更换刀具，节省工时，提升经济效益，可转位刀片得到快速发展。国外可转位刀具发展情况如表 3.4 所示。

表 3.4　国外可转位刀具发展情况

发展时间	发展情况
20 世纪 40 年代末	美国成功研制出机夹式可转位车刀，开辟了刀具发展的新方向
1954 年	正式将可转位车刀及刀片作为产品
1954 年至 60 年代末	可转位刀具的制造工艺得到完善并逐渐开始推广
60 年代末至 80 年代中期	可转位刀具的精度、使用性能取得了巨大突破。为满足刀具需求，开始致力于刀片的压制及涂层技术的研究，西方工业化发达国家在硬质合金可转位刀片需求量已达到刀具总产值的 80%左右
80 年代中期至今	工业发达国家已基本完成了整体式刀具到可转位刀具的过渡，同时可转位刀具技术已较为成熟，并且涂层工艺的出现更是扩大了刀具品种的应用范围。国外知名刀具制造企业纷纷投身可转位刀具的研发与应用

我国在 20 世纪 50 年代对可转位刀具开始有所研究，直到 60 年代少数几家企业选用可转位刀具，发展速度缓慢，致使我国可转位刀具技术一直处于较低水平。我国航空、军工等制造业迅速发展，开始将发展刀具作为重要项目，可转位刀具技术开始有所进展，但与国外技术相比仍有很大差距，大多应用于要求不高的农用机械、中低端制造行业等。多方面因素限制着我国可转位刀具的发展：首先，可转位刀具的刀片质量是刀具使用性能的关键，而我国硬质合金刀片的材料成分的处理欠缺及压制技术不够成熟，所以无法制造出高质量的刀片来满足加工需求，在使用过程中，需要频繁调整、更换刀片，降低了生产效率，企业效益降低；其次，我国的可转位刀具产品数量少、质量低，达不到企业的生产要求。

可转位刀具的应用是提高生产力、发展制造技术的必经之路。在制造行业飞速发展的情况下，我国开始大力发展刀具制造业，包括刀具工艺的完善、刀具结构的创新和刀具材料的发展等。现如今我国刀具技术也逐渐走向成熟，诸多刀具企业得到认可并发展起来，较大的刀具制造企业有株洲钻石切削刀具股份有限公司、汉江工具有限公司、哈尔滨第一工具制造有限公司等。目前国内刀具技术也占有了一定的市场，诸多高校学者针对刀具相关技术展开研究，因此研究可转位刀具对刀具的发展起着至关重要的作用。

3.4　本章小结

基于钛合金整体叶盘材料和结构特性的分析，阐述了整体叶盘的各种加工技术，明确了盘/插/侧复合铣削数控加工是最有效的加工方式，并进一步对应用的盘/插/侧复合铣削刀具进行了分析和探讨。

参 考 文 献

[1] 黄春峰. 现代航空发动机整体叶盘及其制造技术[J]. 航空制造技术, 2006, (4): 94-100.

[2] 徐家文, 赵建社. 航空发动机整体构件特种加工新技术[M]. 北京: 国防工业出版社, 2011.

[3] 赵万生. 先进电火花加工技术[M]. 北京: 国防工业出版社, 2003.

[4] 李刚, 王振龙, 赵万生, 等. 闭式整体涡轮叶盘电火花加工成型电极的设计与制造[J]. 航空精密制造技术, 2006, 42(6): 36-39.

[5] 陈光. 一种整体叶盘的加工方法——线性摩擦焊[J]. 航空工程与维修, 1999, 4: 14-15.

[6] 赵伟. 钛合金高速插铣动力学研究及铣削参数优化[D]. 天津: 天津大学, 2007.

[7] 史耀耀, 段继豪, 张军锋. 整体叶盘制造工艺技术综述[J]. 航空制造技术, 2012, (3): 26-31.

[8] 程耀楠, 安硕, 张悦, 等. 航空发动机复杂曲面零件数控加工刀具轨迹规划研究分析[J]. 哈尔滨理工大学学报, 2013, 5: 30-36.

[9] 程耀楠, 左殿阁, 陈天启, 等. 复合铣整体叶盘通道加工工艺规划分析[J]. 航空精密制造技术, 2015, 51(1): 25-29.

[10] Cheng Y N, Zhang Y. Study on simulation of machining deformation and experiments for thin-walled parts of titaniumalloy[J]. International Journal of Control and Automation, 2015, 8(1): 401-410.

[11] 吴能章, 邓远超, 尹洋. 可转位成型铣刀的几何造型[J]. 四川工业学院学报, 2001, 20(3): 16-19.

[12] 李宗武, 马红梅, 赵会峰. 错齿三面刃铣刀柱齿槽宽度的计算[J]. 工具技术, 2003, (1): 60-62.

[13] 王静茹. 一种大直径可转位三面刃铣刀的设计[J]. 工具技术, 2005, 39(2): 52-54.

[14] 山高刀具. 更高效率的高进给铣削[J]. 数控机床市场, 2009, (3): 74-76.

[15] 魏建中, 袁松梅. 基于蚁群算法的拐角插铣路径优化技术[J]. 机械工程师, 2009, (9): 16-18.

[16] 任军学, 石凯. TC11钛合金插铣参数对表面温度影响研究[J]. 机械科学与技术, 2009, (10): 28-35.

[17] Ren J X, Tian W J. Experimental study on the overall structure of titanium alloy with high-effect plunge milling process[J]. China Mechanical Engineering, 2008, (19): 79-82.

[18] Shan C W, Zhang D H, Ren J X. Research on the plunge milling techniques for open blisks[J]. Materials Science Forum, 2006, (24): 193-196.

[19] Ren J X. Research on tool path planning method of four-axis high efficiency slot plunge milling for open blisk[J]. International Journal of Advanced Manufacturing Technology, 2009, (45): 101-109.

[20] Ren J X, Xie Z F. Five-axis plunge milling path planning of closed blisk[J]. Acta Aeronautica et Astronautica Sinica, 2010, (31): 65-68.

[21] 石磊, 杨小毅. 数控插铣二元叶轮的工艺方法[J]. 风机技术, 2006, (4): 31-32.

[22] 梁全, 王永章. 直纹面叶轮插铣加工关键技术[J]. 计算机集成制造系统, 2009, (1): 36-40.

[23] 孙晶, 蔡永林. 基于插铣加工的非等参数刀具轨迹生成方法[J]. 装备制造技术, 2009, (7): 123-128.

[24] Engin S, Altina Y. Mechanics and dynamics of general milling cutters. Part I: Helical end mills[J]. International Journal of Machine Tools and Manufacture, 2001, (41): 2195-2212.

[25] Kang S K, Ehman K F. A CAD approach to helical groove machining mathematical model and model solution[J]. International Journal of Machine Tools and Manufacture, 1996, 36(1): 141-153.

[26] Feng H Y, Menq C H. A flexible ball-end milling system model for cutting force and machining error prediction[J]. ASME Journal of Manufacturing Science and Engineering, 1996, 118: 461-469.

[27] 马世辉. S 形刃球头立铣刀的数学模型[J]. 甘肃科学学报, 2009, 12(4): 104-107.

[28] 吕颖, 姚斌, 陈站, 等. "S"形刃球头立铣刀的磨削成型刀位轨迹研究[J]. 工具技术, 2015, 10: 24-27.

[29] 张辉. 球头铣刀参数化设计及其软件开发[D]. 哈尔滨: 哈尔滨理工大学, 2013.

[30] 郭芬芳. 整体硬质合金刀具钝化的研制与应用[J]. 超硬材料工程, 2012, 24(4): 35-37.

[31] 袁哲俊, 刘华明. 金属切削刀具设计手册[M]. 北京: 机械工业出版社, 2008.

第4章 盘铣刀具设计及其加工技术研究

切槽铣刀(图 4.1)是为了在加工工件上留下相应规格的槽，一种带有特定外形结构的铣刀，能在高速旋转下切割不锈钢、铁管、铜管、铝管、非金属管材、板材、钛合金薄壁件等材料[1-4]。

图 4.1　切槽铣刀

4.1　切槽铣刀的种类

4.1.1　立铣刀

立铣刀(图 4.2)用于加工沟槽和台阶面等，刀齿在圆周和端面上，一般工作时不能沿轴向进给，但当立铣刀上有通过中心的端齿时，可轴向进给[5,6]。切削刃有双刃、三刃、四刃，直径为 $\phi 2\sim\phi 15$，大量应用于切入式铣削、高精度沟槽加工等[7]。

4.1.2　三面刃铣刀

图 4.2　立铣刀

三面刃铣刀(图 4.3)，又称盘铣刀，用于加工各种沟槽和台阶面，其两侧面和圆周上均有刀齿。在切削直角形的角落或沟槽时所使用的三面刃铣刀，在构造上可分为切削刃相互交错的错齿形三面刃铣刀及切削刃平行排列的直齿形三面刃铣刀。直齿形三面刃铣刀是最常用的，而错齿形三面刃铣刀则用于钢材的沟槽加工。在批量生产中经常使用大量的可转位刀具，其中包括半三面刃铣刀和全三面刃铣刀。全三面刃铣刀多用于沟槽的加工[8-10]。

图 4.3　三面刃铣刀

4.1.3　锯片铣刀

锯片铣刀(图 4.4)用于加工深槽和切断工件，其圆周上有较多的刀齿。为了减少铣削时的摩擦，刀齿两侧有 15′～1°的副偏角。锯片铣刀的特点：可使用磨齿机重复多次重磨刃齿，研磨后的锯片铣刀与新锯片铣刀寿命相同[11]。

图 4.4　锯片铣刀

4.2　常用切槽铣刀的选用方法

槽铣工序(图 4.5)刀具选择根据槽的类型、尺寸而定，在铣槽加工中，一般首选三面刃铣刀。在加工封闭槽、非直线槽时，立铣刀的优势就凸显出来。切槽铣刀的选用一般注意以下几点[12]：

(1) 需根据槽长短、封闭或开放、直或不直、深或浅、宽或窄选择刀具类型；

(2) 通常由槽的宽度、深度及长度选择刀具；

(3) 根据可用的机床类型和操作频率确定应该使用立铣刀、长切削刃刀具还是三面刃铣刀；

(4) 三面刃铣刀能为铣削量大的长深槽提供最有效的加工方法，特别是当使用卧式铣床时。

图 4.5　槽铣工序

4.3　盘铣切削特点及其加工方式

根据用途，盘铣刀可分为单面刃铣刀、双面刃铣刀和三面刃铣刀。三面刃铣刀又可分为直齿形三面刃铣刀和错齿形三面刃铣刀[13]。从结构上看，单面刃铣刀切削刃在外圆圆周上，适于加工 H9 级轴槽和一些带有简单槽型的零件，根据需要在某一侧面和圆周上装有切削刃；双面刃铣刀的刃形和尺寸一般可参照单面刃铣刀选定。圆周上刃形可选直齿，也可选螺旋齿，但螺旋角不能太大，一般选 10°～15°。其端齿可参照端齿圆柱形铣刀设计[14]；三面刃铣刀，其两侧面和圆周上均有刀齿，用于加工各种槽型和台阶面，特别是对于铣削长度较长的深槽、直角形的角落或槽型较多的零部件优势显著，其在构造上可分为切削刃平行排列的直齿形三面刃铣刀[15](图 4.6)及切削刃相互交错的错齿形三面刃铣刀(图 4.7)。为满足盘铣刀对槽类零部件的高效去除，盘铣刀结构设计为可转位刀具，以实现快速更换刀片，这样不仅可以提升加工槽类零部件的效率，而且相比于整体式刀具其能够减少由于某一切削刃破损导致整刀需重新更换的生产成本[16]。盘铣刀加工属于圆周铣削方式，在加工整体叶盘等铣削硬化趋势强的难加工材料结构部件采用顺铣加工，刀齿的切削厚度在切入时最大，而后逐渐减小，避免了逆铣切入时的挤压、滑擦和啃刮现象，且刀齿的切削距离较短。铣刀的磨损较小，寿命比逆铣时高 2～3 倍，已加工表面质量较好。此外，刀具前面作用于切削层的垂直分力始终向下，因而整个铣刀作用于工件的垂直分力较大，将工件始终压紧在夹具上，以避免工件的振动，安全可靠。

图 4.6 直齿形三面刃铣刀

图 4.7 错齿形三面刃铣刀

4.3.1 三面刃铣刀的选用依据

三面刃铣刀的选用依据为：

(1) 同时参与切削的刀刃数。

(2) 在选用三面刃铣刀时，要从加工材料、刀具半径和每齿进给量方面进行选择。对于直径厚度较小的切削刀具，切削刃承受切削力的变化容易引起刀具本体弯曲，所以一定要注意负载变化的稳定性。

(3) 有无键槽。

(4) 在一般加工中不用键槽，然而在每齿进给量和轴向切深较大或高速切削的情况下，只靠刀具刀体和刀柄之间的摩擦力来传递驱动力是不够的，此时往往设置键槽。当外径大于 100mm 时设置键槽为好。

(5) 侧面的不平度。

(6) 如果使用外径相当大(相对于内径和切削刃幅度)的三面刃铣刀来加工沟槽，想要提高沟槽侧面的表面精度是很困难的。特别是由于切屑会大量地混在沟槽内，即使提高切削速度、减小每齿进给量，也得不到预想的效果。对这个问题的解决方法是，把三面刃铣刀装在心轴上时调整侧面不平度到 0.005～0.01mm，再将切削刃尖角倒角成圆弧形面，同时采用大的刀齿槽，三面刃铣刀应用如表 4.1 所示。

表 4.1 三面刃铣刀在铣槽中的应用

三面刃铣刀	适用加工场合	不适用加工场合
	开口槽、深槽、排铣、切断，用于不同宽度、深度的大加工范围	封闭槽、线性槽

4.3.2　盘铣加工的相关参数

1. 切削力计算

盘铣刀在铣削过程中，切削分力的关系为[17]：

$$F_f / F_c = 0.8 \sim 0.9 \tag{4-1}$$

$$F_{fn} / F_c = 0.75 \sim 0.80 \tag{4-2}$$

$$F_e / F_c = 0.35 \sim 0.40 \tag{4-3}$$

式中，F_{fn} 为垂直进给方向的力，F_f 为纵向进给方向的力，F_e 为横向进给方向的力，F_c 为铣削力。

铣刀总切削力的计算公式为

$$F = \sqrt{F_f^2 + F_e^2 + F_{fn}^2} \tag{4-4}$$

实际加工中铣削力计算公式为

$$F = 9.81 C_{F_z} a_e^{0.85} f_z^{0.72} d_0^{-0.86} a_p z \tag{4-5}$$

式中，C_{F_z} 为铣削力系数，d_0 为刀具直径，z 为刀具齿数，a_p 为轴向切深，f_z 为每齿进给量。

2. 切削用量要素

1) 切削速度

切削速度不仅决定了刀具加工工件的质量，同时决定了生产零件的效率，因此切削速度要结合生产零件的条件进行合理选取，切削速度的理论计算公式为[18]

$$v_c = \frac{\pi d_0 n}{1000} \tag{4-6}$$

式中，v_c 为切削速度，n 为铣刀转速，d_0 为铣刀直径。

2) 进给速度

进给速度理论公式为

$$v_f = fn = f_z z n \tag{4-7}$$

式中，f_z 为每齿进给量，z 为刀具齿数，n 为主轴转速。

3. 铣削切削层参数

切削层为切削部分切过工件的一个单程所切除的工件材料层，切削层的形状、尺寸直接影响切削过程的变形、刀具承受的负荷及刀具的磨损。为了研究刀具的切削层，需要计算切削层公称厚度、切削层公称宽度和平均总切削层公称横截面积等相关参数。

1) 切削层公称厚度

切削层公称厚度计算公式为

$$h_{\mathrm{D}} = f_{\mathrm{z}} \sin \kappa_{\mathrm{r}} \tag{4-8}$$

式中，h_{D} 为切削层公称厚度，f_{z} 为每齿进给量，κ_{r} 为刀具的主偏角。

2) 切削层公称宽度

切削层公称宽度计算公式为

$$b_{\mathrm{D}} = \frac{a_{\mathrm{p}}}{\sin \kappa_{\mathrm{r}}} \tag{4-9}$$

式中，b_{D} 为切削层公称宽度，a_{p} 为轴向切深，κ_{r} 为刀具的主偏角。

3) 平均总切削层公称横截面积

平均总切削层公称横截面积与径向切深计算公式为

$$A_{\mathrm{D}} = \frac{Q_{\mathrm{w}}}{V_{\mathrm{c}}} = \frac{a_{\mathrm{p}} a_{\mathrm{e}} v_{\mathrm{f}}}{\pi d n} = \frac{a_{\mathrm{p}} a_{\mathrm{e}} f_{\mathrm{z}} z n}{\pi d n} = \frac{a_{\mathrm{p}} a_{\mathrm{e}} f_{\mathrm{z}} z}{\pi d} \tag{4-10}$$

$$a_{\mathrm{e}} = 0.05 d_0 \tag{4-11}$$

式中，A_{D} 为平均总切削层公称横截面积，Q_{w} 为单位时间的金属切除量，a_{e} 为径向切深。

4.3.3　盘铣刀开槽应用案例

1. 厦门金鹭特种合金有限公司(简称厦门金鹭)MTA100 系列切槽铣刀

MTA100 系列切槽铣刀(图 4.8)是适用于某型号发动机零件加工的一款专用刀具。厦门金鹭将 MTA100 的刀片和刀体进行系列化，推出了圆弧切削刃(图 4.9)等不同的刀片和各种不同规格的刀体，以满足各行业在切槽加工、台阶面加工和侧面加工的不同要求，匹配用于铸铁牌号和钢牌号刀片[19,20]。其产品特点如下：

(1) MTA100 刀体匹配圆弧切削刃的刀片，在切削过程中，切削阻力小，切削轻快，是刚性较差机床的首选；

(2) 特殊高强度合金钢材料刀体，表面经特殊处理，具有优越的耐破损性、耐高温性和耐腐蚀性，与高强度和耐磨性兼并的刀片完美组合，能显著提高刀具整体使用寿命；

(3) 刀片上高精度和特殊独立的定位面，匹配刀体刀槽的特殊加工，体现了刀片和刀体的完美结合，精心打造高端精度定位产品；

　　(4) 刀片采用螺钉夹紧方式，拆装方便可靠；

　　(5) 相同刀片匹配不同厚度的刀体，可实现不同槽宽的加工；

　　(6) 一个刀片可重复使用 4 个不同刀尖，可降低生产成本。

图 4.8　MTA100 系列切槽铣刀　　　　　图 4.9　MTA100 系列刀片

2. TungSlot 系列切槽铣刀

TungSlot 系列切槽铣刀(图 4.10)十分适合钢材、不锈钢、铸铁及耐热合金的中等至重型加工，因此在重型机器制造业、机床、汽车及通用加工行业有广泛应用。TungSlot 重型切削能力体现在深槽加工排屑性能和高密齿刀片兼容能力。其产品特点如下：

　　(1) 刃宽可以在 6～16mm 范围内以 2mm 为单位递增；

　　(2) 刀体有 TSW、ASW 和 ASV 三种类型，直径范围为 $\phi 80\sim \phi 200$；

　　(3) 每款刀片具有六个有效切削刃可实现高的经济性；

　　(4) 独特的刀片形状，切向安装设计可靠性高且排屑性能好；

　　(5) 较多的刀片材质种类，可适用于各种材料加工。

3. TecSlot 系列切槽铣刀

TecSlot 系列切槽铣刀(图 4.11)，其坚韧的切向切削刃已被应用于一般加工、重工业、机床及汽车等领域的中型至重型钢、铸铁及不锈钢的加工。TecSlot 系列切槽铣刀通过密齿距和断屑槽的优化来提高生产效率。其产品特点如下：

　　(1) 三种刃宽尺寸分别为 16mm、19mm、25mm；

　　(2) 直径包括 $\phi 100$、$\phi 125$、$\phi 160$、$\phi 200$ 及 $\phi 250$ 等五种规格可供选择；

　　(3) 高密齿设计具有高的生产效率；

　　(4) 左右手刀片为一种规格刀片，简化了刀具管理；

　　(5) 刀片的安装具有高的可靠性；

　　(6) 多种刀尖 R 角和刀片材质，可适用于各种材料的加工。

图 4.10　TungSlot 系列切槽铣刀　　　　　图 4.11　TecSlot 系列切槽铣刀

4. SMP01 系列切槽铣刀

SMP01 系列切槽铣刀(图 4.12)采用开放式大容屑槽结构，加工余量大，生产效率高。刀盘有键槽连接和心轴连接两种类型，可切槽宽系列为 4mm、5mm、6mm、7mm、8mm 等五种，可根据用户需求，提供各种非标槽宽的定制。其产品特点如下：

(1) 采用精磨刀片，加工及定位精度非常高；

(2) 多种槽型刀片，可满足不同材质的加工要求；

(3) 为进行组合铣采用双键槽设计，减少铣削冲击与振动；

(4) 独特的立装刀片结构，适合在较窄和较深的沟槽加工；

(5) 刀片有 XSEQ1202、XSEQ1203、XSEQ12T3、XSEQ1204、XSEQ12T4 等五种型号。

图 4.12　SMP01 系列切槽铣刀

5. SMP03 系列切槽铣刀

SMP03 系列切槽铣刀(图 4.13)有键槽连接和心轴连接两种类型，可切槽宽系列为 8mm、10mm、12mm、16mm、18mm、20mm 等六种，可根据加工需求，提供各种非标槽宽的刀具定制。其产品特点如下：

(1) 精磨刀片，精度高；

(2) 不等齿距，减小振动；

(3) 为进行组合铣采用双键槽设计，减少铣削冲击与振动；

(4) 开放式容屑槽使排屑更通畅，可实现高去除率切削；

(5) 刀片有 MPHT060304、MPHT080305、MPHT120408 等三种型号。

图 4.13　SMP03 系列切槽铣刀

6. SMP05 系列切槽铣刀

SMP05 系列切槽铣刀(图 4.14)加工槽宽 1.1～4.8mm，最大轴向切深 5mm，用于槽铣、插铣、清根。刀片有圆头和方头两种刀头形式。刀片立装，同一刀片可适装于内孔、外圆车刀杆及沟槽铣削刀杆，可根据需要安装不同刃宽的刀片[21]。

7. CoroMill 331 铣刀

CoroMill 331 铣刀是一款经典的多用途三面刃铣刀(图 4.15)，可用于铣槽、铣面、铣侧壁、铣台肩等多种应用场合，广泛应用于汽车、航空航天、通用机械、模具制造等多个行业[22]。其产品特点如下：

(1) 用途广泛，适用于各种应用场合；

(2) 刀体采用可调刀夹式设计，可沿刀具轴向进行调整，同一刀盘可兼顾多种尺寸，有效降低刀具库存，通过更换刀夹，可将刀盘调整为单侧铣、槽铣、双侧铣等多种应用；

(3) 刀盘直径可达 ϕ1000，刀具宽度可根据槽宽度进行订制，刀片尺寸为 4～14mm，具有多种尺寸刀片、圆角刀片及圆刀片，可满足各种槽尺寸要求，刀盘采用不等齿距设计，有效避免加工中产生的振动。

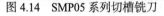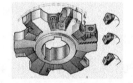

図 4.14　SMP05 系列切槽铣刀　　　　　　　图 4.15　CoroMill 331 铣刀

4.4　整体叶盘盘铣加工技术研究

整体叶盘叶片薄、扭曲大、受力易变形，叶片流道狭窄、开敞性差。对其加工制造难度大，属于国外封锁技术。整体叶盘的加工效率与质量依赖于多轴数控加工技术，而发达工业国家的多轴数控加工技术发展水平一直领先于国内，国外诸多科研机构针对复杂曲面的加工技术进行了研究，并将该技术应用于整体叶盘的加工。

整体叶盘加工技术主要分为先进连接铸造与材料去除加工技术两大类。对其加工较为成熟的技术有铸造加工、电火花加工、电解加工、精密焊接与数控加工[23,24]。国外整体叶盘多采用先进连接铸造技术中的电子束焊接与线性摩擦焊焊接技术。由欧洲四国联合研制的 EJ200 型航空发动机采用电子束对整体叶盘进行焊接；美国 P&W 公司采用线性摩擦焊焊接技术加工 F119 型航空发动机；美国通用电气公司、P&W 公司，英国罗·罗公司共同对整体叶盘五坐标数控加工技术进行研究；美国、俄罗斯等国家将电火花加工工艺应用于整体叶盘加工。国内，整体叶盘制造大多以铸造、电火花加工、铣削加工为主，整体叶盘的制造技术包括数控铣削、电解加工、电火花加工等，其中闭式整体叶盘使用电解加工及电火花加工具有优越性。数控铣削技术对开式整体叶盘进行加工较为成熟，考虑到加工效率与质量等因素，生产中多采用此种加工技术[25-28]。

整体叶盘铣削加工的工艺过程可分为流道加工和叶型加工两部分，按加工工序分别为开槽加工、扩槽加工、叶型加工、叶型精加工及清根加工[29]。目前国内外多数学者致力于整体叶盘叶片的精加工研究，而有关整体叶盘流道粗加工的研究较少。对整体叶盘流道粗加工的方法通常采用球头铣刀行切或用圆柱铣刀侧铣，加工效率较低，并且切削过程中受较大径向切削力，刀具磨损严重，不得不进行多次换刀，影响生产效率并且增加其生产制造成本[30-32]。根据整体叶盘加工的上述问题，西北工业大学提出采用强力复合铣(即盘铣-插铣-侧铣)方式(图 1.3)对整体叶盘流道进行加工[33]，这种加工方式可有效提高整体叶盘加工效率。利用盘铣加工技术对整体叶盘流道进行大切深快速去除，通过插铣加工对盘铣刀不可达区域进行材料的去除，实现扩槽加工；最后，通过圆柱铣刀或球头铣刀进行侧铣或行切，实现叶片型面精加工[34]。

4.4.1　整体叶盘材料切削加工性分析

根据整体叶盘尺寸及型号的不同，其材料多由钛合金或高温合金等构成，对其材料切削加工性的分析探讨，可以更好地为整体叶盘的高效加工提供依据。

1. 钛合金材料切削加工性分析

钛合金材料于 20 世纪 70 年代迅速发展，应用领域不断扩大。钛合金具有比强度高、耐腐蚀性强、耐高温等特点，被广泛应用于航空航天领域。航空航天领域中常用的典型材料有 Ti-6Al-4V(TC4)、Ti-5Al-2.5Sn(TC11)、Ti-6.5Al-1Mo-1V-2Zr(TC17)等。

钛合金难切削的原因分析如表 4.2 所示。

表 4.2　钛合金难切削的原因分析

原　因	说　明
刀-屑接触长度短	钛合金切屑在空气中氧和氮的作用下，会形成硬脆的化合物，使切屑成短碎片状，因此刀-屑接触长度很短，切削力和切削热集中在切削刃附近，刀具容易崩刃
导热性差	钛合金的导热系数小，仅为 45 钢的 1/7~1/6，而且密度小，切削热量集中在切削刃附近，刃区温度高，刀具磨损剧烈
化学亲和力大	与含 Ti 的硬质合金黏结严重
弹性模量小	约为 45 钢的弹性模量的 1/2，故弹性恢复大，摩擦严重；同时，工件也容易发生装夹变形
钛屑易燃	在高温下(600℃)，钛屑容易燃烧
冷硬现象严重	钛的化学活性大，在高的切削温度下，很易吸收空气中的氧和氮，形成硬而脆的外皮，同时切削过程中的塑性变形也会造成表面硬化。冷硬现象不仅会降低零件的疲劳强度，而且能加剧刀具磨损

由表 4.2 可知，钛合金在铣削加工过程切削力大、导热性差、冷硬现象严重等特点给其加工带来了很大困难；钛合金化学性活泼使得刀具容易破损；刀具切削刃承受的应力大，刀尖或切削刃切削时容易磨损。因此，加工钛合金合理选择刀具材料是解决难加工材料切削的有效途径之一，合理的刀具几何形状有助于充分发挥刀具的切削性能，提高切削效率。

切削钛合金的具体措施如表 4.3 所示。

表 4.3　切削钛合金的具体措施

措　施	说　明
刀具材料的选择	应尽可能采用硬质合金刀具，并应选用不含 Ti 的 YG 类(ISO 的 K 类)硬质合金。当为断续切削或有冲击时，也可采用高速钢刀具(如 W2Mo9Cr4VCo8 等)，或采用细晶粒和超细晶粒的硬质合金(如 YG8N、YG8W、YS2、YD15、YG6X 等)
刀具几何参数的选择	刀具前角 γ_o 较大，并需磨出适当的刀尖圆弧；刀具后角 α_o 略小。一般硬质合金铣刀可取 $\gamma_o=5°~15°$，$\alpha_o=5°~10°$，刃倾角 $\lambda_s=-3°~5°$，主偏角 $\kappa_r=45°~75°$，刀尖圆弧半径 $r_\varepsilon=0.5~1.0\text{mm}$。另外，刀具前、后面的粗糙度值应小，$R_a$ 一般不大于 0.2μm
切削用量的选择	选用较低的切削速度、较大的每齿进给量和轴向切深。用硬质合金刀具铣削时，盘铣刀采用的轴向切深 $a_p=1~10\text{mm}$，每齿进给量 $f_z=0.01~0.15\text{mm/z}$；切削速度的选择，应根据所加工的钛合金的强度高低及轴向切深大小来决定，TC4 钛合金的切削速度 $v_c=120~200\text{m/min}$

措　施	说　明
冷却润滑	一般应选用极压乳化液来冷却，流量应充足。但若对零件的疲劳强度要求较高，则切削液中不应含有硫、氯，此时应选用普通乳化液。如使用含氯的切削液，则切削过程中在高温下，将会释放出氢气，被钛吸收，引起氢脆；也可能引起钛合金高温应力腐蚀开裂
工件的装夹	夹紧力不宜过大，以免工件变形，必要时可增加辅助支承来提高装夹刚性
其他	机床要有较好的刚性，各运动部件的间隙要仔细调整，这对粗加工特别重要，否则很容易打刀

2. 高温合金材料切削加工性分析

高温合金又称耐热合金或热强合金，能在 600~1000℃的高温氧化及燃气腐蚀条件下工作，热强性能、热稳定性及热疲劳性能良好。高温合金按基体元素分为镍基高温合金、铁基高温合金及钴基高温合金，广泛应用于各个领域，特别是航空航天、发电设备和造船等。

高温合金难切削的原因分析如表 4.4 所示。

表 4.4　高温合金难切削的原因分析

原　因	说　明
高温强度高，加工硬化倾向大	切削加工时，塑性变形抗力大，切削负荷重，切削温度高，一般镍基高温合金的单位切削力比中碳钢高 50%；加工后表面层的加工硬化及残余应力大，硬化程度可达 200%~500%；刀尖及边界磨损极其严重，副后刀面的沟纹磨损也极易发生
导热性差	导热系数为 45 钢的 1/5~1/2，故切削温度高
与刀具的黏结倾向大	极易产生积屑瘤，影响加工表面质量
强化元素含量高	在合金中形成大量研磨性很强的金属碳化物、金属间化合物等硬质点，对刀具有强烈的擦伤作用

切削高温合金的具体措施如表 4.5 所示。

表 4.5　切削高温合金的具体措施

措　施	说　明
刀具材料的选择	常用的是硬质合金刀具，仅在切削速度很低的复杂型面加工时才采用高速钢。用硬质合金刀具切削时，最好选用性能较佳的新牌号，粗加工可选用 YS2、YG6X、YM051、YW3、YG8W 等牌号，精加工可选用 YG813、YD15、YD10、643M 等牌号。适宜的 CVD 涂层有 TiCN、TiCN+Al$_2$O$_3$+HfN 等；采用高速钢刀具时可选用 W10Mo4Cr4V3Al、W18Cr4SiAlNb、W12Cr4V3Mo3Co5Si 等牌号，另外，氮化硅陶瓷由于其抗黏结性和耐热性及硬度高于硬质合金，所以也适用于对高温合金的半精加工和精加工。PCBN 刀具由于具有高硬度和高热性等特点，更适于对高温合金的连续切削加工

续表

措　施	说　明
刀具几何参数的选择	(1) 硬质合金铣刀几何参数选用： 前角 γ_o=5°～15°；后角 α_o：粗加工时 α_o=5°～10°；主偏角一般采用 κ_r=45°～75°，以减小径向切削力。在机床动力和工艺系统刚性允许的条件下尽量采用较小值；刃倾角 λ_s=±5°；刀尖圆弧半径 r_ε：对高温合金铣削时 r_ε=0.5～0.8mm (2) 高速钢铣刀几何参数选用： 铣削高温合金时取 γ_o=3°～12°；α_o=4°～8°；圆柱铣刀的螺旋角 β=45°，立铣刀的螺旋角 β=28°～35° (3) 刀具的磨钝标准可取切削普通钢材刀具的 1/3～1/2
切削用量的选择	采用硬质合金刀具时，盘铣刀切削速度通常采用 v_c=100～150m/min；每齿进给量宜取偏小，一般取 f_z=0.01～0.1mm/z；轴向切深不宜过大，粗加工时 a_p=1～4mm，精加工时取 a_p=0.5～0.8mm。高速钢立铣刀加工高温合金常用的切削用量为 v_c=5～10m/min；f_z=0.05～0.12mm/z，a_p=1～3mm。硬质合金面铣刀则为 v_c=20～45m/min；f_z=0.05～0.1mm/z，a_p=1～4mm
进行适当的热处理	铁基高温合金可采用退火处理，镍基高温合金可采用固溶处理

4.4.2　加工整体叶盘刀具材料的选用

随着航空制造业的发展，新型结构零部件要求具备更优异的综合力学性能，其材料也多为难加工材料，给制造带来了很大的难度。刀片直接参与对工件的切削，与工件材料的切削适应性影响着刀具的切削效率、使用寿命、切削稳定性等方面，表 4.6 为常用高速刀具材料切削适应性分析。考虑到加工整体叶盘材料为钛合金材料，从表中可知聚晶金刚石(PCD)与涂层硬质合金材料对钛合金材料的切削性能优越，单位时间内材料的去除量大，切削力小，能够加工形如整体叶盘等带有大量槽型的零部件，并且加工后回弹量小，由于整体叶盘的粗加工过程中刀片的消耗量比较大，在材料的选择上不但要考虑刀片材料的切削特性，还要考虑到经济实用性问题，所以选用涂层硬质合金作为刀片的材料。

表 4.6　常用高速刀具材料切削适应性

工件材料 刀具材料	高硬钢	耐热合金	钛合金	高温合金	铸铁	纯钢	铝合金	复合材料
PCD	※	※	●	※	※	※	●	●
PCBN	●	●	※	●	★	▲	▲	▲
陶瓷	●	●	★	●	●	▲	※	※
涂层硬质合金	★	●	●	▲	●	●	▲	▲
硬质合金	▲	●	●	※	●	▲	※	※

注：●-优；★-良；▲-一般；※-差。

　　实验研究表明，钛合金的切削加工选用的硬质合金材料应不含或者少含 TiC，在切削相同时间内采用涂层 YG(K)类硬质合金比涂层 YT(P)类硬质合金加工钛合金发生磨损程度显著降低。根据涂层的选用分析(表 4.7)可知，对于加工整体叶盘，采用涂层 TiAlN 硬质合金刀片作为盘铣刀片的材料综合性能较好，经济性高，因此将其作为刀片的优选材料。

表 4.7　涂层的选用

钢材铸铁	一般选用 TiN、TiCN 涂层，高速切削、硬切削、干切削时选用 TiAlN 或 AlTiN
不锈钢	选用 TiN、TiCN 涂层，硬质合金刀具宜选用 TiAlN
钛合金、镍基合金	选用 TiN、TiCN、TiAlN 涂层，其中 TiN 用于低速，TiAlN 可用于高速；韧性较好的 PCBN 牌号+TiAlN 或 AlTiN 涂层；TiCN 适合铣削
铜合金、铝合金	选通用的 TiN、TiCN 涂层或专用的 ZrN、CrN 涂层或选用 DLC 涂层；加工高硅铝合金用 TiCN 涂层，切削速度高的场合用金刚石涂层
合成材料	一般选用 TiN、TiCN 涂层；玻璃纤维、碳素纤维增强型塑料应选用金刚石涂层

4.4.3　切削钛合金刀具设计研究现状

　　随着航空制造业的快速发展，各种新型材料不断出现，使得加工制造过程更加困难，进而对刀具的结构及刀具几何参数要求更高。由于钛合金属于难加工材料，对刀具的结构、切削性能要求很高，考虑到刀具的加工经济性、刀片安装定位、拆卸等因素，可转位刀具结构目前已成为刀具发展的主要研究方向。

　　刀具切削性能主要由刀具的结构和几何参数决定，合理的刀具结构配合适当的刀具几何参数才能充分发挥刀具性能[35]。中国工程物理研究院研究发现，刀具硬度及热硬性越高，刀片刃口越锋利，刃口切削温度越低，刀具寿命越高，加工时刀具角度宜选用较大的前角，以增加刀具锋利程度[36]。中国航空工业集团公司沈阳飞机工业(集团)有限公司使用三面刃铣刀铣削钛合金时建议选择刀具的前角为 5°、后角为 14°、刃倾角为–10°，该情况下后刀面磨损较小，但未考虑切削时刀具的锋利程度，可能会产生较大的切削力[37]。山东大学通过仿真分析整体旋转刀具的几何角度对切削稳定性的影响，发现随着螺旋角和法向前角的增大，切削更加平稳[38]。宝鸡职业技术学院结合钛合金切削特点，给出刀具各个角度的选择范围：前角为 5°～10°、后角为 15°、粗加工主偏角为 30°～50°、精加工主偏角为 75°～90°、刃倾角一般为–5°～5°、刀尖圆弧半径为 0.5～1.5mm，为刀具设计提供参考[39]。中航工业西安航空动力控制科技有限公司对 TC4 钛合金材料进行切削实验，发现当刀具的前角、后角分别为 12°、8°时刀具具有较好的切削加工性能。

哈尔滨工业大学等基于有限元仿真环境，在刀具不同几何参数下进行钛合金切削过程的仿真研究，分析刀具角度引起的切削力及切削温度的变化规律，得到如下结论：进行铣削钛合金实验时，选用前角为 10°～20°、后角为 12°～20°的刀具的切削性能较好[40]。沈阳理工大学对 TC4 钛合金进行铣削仿真分析时发现，刀具的前角从–20°增加到 20°切削力明显减小，后角增大对进给力有一定影响[41]。南京航空航天大学结合刀具效率及容屑情况，验证了 4 齿或 6 齿焊接式槽铣刀可满足槽类零部件开粗加工要求[42]。山东大学通过立铣加工钛合金材料分析得出刀具齿数、刀具径向前角、刀具螺旋角对切削力影响呈依次减小的趋势，并且优化出螺旋角、齿数、径向前角分别为 45°、3、10.5°时刀具切削性能较好[43,44]。

综上所述，对难加工材料进行切削加工时，刀具选用应考虑经济性、刀片更换、安装的难易程度、定位安装精度等问题，应采用可转位结构对刀具进行设计，切削钛合金时应选用较大的前角以减小切削力及温度，选择较小的后角，同时考虑刀具使用寿命的问题，应选用带有刀尖圆弧的刀具，对于具体刀具的几何角度需根据切削方式和所用刀具类型而定。以上研究多数针对旋转刀具或车刀，对于盘铣刀具设计优化及刀具的评价分析研究较少，结合前文对钛合金材料加工刀具切削性能的分析，针对盘铣刀具切削钛合金整体叶盘相关技术问题进行刀具的设计优化及评价分析，以期为实际盘铣加工整体叶盘提供技术参考。

4.4.4　盘铣切削过程中刀具的失效形式

在使用盘铣刀对整体叶盘的加工中，叶片之间通道距离小，叶片曲面的扭曲度影响加工过程中刀具角度的摆动范围，限制刀具活动空间，这样会在通道加工过程中发生刀具干涉，甚至是碰撞现象。以钛合金为材料的整体叶盘，刀具切削过程中，其切屑在空气中氧和氮的作用下，会形成硬脆的化合物，切屑成短碎片状(图 4.16)，刀-屑接触长度短，切削力和切削热集中在切削刃附近[45]。

采用高速钢为材料的传统盘铣刀具在切削速度较大时容易崩刃，并且工件塑性变形也将造成工件与刀具之间表面硬化情况的加剧，这种冷硬现象不仅会降低零部件的疲劳强度，而且会加剧刀具的磨损，导致刀具过早失效。由于盘铣切削通常采用高速大切深开槽加工，切削力大，刀片易发生崩碎(图 4.17)，不断更换刀片不仅会使加工成本提高，也会降低加工效率，并且重复更换刀片对刀具装配精度影响很大，进而对工件的质量稳定性造成影响。为了提高整体叶盘钛合金材料去除率，增大盘铣加工的切削速度，是解决这一问题的有效途径之一。当增大盘铣切削速度至高速切削加工状态时，刀具会发生急剧的振动，不仅影响工件加工质量，甚至易造成人员、机床的损伤[46]，合适刀具材料的选用以及满足高速切削的刀具结构合理设计是解决上述问题的关键。

图 4.16　短碎片状切屑　　　　　　图 4.17　盘铣刀片崩碎

4.5　整体叶盘盘铣加工区域工艺规划

整体叶盘粗加工过程主要是对其流道进行铣削加工，其流道开敞性差，材料为难加工材料，去除量大，给制造带来了很大的难度，极大地制约了加工周期。盘铣粗加工时材料的去除量占整体叶盘材料总去除量的 70%以上，因此对其流道的盘铣粗加工区域的研究尤为重要，可以避免盘铣加工中刀具与工件发生干涉，并有效提高材料的去除量，为盘铣刀的设计提供基础。

4.5.1　整体叶盘流道可加工性分析

整体叶盘是现代航空发动机中压气机的关键零件，运行过程中气体沿进气边进入流道，从排气边排出。整体叶盘结构(图 3.2)主要包括三个部分：叶片、叶根和轮毂。对叶盘流道特征材料的快速去除是整体叶盘粗加工的首要目标。其流道由相邻两叶片及轮毂所围区域组成，叶片曲面由叶盆面、叶背面、进气边和排气边组成。

整体叶盘叶片流道特征复杂，开敞性差，影响了叶盘可加工区域范围，不得不采用较小尺寸的刀具并留有较大的加工余量对其加工，切削效率低。因此，对整体叶盘流道可加工性进行分析是十分必要的，可以为盘铣刀设计中刀具基本尺寸、刀体厚度、刀槽开槽角度等参数的选择提供参考，本节分别从轴向和径向对整体叶盘流道的加工进行分析。

1. 整体叶盘流道轴向分析

叶片的弯曲度对整体叶盘的轴向加工有很大的影响。进行轴向(弯曲度)分析时(图 4.18)，首先对叶片型面进行参数化处理，在叶尖子午线和叶根曲线之间构造一组平行同向等 u 参数线，分别对每条等参数线最大曲率点 P_u 进行求解，分别连接叶尖子午线和叶根曲线对应点，组成 $P_{0i}P_u$ 和 P_uP_{ni} 两线组，获得了叶片沿 u 方向两个矢量组，其构成的夹角为 φ_i，对矢量组构成夹角的大小进行求解得，其最大夹角 φ_{max} 为叶片的弯曲度，而弯曲度越大，表明整体叶盘的流道开敞性越差。

其次对流道沿垂直于叶盘轴向平面方向进行简化，图 4.19 为流道轴向刀具可加工性分析。图中两侧粗曲线代表叶片型面，细直线代表刀具，通过对刀具可加工性的简化分析，可以获取刀具在流道铣削加工中刀具的约束区域。当刀具沿径向对流道进行加工时，四处关键的刀位轨迹点已在图中表示，可以有效避免刀具与叶片和流道底面发生干涉，同时能够对流道不可加工区域进行细化。

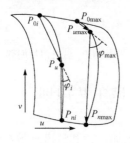

图4.18　流道叶片曲面轴向分析

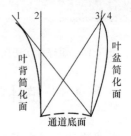

图4.19　流道轴向可加工性分析

2. 整体叶盘流道径向分析

对整体叶盘流道进行径向分析，流道的可加工性主要受叶片的扭转度限制。首先，需要对叶片的扭转度进行计算(图4.20)。同理，基于叶片型面参数化求解，构造一组平行同向等 v 参数线位于进气边与排气边之间，对各点处最大曲率点 P_v 进行求解，分别连接进气边和排气边对应点，组成两线组 $P_{0j}P_v$ 和 P_vP_{nj}，获得叶片沿 v 方向的两个矢量组，其构成的夹角为 φ_j，对矢量组构成夹角的大小进行求解，得其最大夹角 φ_{max} 为叶片的扭转度，同样扭转度越大，表明整体叶盘的流道开敞性越差。以叶盘轴为旋转轴建立回转面对整体叶盘流道进行简化，图4.21为沿流道径向刀具可加工性分析。图中粗曲线代表叶片型面，细直线代表刀具，可以得到刀具在流道加工限制区域。当刀具沿轴向对整体叶盘进行加工时，图中刀位点在 2 点位置可有效避免刀具与叶片发生干涉，同时可对刀具加工限定区域进行细化分析，图4.21阴影部分表示刀具不能沿整体叶盘流道吸气边单向进行加工。刀具的开槽宽度及刀片与刀体之间的接触角度对流道空间接触位置、加工区域范围有较大的影响。

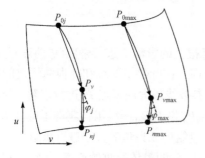

图4.20　流道叶片曲面扭转度分析

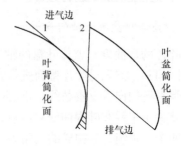

图4.21　流道径向可加工性分析

4.5.2　盘铣加工区域规划

整体叶盘流道加工是粗加工，应尽可能大地去除材料，减小半精加工及精加工的余量，流道加工区域的规划对半精加工及精加工起着重要作用，因此根据流道的几何特征分析，首先需对流道结构分析并规划流道的加工区域。

1. 偏置曲面的计算

根据流道几何特征，对流道结构分析并规划流道加工区域。根据整体叶盘结构，通过偏置曲面计算方法，即对叶背与叶盆曲面数据点进行采集，同时截去两曲面边缘曲率变化较大的过渡部分，将其作为新建立的两曲面，U_3 作为轮毂回转面。分别将两曲面 U_1、U_2 沿等参数线 u 向和 v 向进行数据点离散，此时离散后的数据点为 $T_1(u,v)$、$T_2(u,v)$。离散后的数据点相对于 U_1、U_2 曲面单位法矢量为 $n_1(u,v)$、$n_2(u,v)$，即

$$n_1(u,v) = \frac{t_u(u,v) \times t_v(u,v)}{\|t_u(u,v) \times t_v(u,v)\|} \tag{4-12}$$

式中，$t_u(u,v)$、$t_v(u,v)$ 是曲面沿 u、v 方向的矢量。$n_2(u,v)$ 的求解方法与式(4-12)相同。

将生成的两组数据点沿各个点的法矢量方向偏置距离 δ_1，得到一组新数据点 $P_{11}(u,v)$、$P_{22}(u,v)$，即

$$P_{11}(u,v) = P_1(u,v) \pm \delta_1 n_1(u,v) \tag{4-13}$$

式中，δ_1 为叶片半精加工的余量。$P_{22}(u,v)$ 计算方法与式(4-13)相同。

将偏置后的 $P_{11}(u,v)$、$P_{22}(u,v)$ 数据点进行重新拟合，得出新的偏置曲面 U_{11}、U_{22}。同样根据以上方法求出轮毂曲面的偏置面 U_{33}。构建的拟合偏置曲面的光顺度主要取决于数据点的数量，采样的数据点越多，偏置的曲面越光顺。

2. 流道加工域确定

将偏置曲面沿四个边线方向延伸，将叶顶线以叶盘中心轴回转得到曲面 S_4，为保证规划的加工区域完全在毛坯尺寸范围内，提取毛坯上、下平面，对各个曲面交线外的部分进行去除，得到封闭区域(图 4.22)。所获得的五个面分别是叶盆偏置曲面、叶背偏置曲面、流道底面(轮毂偏置面)、流道上平面和流道下平面。最终确定整体叶盘毛坯铣削流道加工区域。

3. 盘铣加工域确定

盘铣加工对整体叶盘毛坯进行开槽粗加工，加工域为矩形。相比于采用球头

铣刀加工有明显效率优势，因此在前文规划的流道区域基础上进一步对盘铣加工区域进行分析，以提高盘铣加工区域的有效面积(图 4.23)。

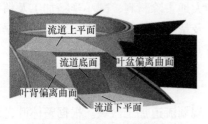

图 4.22　流道加工区域规划　　　　　图 4.23　确定盘铣加工区域

4. 流道盘铣工艺分析

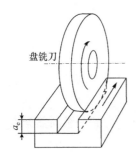

盘铣加工主要用于直槽、台阶面和侧面的铣削，相比于采用侧铣或球头铣刀行切的方式对整体叶盘进行加工，流道开槽粗加工效率大大提高。其加工方式为盘铣刀绕机床主轴旋转，并通过沿直线走刀完成进给方向的运动，通过安装在刀齿上刀片的三面刃进行开槽粗加工。图 4.24 为盘铣开槽加工，其中 a_e 是盘铣径向切深。对盘铣刀具的参数设计将根据整体叶盘流道的深度来确定，保证开槽的最大尺寸。考虑到对整体叶盘加工时流道开敞性差、挠度大等特点，应用盘铣刀具对整体叶盘进行粗加工，刀具易与工件发生干涉且加工过程中刀具与工件刚接触时切削力较大，给刀具的加工效率及使用寿命带来了很大的影响，因此对盘铣刀切削运动轨迹的研究将为合理规划盘铣加工工艺及刀具的设计提供理论依据。

图 4.24　盘铣开槽加工

4.5.3　盘铣刀切削运动圆环面轨迹模型建立

为了保证盘铣在加工整体叶盘槽型上避免干涉，工件曲面上各轮廓上点的曲率最大值必须满足[47]：

$$k_{\max} < \frac{1}{R+r} < \frac{1}{R_{有效}} \tag{4-14}$$

式中，$R_{有效}$ 为实际切削半径。

1. 盘铣扫掠圆环面数学模型的构建

从盘铣刀结构可以得出，在加工时刀具的切削扫掠轨迹为圆环面，建立圆环面参数模型(图 4.25)，即在刀具坐标系 $s(o_D\text{-}xyz)$ 中，将半径为 r 的母线绕 z 轴旋转而成，其圆心 o_D 在 xo_Dy 平面内绕 z 轴旋转的轨迹定义为导线圆 D，导线圆 D 半

径为 R，设 $P(x, y, z)$ 为圆环面上的一点，其参数方程如下：

$$\begin{cases} x = (r\cos\alpha + R)\cos\beta \\ y = (r\cos\alpha + R)\sin\beta \\ z = r\sin\alpha \end{cases} \tag{4-15}$$

式中，r 为刀尖圆弧半径；R 为导线圆半径；α 为圆环面上动点 P 和圆环中心 o_r 的连线与该线在 xo_Dz 平面内投影线的夹角；β 为圆环面上动点 P 在 xo_Dy 平面内与 x 轴的夹角。

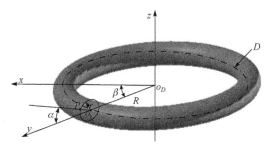

图 4.25　盘铣加工轨迹扫掠圆环面模型

2. 整体叶盘盘铣刀加工模型

图 4.26 为盘铣刀加工圆环形曲面轨迹模型。

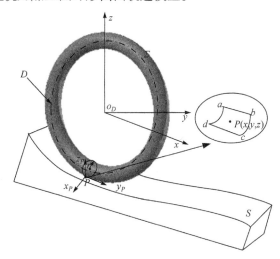

图 4.26　盘铣实际切削加工轨迹模型

P 为圆环面 Σ 与整体叶盘曲面 S 的接触点，D 为圆环面的导线圆，$P\text{-}x_Py_Pz_P$ 为刀具与加工整体叶盘曲面接触点坐标系，$o_D\text{-}xyz$ 为刀具坐标系。这里将 P 点定义为一个动点，加工过程中 P 点在盘铣刀所扫掠的圆环面 Σ 上的一个区域内($abcd$)

变化，即接触点 P 在圆环面上，但其不一定在盘铣加工轨迹的最大直径处，因此用圆环面上的接触点 P 对刀位点 o_D 坐标进行逆向求解是十分困难的。对盘铣加工模型进一步分析得出，若让圆环面 Σ 沿图中从 z 轴远端方向逐渐逼近被加工曲面 S，其他五轴不运动，此时对 z 轴方向增量的求解问题就转换为对圆环面 Σ 与整体叶盘叶型曲面 S 在 z 方向的最小距离，同时结合盘铣刀具与工件接触位置距离导线圆 D 的距离为定值 r，因此通过曲面上等距面与导线圆 D 相切来对盘铣加工整体叶盘的刀位点进行求解。

3. 盘铣加工特征线

特征线是盘铣刀加工运动轨迹生成的圆环面与整体叶盘叶型曲面形成的偏置面的共切线，该线的每一点都可作为两曲面的共切点，并与两曲面共面。被加工表面的形成可以看成盘铣刀具的包络面作用于毛坯的结果，可以将该加工过程视为一根根特征线对工件毛坯进行扫掠去除。

根据特征线即刀具表面与包络面的切线这一条件，推导出实际切削刃方程，从而得出盘铣加工轨迹圆环面的曲面方程如下：

$$(x^2 + y^2 + z^2 + R^2 + r^2)^2 - 4R^2(r^2 - z^2) = 0 \tag{4-16}$$

参数形式可表示为

$$T(\varphi,\theta) = \begin{bmatrix} t_x(\varphi,\theta) \\ t_y(\varphi,\theta) \\ t_z(\varphi,\theta) \end{bmatrix} = \begin{bmatrix} (R + r\cos\varphi)\cos\theta \\ (R + r\cos\varphi)\sin\theta \\ r\sin\theta \end{bmatrix} \tag{4-17}$$

取盘铣刀具包络面隐式方程为

$$S(u,v) = \begin{bmatrix} S_x(u,v) \\ S_y(u,v) \\ S_z(u,v) \end{bmatrix} \tag{4-18}$$

则盘铣加工轨迹圆环面刀位法矢量表示为

$$n_T = \frac{\dfrac{\partial T(\varphi,\theta)}{\partial \varphi} \times \dfrac{\partial T(\varphi,\theta)}{\partial \theta}}{\left| \dfrac{\partial T(\varphi,\theta)}{\partial \varphi} \times \dfrac{\partial T(\varphi,\theta)}{\partial \theta} \right|} \tag{4-19}$$

由两曲面相切条件，可将特征线的曲线方程表示为

$$\begin{cases} T(\varphi,\theta) - S(u,v) = 0 \\ n_T(\varphi,\theta) - n_S(u,v) = 0 \end{cases} \tag{4-20}$$

建立特征线坐标系(图 4.27)，o_D 为坐标原点，D 为导线圆，P 是在圆环面上的任意一点。得到瞬时刀位特征线的参数表达式如下：

$$L_\lambda = \begin{bmatrix} R\cos\varphi \pm \dfrac{r\cos\varphi\cos\theta}{\sqrt{\cos^2\varphi\sin^2\theta + \cos^2\theta}} \\[3mm] R\sin\varphi \pm \dfrac{r\sin\varphi\cos\theta}{\sqrt{\cos^2\varphi\sin^2\theta + \cos^2\theta}} \\[3mm] \mp \dfrac{r\cos\varphi\sin\theta}{\sqrt{\cos^2\varphi\sin^2\theta + \cos^2\theta}} \end{bmatrix} \qquad (4\text{-}21)$$

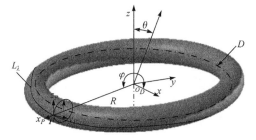

图 4.27　特征线坐标系

4. 盘铣刀具加工关键参数

1) 刀具参数

根据盘铣刀加工运动轨迹圆环模型，得出叶型曲面盘铣流道开槽粗加工方法，导线圆半径 R 与圆环形曲面截面半径 r 为刀具尺寸的主要参数，由于在曲面上各点曲率值不同，容易造成过切和欠切现象(图 4.28)，而参数值的大小与整体叶盘叶型的曲率及形状有关，当叶型曲面曲率平缓时，上述参数可以选取较大的数值。

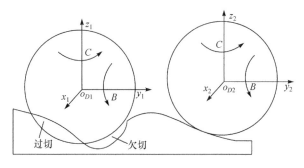

图 4.28　过切与欠切

2) 切削位置参数

切削位置参数决定切削过程中刀具相对于工件的位置变化，对于盘铣加工整体叶盘流道时，这里定义坐标系 $o\text{-}xyz$ 为全局坐标系，刀具坐标系为 $o_D\text{-}x_Dy_Dz_D$，C 和 B 为刀具的位置参数(图 4.29(a))。定义 $o_{D0}\text{-}x_{D0}y_{D0}z_{D0}$ 为刀具起始位置坐标系，刀具起始位置是通过工件坐标系平移得到的，三个平移坐标轴与工件坐标系的三个轴平行，图 4.29(b)为刀具的实际运动状态，$o_{Di}\text{-}x_{Di}y_{Di}z_{Di}$ 为刀具实际坐标系，是相对起始位置分别绕 z_D 和 y_D 旋转 C 角和 B 角得到的。实际加工中 C 角与 B 角取值由加工整体叶盘叶片槽型决定。同时，刀具位置参数确定还需考虑盘铣运动加工轨迹生成的圆环面与工件表面其他部位是否存在干涉过切等问题。

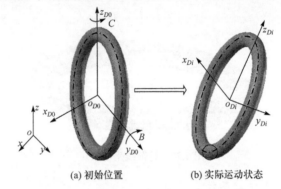

(a) 初始位置　　　　　　　　(b) 实际运动状态

图 4.29　位置参数

图 4.30 为基于曲面曲率匹配位置下盘铣刀加工曲面情形。

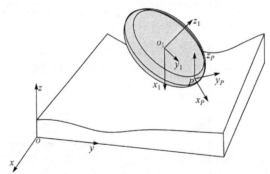

图 4.30　基于曲面曲率匹配位置下盘铣刀加工曲面情形

这里将 $o\text{-}xyz$ 定义为全局坐标系，P 为刀触点，$P\text{-}x_py_pz_P$ 为刀触点局部坐标系，$o_1\text{-}x_1y_1z_1$ 为刀具坐标系(刀位点为原点的坐标系)，同时将位置参数 C 角和 B 角分别设为 α、β，R 为盘铣运动轨迹导向圆半径，r 为加工运动扫掠后形成的圆环截面半径，θ 为圆环面上刀触点的角度参数。

根据坐标变换，刀触点 P 在刀触点坐标系下的参数方程为

$$P(\alpha,\beta,\theta)=\begin{bmatrix}\left[-(R+r\sin\alpha)+(R+r\sin\alpha)\cos\theta\right]\cos\alpha\cos\beta-(R+r\sin\alpha)\sin\beta\sin\theta\\ \left[-(R+r\sin\alpha)+(R+r\sin\alpha)\cos\theta\right]\sin\alpha\\ \left[(R+r\sin\alpha)-(R+r\sin\alpha)\cos\theta\right]\cos\alpha\sin\beta-(R+r\sin\alpha)\cos\beta\sin\theta\end{bmatrix}$$

$$(4\text{-}22)$$

这里取 $x_P=0$，通过切削刃圆环曲线在加工槽型结构上的投影，可得盘铣加工有效切削轮廓的参数方程为

$$P_i(\alpha,\beta,\theta)=\begin{bmatrix}0\\ \left[-(R+r\sin\alpha)+(R+r\sin\alpha)\cos\theta\right]\sin\alpha\\ \left[(R+r\sin\alpha)-(R+r\sin\alpha)\cos\theta\right]\cos\alpha\sin\beta-(R+r\sin\alpha)\cos\beta\sin\theta\end{bmatrix}$$

$$(4\text{-}23)$$

取 $\theta=0$，可得盘铣加工扫掠圆环面有效切削轮廓在刀触点 P 处的法曲率 k_m 为

$$k_m=\frac{\sin\alpha}{(R+r\sin\alpha)\cos^2\beta} \tag{4-24}$$

根据 Euler 公式，刀具接触点处垂直于进给方向的法曲率 k_m 与进给方向法曲率 k_n 满足以下条件：

$$k_m-k_n\geqslant 0 \tag{4-25}$$

将式(4-24)和式(4-25)联立可得

$$\frac{\sin\alpha}{(R+r\sin\alpha)\cos^2\beta}\geqslant k_{\min}\sin^2\varphi+k_{\max}\cos^2\varphi \tag{4-26}$$

为了便于求解，将 β 设为定值，仅 α 为变值；当 α 调整受限时，对 β 值进行调整，这里取 $\beta=\beta_0$，此时 α 可限定如下：

$$\alpha\geqslant\arcsin\left[\frac{R\cos^2\beta_0\left(k_{\min}\sin^2\varphi+k_{\max}\cos^2\varphi\right)}{1-r\cos^2\beta_0(k_{\min}\sin^2\varphi+k_{\max}\cos^2\varphi)}\right] \tag{4-27}$$

通过对盘铣加工刀具回转扫掠的圆环形区域理论的分析可以发现：相比于球头铣刀、端铣刀等刀具对整体叶盘槽型切削加工，通过对盘铣圆环区域刀具轨迹的切削优化，单位时间内盘铣刀对材料的去除量更大，避免了刀具与工件的干涉，切削过程中刀具切削的平稳性得到有效改善，通过进一步对盘铣刀具结构进行优化设计可以实现在较大的切削速度、更大的切深条件下保证刀具的使用寿命。

4.6　盘铣刀优化设计

4.6.1　盘铣刀结构类型优选

对于加工复杂结构、难加工材料的整体叶盘，加工方法是保证其加工质量的

重点，但刀具材料的选择、刀具的结构设计在其中也起着十分重要的作用。在加工中盘铣开槽作为第一步工序，材料去除量大，切削力较大，切削温度较高，使刀具所受切削力大，降低了刀具寿命和加工效率。

随着可转位刀具的普及，合理的盘铣刀结构设计显得更加重要。不同刀具的使用条件和切削方式不同，决定了它们结构参数的不同，但基本都遵循以下原则：

(1) 充分利用刀刃的切削功能是刀具设计的关键；

(2) 保证刀体强度，增加刀体的使用寿命；

(3) 刀具几何角度的合理性；

(4) 刀片的定位精度高；

(5) 保证刀体与刀片的紧固性，可有效提高抗振性和刚性；

(6) 结构简单实用性和良好的工艺性；

(7) 刀具装夹方式的合理性。

刀具的结构形式与刀具切削性能和加工质量都有着重要关系，其决定着刀体和刀片的空间位置安排，合理的刀具结构形式能够保证刀具的刚性、容屑空间和结构尺寸的紧凑，保证刀具几何参数的合理性及刀具在实际加工过程中的稳定性，使切削力得到一定的降低，使切削效率得到提高。图 4.31 为加工整体叶盘的不同刀具类型。

(a) 整体式刀具　　　　　　(b) 镶片式刀具　　　　　　(c) 可转位刀具

图 4.31　刀具结构类型

可转位刀具应用较为广泛，若其刀具在加工过程中切削刃被磨钝，只需旋转刀片调整出新的切削刃或者更换新刀片，使新的切削刃进行切削加工，即能节约加工成本又可提高加工效率。盘铣加工作为整体叶盘复合式铣削的第一道工序，其去除量较大，若所要加工的槽越宽，则需切削刃越长。盘铣刀加工过程中刀片的主切削刃全部参与切削，能减少切削刃所承受的切削力，选用上下错齿结构，有效地缩短刀具切削刃的长度，降低单个齿承受的切削力。经分析可转位错齿形盘铣刀结构更加适用于整体叶盘的盘铣工艺，该刀具特点如下：

(1) 刀片可转位更换切削刃或更换新刀片，刀体可反复使用；

(2) 生产效率高；

(3) 错齿结构可分担切削刃所受切削力；

(4) 可转位使得刀具的标准化和系列化程度不断提高。

4.6.2　可转位刀片的设计

现代刀具材料有涂层硬质合金、金刚石、陶瓷、立方氮化硼(CBN)、聚晶金刚石(PCD)等。刀片是直接接触工件参与切削的部分，消耗量比较大，在材料的选择上不但要考虑刀片材料的切削特性，而且要考虑经济实用性问题。虽然金刚石、陶瓷、立方氮化硼、聚晶金刚石等材料硬度高和切削性能好，但昂贵的价格提高了整个加工成本。综合考虑以上原因，选用涂层硬质合金作为刀片的材料[48,49]。

刀片的装夹方式决定了刀片的精度及切削性能，加工过程中为避免引起振动损坏切削刃，必须保证刀具夹紧无间隙性，同时要考虑刀片更换的方便性。因此，合理的刀片夹紧方式对刀具结构和加工过程起着重要作用。盘铣刀的直径较大，故自身质量大，在旋转过程中刀体和刀片均受很大的离心力作用，必须保证刀体与刀片之间充分接触并有足够的夹紧力。可转位盘铣刀常见的刀片夹紧方式有螺钉镶块前压式、螺钉镶块后压式，如图 4.32 所示。螺钉镶块前压式结构较为复杂，刀具制造过程烦琐，各个部件间的配合度要求高。而螺钉镶块后压式将具有中心孔的可转位刀具压紧在刀槽底部支撑面上，占用空间位置小，紧固零件少，装配精度容易控制，有利于切屑的排出，因此刀片采用螺钉镶块后压式。

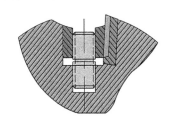 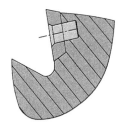

(a) 螺钉镶块前压式　　　　　　　　(b) 螺钉镶块后压式

图 4.32　常见的刀片夹紧方式

刀具设计采用螺钉定位的可转位刀片，刀具使用时间比较长、生产效率高，可降低成本。可转位刀具除了以上优点之外，也存在一定不足之处，例如：刀片的压制精度高才能使刀具的精度高，制造过程复杂，对于客户小批量定制比较困难，生产过程中难以随时定制。因此，可选用国内标准刀片作为刀具所需刀片，降低刀具成本及缩短生产周期。常见的刀片形状如图 4.33 所示。

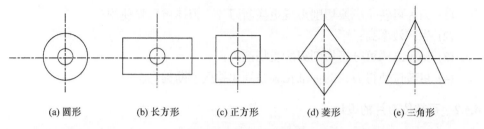

| (a) 圆形 | (b) 长方形 | (c) 正方形 | (d) 菱形 | (e) 三角形 |

图 4.33　常见刀片形状

经过分析盘铣刀所要加工的整体叶盘的状况，由于刀具切入过程受力较大，结合加工工件的材料、加工条件等方面的分析，选取型号为 MPHT080305-DM 的 88°菱形刀片，可有效减小切入时产生的切削抗力，使刀具更加锋利，切削过程轻快。该刀片带有刀尖圆弧，能有效减小刀具磨损，刀片实体及模型如图 4.34 所示。

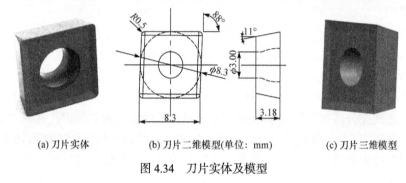

| (a) 刀片实体 | (b) 刀片二维模型(单位: mm) | (c) 刀片三维模型 |

图 4.34　刀片实体及模型

4.6.3　盘铣刀主要结构设计

1. 盘铣刀体结构设计

刀体结构的设计直接影响刀具的切削性能和刀具强度，刀体结构主要包括刀体形状、刀体尺寸、刀槽结构及角度等。根据铣削理论分析与计算，盘铣刀的切削角度决定刀槽的设计尺寸和刀片的安装角度，容屑槽设计的合理性对切屑的排出及刀片的寿命、加工精度影响非常大。

刀体材料的强度与硬度是材料选择主要考虑的因素。普通的碳素结构钢抗拉强度和屈服点较低，不能作为加工钛合金的盘铣刀材料。刀体材料经过热处理后必须能满足硬度和强度要求，常用刀体材料为 40Cr 和 42CrMo，而 40Cr 材料的抗拉强度和屈服强度均小于 42CrMo 材料，相比 42CrMo 材料更适合用作加工钛合金刀具的刀体材料。42CrMo 材料强度高、淬透性高、韧性好，同时淬火时变形小，对于直径较大的刀具更加适合，在高温状态下仍具有较高的强度。

在实际加工中，盘铣刀的基本几何尺寸需要根据加工件的结构而确定，不同级的整体叶盘的大小及结构均不同，因此通道的深度、叶片扭曲度也不同，所需刀具直径也不同。并且刀具的大小还要参考刀具切削轨迹，针对某型号航空发动机整体叶盘加工的一种盘铣刀结构设计为例进行阐述，刀具基本尺寸如表 4.8 所示。

表 4.8　盘铣刀基本尺寸参数(单位：mm)

参数	外圆直径	中心孔直径	刀体最大厚度
尺寸数值	125	40	14

2. 盘铣刀槽设计

盘铣刀刀具角度比车刀复杂得多，分为轴向角和径向角，径向前角和轴向前角的组合决定切削力的大小，轴向前角主要影响切屑的排出方向，而径向前角主要影响切削刃的锋利程度。由于钛合金整体叶盘的材料硬度高，难加工，易产生较大切削力使得刀具发生严重破损，所以刀具几何参数应以保证刀具强度高、刚性好、锋利、排屑流畅为原则。确定轴向前角、径向前角均为正，此组合方式切削轻快且排屑顺利，能有效减小切削力，提高刀具使用寿命。若采用较小的径向前角和径向后角，既增加刀屑的接触面积，切削不够锋利，同时刀具与已加工表面摩擦较大。针对钛合金材料特性，应选取较大的径向前角和径向后角。而轴向前角决定切屑卷曲及排出方向，应尽量避免与刀片和工件发生挤压降低刀具寿命。为使盘铣刀在切削时刀具有更好的性能，后续将通过切削仿真来优化得到适合切削 TC4 钛合金的刀具几何参数。

可转位刀具的切削角度由刀片自身角度和刀槽安装角度共同决定，根据后续优化的刀具几何角度确定刀槽的角度。根据刀片槽和刀片之间的相互位置关系，建立数学模型，确定刀片主切削刃的坐标。结合刀片尺寸，即可确定前刀面的位置，设计刀体时，向刀体内除去刀片厚度的材料就可完成刀槽的设计。

如图 4.35 所示，以刀片的刀尖为旋转中心，刀片绕 z 轴旋转 γ_R 即刀具的径向前角，绕 y 轴旋转 γ_A 即刀具的轴向前角。旋转后的刀片坐标系计算如下：

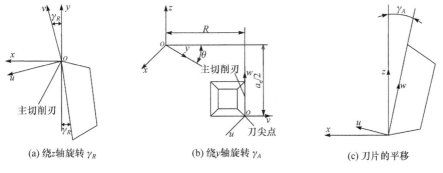

(a) 绕 z 轴旋转 γ_R　　　　(b) 绕 y 轴旋转 γ_A　　　　(c) 刀片的平移

图 4.35　刀片角度转换

$$\overline{r}_1 = R_z(\gamma_R)R_x(\gamma_A)\begin{bmatrix} u \\ v \\ w \end{bmatrix} \tag{4-28}$$

式中

$$R_z(\gamma_R) = \begin{bmatrix} \cos\gamma_R & -\sin\gamma_R & 0 \\ \sin\gamma_R & \cos\gamma_R & 0 \\ 0 & 0 & 1 \end{bmatrix}, \quad R_z(\gamma_A) = \begin{bmatrix} \cos\gamma_R & 0 & \sin\gamma_R \\ 0 & 1 & 0 \\ -\sin\gamma_R & 0 & \cos\gamma_R \end{bmatrix}$$

图 4.35(c)为刀片平移后相对刀体的位置，平移矢量为

$$\overline{r}_2 = -R_i\sin\theta + R_j\cos\theta - \frac{a_p}{2}k \tag{4-29}$$

由以上公式可得主切削刃上任意点在刀体坐标系中的向量：

$$\overline{o_1'} = \overline{r}_1 + \overline{r}_2 \tag{4-30}$$

通过后续仿真优化后确定切削角度，并结合刀片角度确定刀槽的角度，即刀片的安装角度。在刀槽内壁设计一小孔，避免加工过程中刀片受到挤压或高温膨胀使刀尖受损。图 4.36 为刀槽的结构。

图 4.36　刀槽结构

3. 盘铣刀容屑槽的设计

设计刀盘直径为 125mm，厚度约为 10mm。容屑槽的大小决定了刀具的容屑体积和排屑能力，并影响刀体刚度。容屑槽深度越大，切屑排出效果越好，但无法保证刀体的刚性和强度，影响刀具使用寿命。而容屑槽过浅，容屑空间不足，切屑排出困难，使刀具前刀面温度过高，同样影响刀具寿命。由此可见，容屑槽对于刀具的强度起重要作用，目前还没有针对盘铣刀的容屑槽设计计算的固定公式，通常采用拉刀容屑槽的计算方法对盘铣刀容屑槽进行计算。

当刀具旋转一周，极限情况下切屑体积等于容屑槽的有效体积，而实际切屑在容屑中卷曲不是十分紧密，存在一定空隙。所以，容屑槽的有效容积 V_c 必须大于切屑的体积 V_j，两者的比值大于等于 k，称 k 为容屑系数。容屑槽的有效容屑空间 V_c 可近似为圆柱体：

$$V_c = \frac{\pi r^2}{2}nh \tag{4-31}$$

式中，r 为容屑槽的半径；h 为容屑槽的深度；n 为刀具容屑槽个数。切除金属层的体积 V_j 根据切削刃旋转一圈所切除的量，其计算公式为

$$V_j = 2\pi Rlf_z \tag{4-32}$$

式中，R 为盘铣刀刀具半径；l 为刀片主切削刃的长度；f_z 为每齿进给量。

可得到容屑槽的半径 r 为

$$r \geqslant \sqrt{4Rf_zlk/(nh)} \tag{4-33}$$

参数选取：R=62.5mm，f_z=0.3mm/z，l=8.3mm，h=13mm，k=4，n=10，求得容屑槽半径 r=4.37mm，取 r=5mm。建模时，使容屑槽半径与前刀面相切，保证切屑卷曲、流出的流畅性。

但由于该刀具两种齿在圆周面上交错排列,其制造工艺烦琐且加工难度较大,加工时需将同侧齿槽加工完后再完成另一侧齿槽的加工。为降低盘铣刀加工难度,提高产品合格率,关键是计算出铣削齿槽宽度。图 4.37 为刀具圆周展开图。

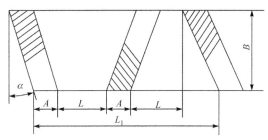

图 4.37 刀具圆周展开图

根据图 4.37 可获得齿槽宽度如下：

$$L = L_1/2 - A - B\tan\frac{\alpha}{2} \tag{4-34}$$

式中，L_1=4$\pi r/Z$，则有

$$L = 2\pi D/Z - A - B\tan\frac{\alpha}{2} \tag{4-35}$$

式中，r 为盘铣刀直径；Z 为盘铣刀齿数；B 为盘铣刀宽度；A 为盘铣刀刃带宽度；α 为盘铣刀轴向前角；L 为齿槽宽度；L_1 为同侧相邻两齿间的弧长。刀具所取齿槽数据稍小于 L 即可保证刀具的容屑槽,并能降低加工难度。取 r=125mm,Z=10,B=12mm,α=5°,A=3.23mm,将各值代入式(4-35)中，得到 L≈35.0mm。

根据所计算的槽深、容屑槽圆弧半径、齿槽宽度,结合刀槽对容屑槽结构建模,前刀面与容屑槽斜面角度为 75°。所设计容屑槽具有足够的容屑空间,同时保证了刀片的强度,建模时保证槽内光滑过渡,如图 4.38 所示。

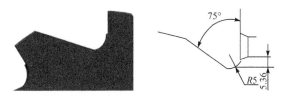

图 4.38 容屑槽设计(单位：mm)

4. 盘铣刀体中心孔及键槽设计

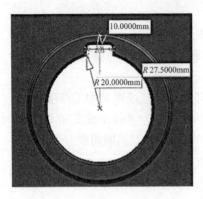

图 4.39　键槽及中心孔

根据刀具的基本尺寸，在满足加工深度的前提下，确定中心衬套的尺寸。根据键槽的设计标准，设计的中心孔和键槽如图 4.39 所示。

5. 刀具主要角度

刀具角度决定一个刀具的切削效果与使用寿命。刀具的前角影响刀具切削时的锋利程度，前角过大会减弱刀具的抗冲击能力，考虑到实际加工整体叶盘为开槽粗加工，因此刀具前角应选得小一些。主偏角选择时，其值越小，则切削厚度会越小，主切削刃散热越好，但其值过低会影响刀具的切削效率。刃倾角可以控制切屑的流出方向，影响刀尖的强度。副偏角一般不能太大，这样可以使加工表面的粗糙度不是很高，一般选 2°～3°。

综合考虑刀具的加工条件，确定刀具前角、后角、主偏角、刃倾角分别为 10°～18°、3～8°、90°、6°。

确定盘铣刀的齿数，由盘铣刀齿数 Z 的估算公式，即

$$Z = k\sqrt{d_0} \tag{4-36}$$

式中，d_0 为铣刀直径；k 为系数，直齿粗齿铣刀 $k=1.6\sim2$。根据式(4-36)确定盘铣刀齿数为 12。

在粗加工时，盘铣刀切深较大，转速较高，给刀片的固定夹紧造成了很大的难度，考虑到刀片定位、安装方便，这里采用配合刀垫使用的带有锥度的槽型，并在两侧设计带有双螺钉结构的螺钉限位孔，以利于对刀片进行二次定位夹紧。

刀具齿形的确定。刀齿的形状不仅要有足够的强度，同时为了便于排屑，防止因切屑过多无法排出而影响刀具的切削效率及加工质量甚至损坏刀具等，需要为刀具留有一定的容屑空间；为了使刀具使用更经济，保证加工效率，在设计刀具时应保证一定的刀具齿形重磨次数。设计整体叶盘加工用盘铣刀，用于粗加工，选取粗齿铣刀折线背齿形，具体齿形参数计算如下：

$$\theta_1 = \beta_1 + \gamma_0 + \zeta_1 \tag{4-37}$$

$$\zeta_1 = \frac{360°}{Z} \tag{4-38}$$

$$h = \frac{0.5\pi d_0}{Z} \tag{4-39}$$

式中，γ_0 为铣刀的前角，β_1 角为 45°～50°，齿底圆弧半径为 1～4mm，h 为齿形高。

设计盘铣刀的齿形时，参考上面的计算公式得出相关参数的大致范围，并结合盘铣刀结构设计综合考虑，图 4.40 为盘铣刀齿形相关参数示意图，同时在设计刀体齿形时还应考虑为刀片的夹紧、固定刀片位置的夹紧块等预留出足够的空间。图 4.41 为盘铣刀盘轮廓。

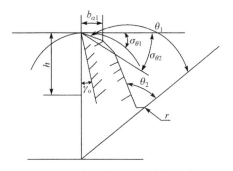

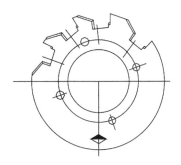

图 4.40　盘铣刀齿形相关参数示意图　　　　　图 4.41　盘铣刀盘轮廓

根据所设计的刀体、刀片及螺钉尺寸分别对其进行建模及装配，通过配对、接触、中心等定位方式，分别完成每个刀片的装配，最终得到设计的盘铣刀结构模型分别如图 4.42 所示。

(a) 错齿平装结构盘铣刀　　　　　(b) 错齿立装结构盘铣刀　　　　　(c) 直齿平装结构盘铣刀

图 4.42　盘铣刀结构模型图

4.6.4　盘铣刀几何参数优化

为了提高盘铣加工效率及刀具的切削性能，减小切削过程中产生较大的切削力；同时满足整体叶盘开槽加工的工况条件，对整体叶盘专用盘铣刀具进行设计及仿真优化是十分必要的。由于错齿平装结构盘铣刀与错齿立装结构盘铣刀在设计思路、结构上相似，所以主要针对错齿平装结构盘铣刀的设计优化过程进行论述。

1. 材料本构方程的构造

$$\bar{\sigma} = (A + B\varepsilon^n)\left[1 + C\ln\left(\frac{\bar{\varepsilon}}{\bar{\varepsilon}_0}\right)\right]\left[1 - \left(\frac{T - T_r}{T_m - T_r}\right)^m\right] \qquad (4\text{-}40)$$

式中，A、B、n、C 和 m 是由材料自身决定的固有参数，σ 为等效流动应力，ε 为等效塑性应变，$\bar{\varepsilon}_0$ 为参考应变速率。其中，n 为应变硬化指数，C 为应变率敏感系数，m 为温度软化指数；T_r 取室温，T_m 是材料的熔点温度，选取 TC4 钛合金材料，其熔点温度为 1678℃。

根据如表 4.9 所示的 Johnson-Cook 材料参数，在 Deform 中设置相应的本构模型参数。

表 4.9　TC4 钛合金的 Johnson-Cook 材料参数

A/MPa	B/MPa	n	m	C
973	617	0.144	0.72	0.001

2. 铣削模型的建立

利用有限元软件内嵌自适应网格技术完成稳态切削，通过有限元模型研究铣削钛合金、高温合金时温度、应力、应变等的变化。由于仿真中盘铣刀直径大、刀片数目多，为了提高仿真软件的运行速度，同时保证刀具的切削运动轨迹能够模拟实际加工中的铣削过程，可以考虑对刀体结构进行简化。

因为刀具尺寸较大，不利于对数据的运算求解，也影响仿真迭代过程的拟合效果，所以在仿真过程中导入同一切削时间内参与切削的一对错齿刀片以及同一切削时间内参与切削的单一刀齿的刀片分别作为错齿结构盘铣刀与直齿结构盘铣刀切削仿真对象。通过对刀片加工轨迹线的拟合，模拟刀片的切削运动过程，使得仿真计算过程更加准确，工件坯料、工件及刀具切削作用关系和加工槽型如图 4.43 所示。

 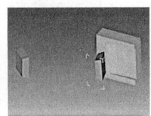 

(a) 工件坯料　　　　　　　(b) 工件及刀具切削作用关系　　　　　(c) 加工槽型

图 4.43　三维切削模型建立

对铣削仿真参数设定过程中，工件材料分别选为 TC4 钛合金和 GH4169 高温合金；盘铣刀刀体采用 42CrMo 材料；刀片采用硬质合金材料。工件材料特性见表 4.10 和表 4.11，刀片的材料特性见表 4.12。

表 4.10　钛合金材料特性

材料	弹性模量 E/GPa	泊松比 ν	密度 ρ/(kg/m³)	拉伸强度 σ_b/MPa	热导率 k/(W/(m·K))	比热容 C/(J/(kg·K))
TC4	115	0.34	4.4	980	11.8	526.3

表 4.11　高温合金材料特性

材料	弹性模量 E/GPa	泊松比 ν	密度 ρ/(kg/m^3)	拉伸强度 σ_b/MPa	热导率 k/(W/(m·K))	比热容 C/(J/(kg·K))
GH4169	120	0.30	8.24	965	14.7	539

表 4.12　硬质合金材料特性

材料	弹性模量 E/GPa	泊松比 ν	密度 ρ/(kg/m^3)	拉伸强度 σ_b/MPa	热导率 k/(W/(m·K))	比热容 C/(J/(kg·K))
硬质合金	600	0.28	14.4	1270	20	343.3

3. 仿真边界条件定义及网格划分

定义工件及刀具的约束条件和边界条件，切削温度的边界条件设定为室温。并依照刀片运动及装夹方式对刀片进行约束，将工件设定为全约束。在仿真分析中网络划分分为绝对网格划分和相对网格划分。绝对网格划分是通过给定网格数量对模型自动进行划分，而相对网格划分是通过固定的网格尺寸和网格的划分密度对模型进行划分。图 4.44 为刀片网格划分。

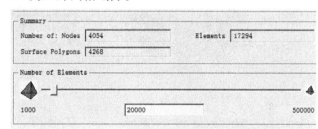

(a) 刀片网格模型　　　　　　　　　　　(b) 刀具网格设置

图 4.44　刀片网格划分

工件网格划分与刀具相同，在刀具主要参与切削部位采用密集网格划分，由密到疏，在工件定位面上均匀过渡，如图 4.45 所示。

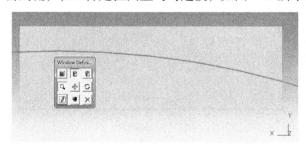

(a) 添加细化网格　　　　　　　　　　　(b) 工件非均匀网格划分

图 4.45　工件网格划分

4. 刀具几何参数仿真优化

刀具的齿数、直径对于其加工效率有重要的影响。刀具齿数增多,切削去除量大,但齿数过多会降低刀具的强度;直径增大可以增加单位时间内的加工效率,但铣刀盘承受的惯性力矩将增大,导致刀盘的局部变形增大,影响刀具的强度。此外,也要考虑整体叶盘槽型结构,避免加工过程中刀具直径过大,与整体叶盘发生干涉现象。为了使盘铣刀在保证加工效率的同时满足结构强度要求,首先应考虑刀具齿数对刀具结构的影响,在满足刀具直径要求的齿数范围内,选取 4 组不同齿数的盘铣刀进行应力场分析:齿数分别为 8、10、12、15,在切削用量相同的情况下,对盘铣刀进行有限元分析,得到应力、总变形分别如图 4.46 和图 4.47 所示。

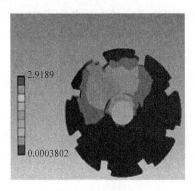

(a) 齿数8

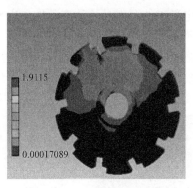

(b) 齿数10

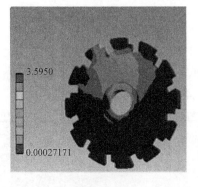

(c) 齿数12

(d) 齿数15

图 4.46　不同齿数盘铣刀应力云图(单位:MPa)

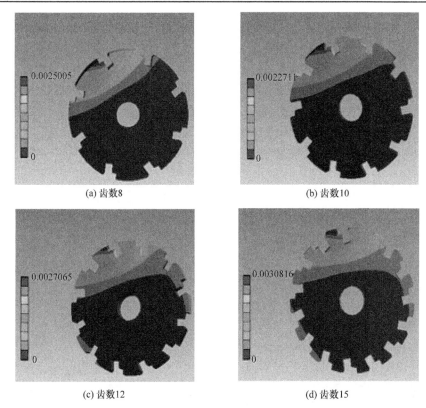

(a) 齿数8　　　　　　　　　　　　　(b) 齿数10

(c) 齿数12　　　　　　　　　　　　　(d) 齿数15

图 4.47　不同齿数盘铣刀总变形云图(单位：mm)

　　由图 4.46 可以看出，8～15 齿盘铣刀最大应力分别为 2.9189MPa、1.9115MPa、3.5950MPa 和 3.7938MPa。由盘铣等效应力云图可知，在同一直径下，随着刀具齿数的增加，近刀片处应力集中现象明显加剧，盘铣刀承受的等效应力呈上升趋势。而对刀盘的奇数齿与偶数齿进行分析，铣刀受力影响不是十分显著，刀盘在一定的齿数范围内，齿数将有最优解，分析可以得到选择齿数为 10 的盘铣刀结构受力情况较小，可以进一步进行后续优化。

　　从图 4.47 可以看出，从 8～15 齿盘铣刀总变形量分别为 0.0025mm、0.0023mm、0.0027mm 和 0.0031mm。根据以上结果可知，盘铣刀的齿数变化对应力、变形有一定影响，齿数过少或齿数过多刀具应力都比较大，而刀具变形量随着刀齿数的增加而显著提高，考虑到加工效率和刀齿强度，选择齿数为 10～12 的盘铣刀进行加工较为合理。

5. 铣削过程仿真及分析

　　刀具的前角作为刀具主要几何参数，不仅决定着刀具切削刃的锋利程度和强度，而且影响切削力的大小。基于刀具角度的不同，对盘铣加工过程进行仿真分析，通过对不同刀具角度仿真模拟得到最优的角度值，进而实现刀具切削性能的优化，为刀具的设计提供参考。

随着径向前角的增大，刀具径向后角逐渐减小。将刀具轴向前角设定为 3°，径向前角设定为 8°、12°、15°、18° 进行单因素仿真模拟切削实验。

所设计的刀具为错齿结构盘铣刀，相邻两刀齿上的刀片同时参与切削，由于刀具尺寸过大，限于现有的切削仿真软件很难对尺寸较大的刀具进行整体仿真，为了简化切削过程，选用铣刀上相邻两刀齿上的刀片对叶盘材料进行模拟切削，不仅可保证盘铣加工过程的完整性，而且可缩短仿真模拟时间。选取径向前角为 8°、轴向前角为 3° 的刀片模拟盘铣切削过程。图 4.48 为盘铣刀切削整体叶盘材料时几个不同时刻模拟仿真过程。

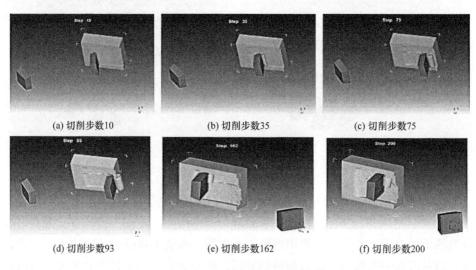

(a) 切削步数10　　　　　　(b) 切削步数35　　　　　　(c) 切削步数75

(d) 切削步数93　　　　　　(e) 切削步数162　　　　　　(f) 切削步数200

图 4.48　盘铣刀切削过程仿真

图 4.49 是径向前角 γ_R 为 8°、轴向前角 γ_A 为 3° 时错齿平装盘铣刀具切削力仿真。由切削过程中可知单个刀片在切入-切出各个方向的受力变化，刀具切入时铣削力急剧上升，直至达到稳定切削状态，刀具从工件表面切出时，铣削力又急剧下降。刀具绕 z 轴旋转，沿 x 方向进给，所以 x 方向受力最大。y 方向的受力即刀具沿径向的受力，受力次之，z 轴为刀具沿轴向的受力情况，从仿真图可知其受力较小。刀片 1 相比刀片 2 对工件的去除量大，从图中可以看出刀片 2 的切削力明显小于刀片 1，因此将刀片 1 切削力作为主要参考指标。

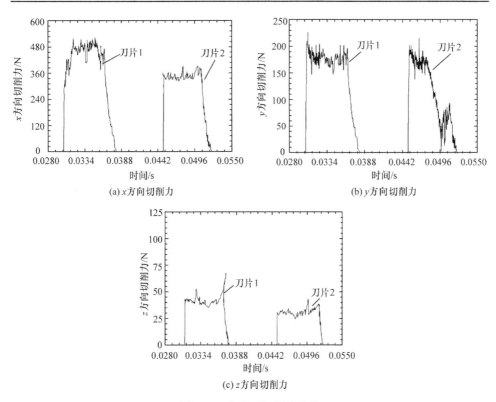

(a) x方向切削力　　　　　　　　　　　　(b) y方向切削力

(c) z方向切削力

图 4.49　盘铣刀切削力仿真

　　径向前角决定主切削力的大小，因此先对径向前角进行优化，选取轴向前角为 3°，径向前角 γ_R 分别为 8°、12°、15°、18°，仿真所得到的切削力数据如表 4.13 所示，变化规律如图 4.50 所示。

表 4.13　错齿平装结构盘铣刀在不同径向前角下的切削力(单位：N)

径向前角	F_x	F_y	F_z	$F_合$
8°	515.18	226.43	47.34	564.73
12°	476.25	234.39	46.01	535.07
15°	444.20	250.30	50.03	540.34
18°	414.36	238.22	46.10	506.15

　　从图 4.50 可以看出，随着径向前角的增大，主切削力 F_x 减小，而切削力 F_y 与 F_z 的大小基本保持不变，x、y、z 三向的切削合力呈减小趋势。随着径向前角的增大，剪切角随之增大，变形系数降低，材料的塑性变形减小，进而使切削力减小；刀具前角增大使得刀具更加锋利，切入工件容易，同时减小了切屑与前刀面的摩擦，切削合力减小，当前角为 18°时刀具的切削力最小。刀具的径向前角

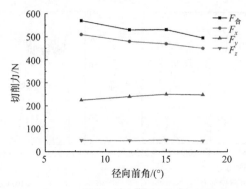

图 4.50　切削力随径向前角变化规律

从 8°增大到 18°的过程中，由于钛合金已加工表面回弹大的特点，对刀具的后刀面磨损严重。当前角为 18°时，切削过程中刀具易发生磨损。综合刀具使用寿命方面考虑，当径向前角为 15°时，在切削加工中刀具受到的切削力无明显增加，因此将径向前角 15°作为优选参数。

　　根据优选出的 15°径向前角对刀具轴向前角继续进行优化，轴向前角分别选取 3°、5°、7°、9°进行切削仿真，根据上述分析，轴向前角选择同样把 $F_合$ 作为主要考虑因素。轴向前角决定了切屑流出方向，仿真结果见表 4.14。

表 4.14　错齿平装结构盘铣刀在不同轴向前角下的切削力(单位：N)

轴向前角	3°	5°	7°	9°
$F_合$/N	540.34	447.09	490.33	480.45

　　在径向前角不变的情况下，错齿平装结构盘铣刀切削力随轴向前角的变化规律为：随着轴向前角的增大，错齿平装结构盘铣刀切削力呈现小幅度的波动，而在径向前角为 5°时，$F_合$ 最小。根据以上分析，仿真优化后对于错齿平装结构盘铣刀应选择径向前角为 15°左右、轴向前角为 5°左右作为刀具切削角度的优选范围。同理，采用上述仿真方式对错齿立装结构盘铣刀具进行仿真，所设计的错齿立装结构盘铣刀具径向前角选为 10°左右、轴向前角为 7°左右较为合理。

4.6.5　盘铣刀结构强度分析

1. 刀具载荷及边界条件

　　对上述设计的盘铣刀进行有限元结构强度分析，将刀具模型导入仿真软件，并对刀体材料 42CrMo 进行定义(表 4.15)。刀片材料为涂层硬质合金。考虑到网格尺寸对刀具仿真精度的影响，在刀具仿真过程中若网格过大会造成仿真分析时迭代结果不收敛，影响仿真结果，严重时甚至达不到仿真的目的。为了提高对刀具受力状态的仿真精度，在近刀尖位置处受力较大的狭小区域进行网格的细化处理；同时在刀体与刀片定位安装部位或局部凸起处采用均匀过渡，可有效避免仿真过程中产生的奇异点，提高仿真精度。

表 4.15　盘铣刀刀体材料属性

组件	材料	弹性模量 E/GPa	泊松比 ν	密度 ρ/(kg/cm³)
刀体	42CrMo	212	0.28	7.85

刀体、刀片、螺钉在实际安装过程中应保证紧固连接，因此在仿真分析时，将三者的接触方式均设为固定约束；同时考虑刀具自身质量对其应变同样具有一定影响，因此还应添加刀具重力约束。根据实验数据中实际加工中刀具受力情况，选取实验数据中最大切削力，对刀具上参与切削的一组刀片施加载荷。

2. 刀具结构强度分析

图 4.51 和图 4.52 为错齿平装结构盘铣刀加工钛合金、高温合金时总变形及应力应变分布仿真云图，分析可知，所设计盘铣刀具在热力耦合作用下，在保证结构强度的情况下，刀具能够满足加工整体叶盘材料要求。仿真结果发现，刀具在近刀尖区域与工件接触面积较大，应力集中现象明显，在热力耦合作用下刀具更易发生变形，而高温合金因其加工中产生的切削热更大，对刀具的应力应变情况影响更为显著，刀具在加工高温合金时比加工钛合金时受到的变形程度要大。

对错齿立装结构盘铣刀进行同样方式的仿真模拟分析,图 4.53 和图 4.54 分别为切削钛合金及高温合金刀具的应力应变变形情况。

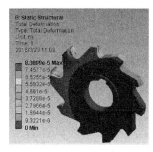  

<table>
<tr><td>(a) 刀具的总变形</td><td>(b) 刀具的等效应力情况</td><td>(c) 刀具的等效应变情况</td></tr>
</table>

图 4.51　错齿平装结构盘铣刀切削钛合金仿真图

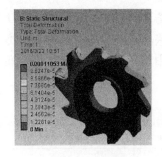

　　　(a) 刀具的总变形　　　　　　(b) 刀具的等效应力情况　　　　　(c) 刀具的等效应变情况

图 4.52　错齿平装结构盘铣刀切削高温合金仿真图

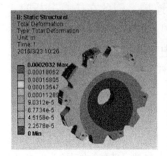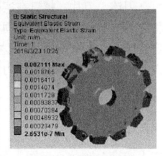

　　　(a) 刀具的总变形　　　　　　(b) 刀具的等效应力情况　　　　　(c) 刀具的等效应变情况

图 4.53　错齿立装结构盘铣刀切削钛合金仿真图

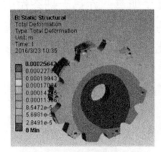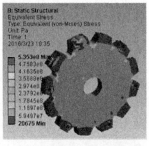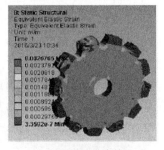

　　　(a) 刀具的总变形　　　　　　(b) 刀具的等效应力情况　　　　　(c) 刀具的等效应变情况

图 4.54　错齿立装结构盘铣刀切削高温合金仿真图

　　错齿平装结构与错齿立装结构盘铣刀进行对比，从仿真云图可知，错齿平装结构盘铣刀在切削高温合金时刀具变形较小，受力状况明显优于错齿立装结构盘铣刀，但其尺寸增大，对刀具强度影响较大，考虑到加工高温合金叶盘时尺寸相比于钛合金叶盘小，而设计尺寸为 250mm 的错齿平装结构盘铣刀可以满足加工叶盘的尺寸要求，且符合刀具强度要求，因而将错齿平装结构盘铣刀具用于加工尺寸较小的高温合金整体叶盘。

　　从仿真图还可以得出，错齿立装结构盘铣刀切削钛合金时相较于错齿平装结构盘铣刀切削稳定性有一定的改善,由于其刀体厚度相比于错齿平装结构盘铣刀厚度更大,可以承受较大载荷的冲击,提高了刀具切削过程的稳定性,但其厚度因素制约了刀具的开槽宽度。加工钛合金整体叶盘时,其尺寸相较于高温合金整体叶盘尺寸更大,开槽粗加工宽度较宽,为了提高开槽粗加工效率,可采用大尺寸错齿立装结构盘铣刀,在切削时刀具切削稳定性更好,刀具的强度及刀具寿命得到增强。

4.6.6　盘铣刀结构模态分析

模态是机械结构的固有振动特性,每一个模态具有特定的固有频率、阻尼比和结构振动特性。在实际铣削加工时,可避开"机床-刀具-工件"系统的固有频率,有效避免加工振动对刀具及加工质量的影响。

对盘铣刀进行模态分析,主要目的如下:

(1) 避免所设计盘铣刀加工时与机床系统结构发生共振;

(2) 了解盘铣刀不同动力载荷下响应情况,为其他仿真分析提供基础参数;

(3) 获得刀具结构对盘铣刀安全性的影响规律。

因此,在完成刀具结构设计的同时,应该对刀具的固有振动频率及模态振型进行分析,避免激振频率与系统固有频率相同造成共振现象。

用于模态分析的运动方程如下[50]:

$$[M]\{\ddot{u}\} + [C]\{\dot{u}\} + [K]\{u\} = \{F(t)\} \tag{4-41}$$

式中, $[M]$ 为质量矩阵; $[C]$ 为阻尼矩阵; $[K]$ 为刚度矩阵; $\{u\}$ 为位移矩阵; t 为时间; $\{F(t)\}$ 为作用力向量。

图 4.55 为错齿平装结构盘铣刀六阶模态振型。通过以上模态分析结果可以得出,盘铣刀主要振型为沿 x 轴方向的摆动。第一阶模态频率是 6872.8Hz,其对应的模态振型为刀盘绕 z 轴产生弯曲变形,最大变形出现在两侧刀尖处;第二阶模态频率为 6896.1Hz,其对应的模态振型为刀盘绕 y 轴产生弯曲变形,最大变形同样出现在刀尖处;第三阶频率是 7063.0Hz,变形与前两阶变形相似,最大变形同样在刀尖处;第四、五、六阶模态产生十字状扭曲变形。

从刀具的模态分析结果可以看到,刀具在每一个方向固有频率及变形程度,刀具振动剧烈的方向及最大的固有频率,可以防止外界激振频率与刀具最大固有频率相近,有效地阻止共振产生。从错齿平装结构盘铣刀振型变化量可以看出,距离刀具轴心越远,振动引起的局部变形量越显著,主要是因为刀具的质量较大,在较大的切削速度下产生的惯性力矩大,引起刀体结构的局部变形;此外,在刀尖附近与工件表面接触,振动最强,而离刀具轴心较近的位置,刀体与机床主轴成紧固连接状态,提高了整体刚度,对刀具振动起到减弱的效果,因此在此区域刀具受振变形较小。

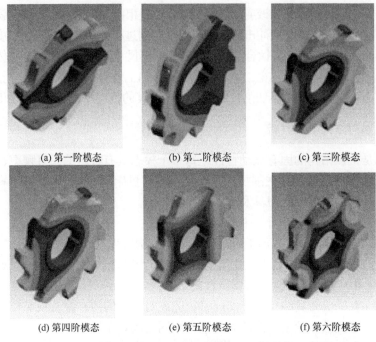

(a) 第一阶模态　　　　(b) 第二阶模态　　　　(c) 第三阶模态

(d) 第四阶模态　　　　(e) 第五阶模态　　　　(f) 第六阶模态

图 4.55　错齿平装结构盘铣刀模态振型

图 4.56 为错齿立装结构盘铣刀六阶模态振型。由仿真云图可知，刀具的六阶模态中，最高频率为 3312.8Hz，最低振频为 2111.1Hz，远离机床的激振频率，因此刀具可以在高速切削时能够稳定地进行切削。错齿立装结构盘铣刀盘的第一阶振型为刀盘末端的弯曲变形，最大变形区沿刀盘末端扩展至局部刀片处；第二阶振型为刀盘的纵向扭曲变形，最大变形区在局部刀齿处；第三阶振型为刀盘的扭转变形，局部刀齿变形大；第四阶振型为弯曲加扭转变形，少数刀齿变形较大；第五阶振型为双向扭转变形，刀盘末端与刀齿处发生逆向扭转变形，变形量小；第六阶振型为刀盘的扭转耦合变形，振型较为复杂。通过所得到的模态振型可知，刀盘较大变形的部位在局部刀片处。

在刀具切削工件时必须避免刀具与机床、夹具、工件系统发生共振现象，因为当刀具的固有频率与机床、夹具、工件系统固有频率接近时，易引起刀具变形量不均匀，切削力突变，造成刀具过早失效，机床主轴损坏，甚至人员伤亡等严重后果。由于机床、夹具、工件系统的固有频率变化为 30~500Hz，所设计的盘铣刀具模态分析结果表明，刀具的固有频率较高，远远高于机床、夹具、工件系统的固有频率，结合固有频率与外部激振进行分析，在给定的切削参数范围内，刀具受到的外部激振频率范围与刀具固有频率范围距离较远，因而发生共振的概率很小，满足刀具安全性设计标准。

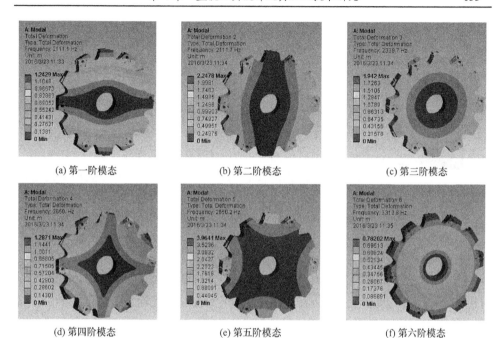

图 4.56　错齿立装结构盘铣刀模态振型

4.7　盘铣刀制备方法研究

在刀具的设计和制造中，刀齿的设计和刃磨加工显得至关重要，因为刀齿形状不仅决定了刀具的外形，而且决定了加工表面的形状，对刀具切削性能、加工质量同样起着重要的作用，同时为了实现刀具的快速制备，对盘铣刀制备工艺的研究与改进十分必要。本节针对错齿平装结构盘铣刀制备工艺进行案例分析，以期为盘铣刀的批量化生产提供参考。

为了使刀具更好地发挥切削性能，提高刀具使用寿命，在刀具制造过程中，应尽量减小加工误差，保证刀体结构的尺寸，提高刀体与刀片间相互配合的精度。刀盘的加工过程中常见问题如下：

(1) 刀体的基面加工是保证刀具几何尺寸的基础。若基面加工误差大，则影响刀具的平衡性及强度，以及刀体其他结构的准确性。

(2) 刀具容屑槽的加工材料去除量大，直接决定了刀体的加工效率。由于盘铣刀的刀体直径较大，加工时产生振动将直接影响刀具的精度。因此，容屑槽的加工既要考虑切削效率，又要保证加工的稳定性。

(3) 所设计的平装结构刀具，刀槽结构在刀体内部，大大增加了加工难度。

刀槽结构为刀片提供定位面，通过螺钉拧紧方式将刀片固定在刀体上。刀片装夹

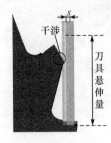

图 4.57　垂直刀槽铣削

在刀槽上时，通过底面、两个端面三面定位，因此对这三个面的加工精度要求较高，其加工质量直接决定刀具的使用性能。机床主轴为固定方向，一般加工常采用垂直于刀槽方向对刀槽轮廓进行铣削加工，如图 4.57 所示。

　　该加工方法由于结构限制导致刀体悬伸量较大，且加工时需将刀体直立，较难保证刀盘加工的稳定性。加工过程中，刀具易发生较大振动，产生变形，影响刀槽的加工精度。根据结构的不同，加工时还可能与刀体发生干涉现象。由此可知，刀槽的加工决定了刀具的精度、刀具的性能，规划合理的加工方案，可有效减小误差与避免干涉，并能提高加工质量。

　　根据刀具的基本尺寸(图 4.58)，确定毛坯尺寸，取厚度为 25mm、直径为 135mm 的原材料，为使毛坯尺寸接近刀具基本尺寸，需要对原材料进行车削，制造盘铣刀毛坯材料时应满足以下要求：

(1) 保证材料无缺陷；

(2) 保证毛坯两端余量均匀，同时去除材料氧化皮；

(3) 保证毛坯内孔与外圆的同心度为 0.5mm；

(4) 毛坯上下两平面平行度为 0.5mm。

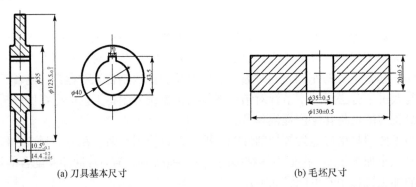

(a) 刀具基本尺寸　　　　　　　　　　　　　　　　(b) 毛坯尺寸

图 4.58　刀具及毛坯尺寸(单位：mm)

1. 刀具基面加工工艺

　　刀具基面的加工是刀具制造中的重要工序，是刀具在装夹安装中的定位基准。基面的制造质量影响刀具在使用时安装的正确性、可靠性和工件的加工质量，并且刀具的基面又是刀具制造过程中各工序使用的加工基准。因此，刀具基面的加

工制造十分重要。

选取盘铣刀刀盘一侧端面作为基面，需严格控制刀盘另一侧端面的平行度、内孔轴线的垂直度以及外圆与内孔的同轴度，其精度直接影响整个盘铣刀的使用性能。由于毛坯公差较大，为了提高盘铣刀加工效率，保证刀具精度，先对基面、外圆与内孔进行车削加工，将毛坯件内孔与外圆同轴度公差和两端面平行度公差从 0.5mm 降低到 0.1mm。去除基面毛刺及高点，再利用磨床对两端面进行磨削，先磨削非基面的端面再磨削基面，两边均匀去除，磨削后尺寸为(14±0.05)mm。同样使用内孔磨床对内孔磨削加工，在磨削内孔前必须先找正端跳动、径跳动，保证其不大于 0.005mm 方可磨削。

2. 刀体结构加工工艺

刀体结构复杂，加工精度要求较高，并且刀体的容屑槽和刀槽的位置特殊，既不与刀轴方向平行，也不与端面平行。因此，为保证刀片的定位、夹紧准确可靠，即刀槽上对定位面的精度要求很高，必须严格控制加工误差和形位误差。为能够较好地满足刀体的加工要求，选用五轴数控加工中心 C30U 加工刀体结构。由于刀具结构为错齿，相邻两个刀槽方向不同，所以加工过程中需要两次装夹完成整个加工过程。加工前对工件坐标系进行设定是数控编程的前提，为保证较高的加工精度，将刀体磨削时的基面与端面作为基准面，考虑到刀具为回转体，因此将刀具的回转中心作为坐标系的中心。

3. 容屑槽加工工艺

容屑槽属于开放式结构，主要用于加工过程中排出切屑。在满足刀体强度的情况下，保证足够大的容屑体积即可，因此容屑槽的加工精度要求并不是非常严格。粗加工材料的去除量较大，切削过程中产生的力及振动较大，而刀盘直径也较大，加工时刀盘的固定方式及相对刀具的位置也决定着加工质量。为保证加工效率和加工稳定性，刀盘水平方向固定，机床根据刀盘的容屑槽的倾斜角进行倾斜，保证刀具切削时刀轴矢量平行于容屑槽侧壁。由于刀槽半径 R 为 5mm，所以粗加工选用直径为 $\phi 10$ 的立铣刀，利用立铣刀的侧刃分层加工容屑槽，去除多余的材料。机床主轴转速为 2700r/min，进给速度为 800mm/min，轴向切深为 2mm。对容屑槽加工过程编程并生成数控代码，加工刀路如图 4.59 所示。

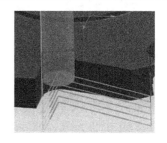

图 4.59　容屑槽加工刀路

4. 刀槽加工工艺

根据前面提及的加工难点，采用侧铣加工方式沿刀槽的方向进行加工，可避

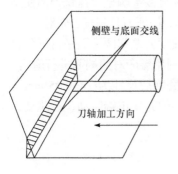

免刀具悬伸量过大和干涉等现象。如图 4.60 所示，由于侧铣加工中侧壁与刀槽底部容易出现欠切现象，刀槽侧壁为斜面，并不垂直于底面，而刀具加工时刀轴平行于刀槽底面进刀，所以加工时容易产生过切现象。因此，在侧壁与底面交线处预先钻孔，避免侧铣加工刀槽时有欠缺的现象，同时为进刀、退刀留有空间，且此结构并不影响刀片装配及刀体强度。

图 4.60　刀槽结构简图

　　先用 $\phi 5$ 的铣刀对刀槽进行开粗加工，余量设置为 0.15mm，其次用 $\phi 5$ 的铣刀对槽底及两个端面进行半精加工，余量设置为 0.05mm，最后用 $\phi 4$ 的铣刀对槽底及两个侧端面进行精加工。粗加工时机床主轴转速为 4000r/min，进给速度为 500mm/min，轴向切深为 1mm；半精加工时机床主轴转速为 4000r/min，进给速度为 500mm/min；精加工时机床主轴转速为 4500r/min，进给速度为 500mm/min。通过以上分析，对刀槽的粗加工、半精加工和精加工进行加工仿真并生成数控代码，刀路轨迹如图 4.61 所示。

(a) 刀槽粗加工　　　(b) 槽底半精加工及精加工　　(c) 后壁半精加工及精加工　　(d) 侧壁半精加工及精加工

图 4.61　刀槽加工刀路轨迹

　　相邻的两个刀槽及容屑槽对称，因此编程方法与以上编程方法一致，将方向相同的刀槽和容屑槽加工完成后，将刀体重新拆卸，重新装夹另一端面，该方法可以降低加工效率，但需保证对称的刀槽与容屑槽的一致性。

5. 螺钉孔加工工艺

螺钉孔的加工质量同样决定了刀片的定位准确性，因此螺纹孔的加工是高质量

刀具的保证。结合刀具的结构分析，采用从刀槽后墙进行钻孔的方式进行加工。对后墙斜面进行铣削，加工出与刀槽底面平行的平面，确定孔的中心位置，在该后墙位置处对孔进行加工。如图 4.62 所示，该方法可有效避免刀具悬伸量较大的问题。

(a) 后墙平面结构

(b) 两种方式干涉距离

图 4.62　后墙结构及刀具干涉距离

另外，螺钉孔位于刀槽底部的中心位置，刀具直径很小，悬伸量较大，极易产生振动或变形。如图 4.63 所示，假设刀具因振动、变形等，导致刀轴有 1° 的偏差。根据放大图可以看出，由于刀具悬伸量较大，即使很小的角度偏差也会造成螺钉孔位置较大的偏差，直接影响刀片的安装。

进行加工编程，采用直径为 8mm 的平底铣刀，指定加工部件的边界，规划加工刀路。切削参数主轴转速为 3000r/min，进给速度为 600mm/min。并在该平面采用直径为 2.5mm 的钻头进行钻孔，其主轴转速为 1200r/min，进给速度为 120mm/min。最后攻丝，完成螺钉孔的加工编程，刀路轨迹如图 4.64 所示。

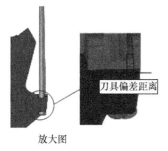
放大图

(a) 后墙平面刀路轨迹

(b) 钻孔刀路轨迹

图 4.63　螺钉孔加工误差　　　　　　图 4.64　螺钉孔加工刀路

根据上述加工方法，完成一侧刀体的加工，用同样的方法对另一侧刀体进行刀路轨迹规划，后处理完成 NC 代码输出，如图 4.65 所示。

将编制的 NC 代码导入 C30U 机床，装夹磨削后的刀盘，对刀盘进行对刀，运行数控程序，完成刀体的制造。将刀片装配于刀体上，检测刀具动平衡。图 4.66 为盘铣刀的实体图。

```
90 Q201=-8.251    ;DEPTH ~        33 L X-62.653 Y38.966       108 Q202=2.500      ;PLUNGING DEPTH ]
91 Q206=250.000   ;FEED RATE FOR PLN 34 L Z51.8              109 Q210=0.000      ;DWELL TIME AT TOP ~
92 Q202=2.500     ;PLUNGING DEPTH   35 L Z62.611 FMAX         110 Q203=140.561    ;SURFACE COORDINATE ~
93 Q210=0.000     ;DWELL TIME AT TOP 36 L X-73.413 Y7.419 F MAX 111 Q204=50.000     ;2ND SET-UP CLEARANCE ~
94 Q203=140.561   ;SURFACE COORDINAT 37 L Z49.8 FMAX          112 Q211=0.000      ;DWELL TIME AT DEPTH
95 Q204=50.000    ;2ND SET-UP CLEARAN 38 L Z41.8              113 L X-3.429 Y41.441 F MAX H99
96 Q211=0.000     ;DWELL TIME AT DEPTH 39 L X-65.413          114 CYCL DEF 7.0 DATUM SHIFT
97 L X3.429 Y41.441 F MAX H99      40 L X-54.2               115 CYCL DEF 7.1 ICT2.000
98 CYCL DEF 7.0 DATUM SHIFT        41 L X-60.583 Y31.239     116 LBL 0
99 CYCL DEF 7.1 ICT2.000           42 L X-62.653 Y38.966     117 /CALL LBL 202 REP4
100 LBL 0                          43 L Z49.8                118   ;Path : CK-R
101 /CALL LBL 202 REP4             44 L Z62.611 FMAX         119   ;(Tool Name.:END5)
102   ;Path : CK-L                 45 L X-73.413 Y7.419 F MAX 120   ;(Tool Dia.:5.00)
103   ;(Tool Name.:END5)           46 L Z47.8 FMAX           121 CALL PGM TNC:\SAFETY
104   ;(Tool Dia.:5.00)            47 L Z39.8                122 CALL PGM TNC:\ZERO
105 CALL PGM TNC:\SAFETY           48 L X-65.413             123 TOOL CALL 0 Z S0 DL+0.0 DR+0.0
106 CALL PGM TNC:\ZERO             49 L X-54.2               124 M3
107 TOOL CALL 0 Z S0 DL+0.0 DR+0.0 50 L X-60.583 Y31.239     125 CALL PGM TNC:\SAFETY
108 M3                            51 L X-62.653 Y38.966      126 LBL 203
109 CALL PGM TNC:\SAFETY           52 L Z47.8                127   ;operation: CK-R
110 LBL 203                        53 L Z62.611 FMAX         128 L A-90. C-126. FMAX
111 L A-90. C-90. FMAX             54 L X-73.413 Y7.419 F MAX 129 L X4.358 Y36.341 F MAX
112   ;operation: CK-L             55 L Z45.8 FMAX           130 L Z152.047 FMAX
113 L X-4.357 Y36.342 F MAX        56 L Z37.8                131 L Z142.646 FMAX
114 L Z152.047 FMAX                57 L X-65.413             132 L Z139.646 F250.
115 L Z142.644 FMAX                58 L X-54.2               133 L X1.867 Y36.123
116 L Z139.644 F250.               59 L X-60.583 Y31.239     134 L X2.11 Y33.3S1
117 L X-1.867 Y36.124              60 L X-62.653 Y38.966     135 L X2.116 Y33.285
```

图 4.65　NC 代码

图 4.66　盘铣刀实体图

综上所述，盘铣刀加工制备主要工艺流程如下：

(1) 对加工盘铣刀的棒料进行粗车后调质处理；

(2) 保证加工刀具的尺寸范围及公差范围，车端面及其余各面；

(3) 磨平面，去净基面毛刺和高点，保证两面平行度公差，同时对刀具安装内孔进行修磨，保证刀具与主轴安装尺寸；

(4) 线切割键槽，保证刀具与主轴配合准确；

(5) 铣容屑槽，根据设计图纸要求，对刀槽进行铣削加工；

(6) 预调，对铣削后的刀槽进行检测修调，保证加工后的刀槽满足要求；

(7) 根据设计要求，将刀槽棱边毛刺全部去净，螺孔攻丝到位；

(8) 表面发蓝处理；

(9) 将刀片与加工后的刀体进行装配，保证刀具安装角度要求；

(10) 包装，即对所装配好的刀具涂覆防锈机油，并用油纸小心包裹，放置在木箱中。

4.8　本　章　小　结

采用盘铣加工方式提高整体叶盘开槽粗加工效率，并对盘铣刀具进行设计、优化及加工制备分析，为高效、高质量加工整体叶盘提供技术参考。

(1) 考虑到整体叶盘材料的加工特性，针对叶盘的结构、流道的几何特征，进行叶盘加工区域工艺规划，分别沿轴向及径向对其流道进行分析，得到叶片的最大弯曲度、扭转度及不可加工区域；基于所构建的整体叶盘偏置曲面模型，建立盘铣切削运动圆环轨迹模型，进一步研究刀具切削加工位置，有效避免刀具与工件发生干涉，为刀具结构设计奠定基础。

(2) 根据铣削整体叶盘钛合金材料特性，采用可转位刀具设计理念，确定刀体、刀片材料及其装夹方式，刀具的特征参数及切削角度范围，构建刀片在刀体坐标系中的数学模型，实现刀槽、容屑槽等结构的定量分析，并完成刀具结构的设计建模，为后续有限元仿真技术提供解算模型。

(3) 基于有限元仿真技术分别对盘铣刀具的齿数、几何角度等进行仿真优化，最终确定刀具直径为 250mm、刀齿数为 10～12、径向前角为 15°、轴向前角为 5°时，盘铣刀具切削性能较好，并对所设计的刀具进行结构强度及模态分析，验证刀具设计的合理性。

(4) 针对错齿平装结构盘铣刀制备工艺进行案例分析，探讨了盘铣刀加工制备主要工艺流程，以期为盘铣刀的批量化生产提供参考。

参 考 文 献

[1] 张益方. 金属切削手册[M]. 4 版. 上海: 上海科学技术出版社, 2011.

[2] 袁哲俊, 刘华明. 金属切削刀具设计手册[M]. 北京: 机械工业出版社, 2008.

[3] 袁哲俊. 金属切削刀具[M]. 2 版. 上海: 上海科学技术出版社, 1993.

[4] 陈宏钧. 实用机械加工工艺手册[M]. 2 版. 北京: 机械工业出版社, 2005.

[5] 王永国. 金属加工刀具及其应用[M]. 北京: 机械工业出版社, 2011.

[6] 陈宏钧. 金属切削速查速算手册[M]. 4 版. 北京: 机械工业出版社, 2010.

[7] 刘献礼, 赵兴法. 模具加工用数控铣刀[J]. 金属加工(冷加工), 2011, (9): 39-42.

[8] 赵鸿. 现代刀具与数控磨削技术[M]. 北京: 机械工业出版社, 2009.

[9] 刘献礼. 数控刀具选用指南[M]. 北京: 机械工业出版社, 2014.

[10] 王淑艳. 合金镶齿三面刃铣刀设计[J]. 工具技术, 2011, 45(7): 102-103.

[11] 陈云. 现代金属切削刀具实用技术[M]. 北京: 化学工业出版社, 2008.

[12] 王贵成, 王树林, 董广强. 高速加工工具系统[M]. 北京: 国防工业出版社, 2005.

[13] 袁哲俊, 刘华明. 金属切削刀具设计手册: 加工圆柱齿轮和蜗杆副的刀具[M]. 北京: 机械工业出版社, 2009.

[14] 刘洁华, 杨雁. 金属切削刀具技术现状及其发展趋势展望[J]. 中国机械工程, 2001, 12(7): 835-838.

[15] 倪为国, 潘延华. 铣削刀具技术及应用实例[M]. 北京: 化学工业出版社, 2007.

[16] 张聚达. 可转位刀具在机械加工中的应用[J]. 机械制造, 1981, (5): 4-6.

[17] 袁哲俊. 金属切削刀具[M]. 上海: 上海科学技术出版社, 1984.

[18] 陆剑中, 孙家宁. 金属切削原理[M]. 北京: 机械工业出版社, 1985.

[19] 顾祖慰. 金属切削刀具实用技术手册[M]. 哈尔滨: 哈尔滨汽轮厂有限责任公司, 1989.

[20] 太原市金属切削刀具协会. 金属切削实用刀具技术[M]. 2 版. 北京: 机械工业出版社, 2002.

[21] 王静茹. 一种大直径可转位三面刃铣刀的设计[J]. 工具技术, 2005, 39(2): 52-53.

[22] 韩荣第. 金属切削原理与刀具[M]. 3 版. 哈尔滨: 哈尔滨工业大学出版社, 2007.

[23] Heo E Y, Kim D W, Kim B H. Efficient rough-cut plan for machining an impeller with a 5-axis NC machine[J]. International Journal of Computer Intergrated Manufacturing, 2008, 21(8): 971-983.

[24] Jung J Y, Ahluwalia R S. NC tool path generation for 5-axis machining of free formed surfaces[J]. Journal of Intelligent Manufacturing, 2005, 16(1): 115-127.

[25] 任军学, 姜振南, 姚倡锋, 等. 开式整体叶盘四坐标高效开槽插铣工艺方法[J]. 航空学报, 2008, 29(6): 1692-1698.

[26] Deng W W, Chen H T, Xu M H, et al. Study on multi-objective cutting parameters optimization of titanium alloy[J]. Plant Engineering and Management, 2010, 15(4): 242-246.

[27] 赵鸿, 袁哲俊, 卢泽生, 等. TC6 钛合金整体叶轮数控铣削工艺[J]. 推进技术, 2000, 21(3): 83-85.

[28] 于源, 赖天琴, 员敏, 等. 基于特征的直纹面 5 轴侧铣精加工刀位计算方法[J]. 机械工程学报, 2002, 38(6): 130-133.

[29] Lacalle L N L D, Lamikiz A, Sánchez J A, et al. Toolpath selection based on the minimum deflection cutting forces in the programming of complex surfaces milling[J]. International Journal of Machine Tools and Manufacture, 2007, 47(2): 388-400.

[30] 单晨伟, 任军学, 张定华, 等. 开式整体叶盘四坐标侧铣开槽粗加工轨迹规划[J]. 中国机械工程, 2007, 18(16): 1917-1920.

[31] 李海超. 插铣刀具设计及钛合金铣削参数优选[D]. 哈尔滨: 哈尔滨理工大学, 2015.

[32] 戚家亮, 安鲁陵, 修春松. 整体叶轮五轴数控插铣加工刀位轨迹生成算法研究[J]. 机械设计与制造, 2011, (11): 3-5.

[33] 史耀耀, 赵鹏兵. 小曲率整体叶盘复合高效强力铣加工基础实验研究[J]. 航空制造技术, 2011, (19): 36-39.

[34] 孙明杰. 多种钛合金铣削加工工艺研究[D]. 秦皇岛: 燕山大学, 2012.

[35] 田汝坤. 铣削钛合金薄壁件刀具结构设计研究[D]. 济南: 山东大学, 2012.

[36] 陈爽, 张葆青, 闫石. 钛合金加工特性分析及刀具选择[J]. 工具技术, 2011, 45(4): 58-62.

[37] 李春柏. 钛合金加工用铣刀的设计探讨[J]. 装备制造技术, 2011, (7): 51-52.

[38] 汤爱君, 刘战强. 铣刀参数对薄壁零件铣削稳定性的影响[J]. 华南理工大学学报, 2009, 37(2): 29-33.

[39] 宋学锋. 钛合金切削的刀具问题及对策[J]. 机械工程师, 2009, (12): 129-131.

[40] 王洪祥, 徐涛, 杨嘉. 航空钛合金铣削过程有限元数值模拟[J]. 机械传动, 2012, 36(2): 33-36.

[41] 刘日韦, 唐健, 贺连梁, 等. 刀具角度对 TC4 钛合金切削力的影响[J]. 工具技术, 2014, 48(5): 17-20.

[42] 张家欢, 徐九华. 钛合金深槽铣削加工用铣刀[J]. 工具技术, 2000, 34(1): 28.

[43] 林琪. 刀具和切削参数对 Ti6Al4V 立铣加工影响的仿真研究[D]. 济南: 山东大学, 2012.

[44] 王鑫. 钛合金 TC11 和 TC17 的铣削加工性研究[D]. 济南: 山东大学, 2010.

[45] 程耀楠, 陈天启, 左殿阁, 等. 航空发动机整体叶盘高效盘铣加工技术与刀具应用分析[J]. 工具技术, 2016, 50(3): 30-36

[46] 黄秀珍. 变切削参数加工中盘铣刀的破损状态监控[D]. 沈阳: 沈阳工业大学, 2002.

[47] 王建军. 汽轮机叶片圆环形盘铣刀包络加工理论研究[D]. 沈阳: 沈阳工业大学, 2015.

[48] 梅沢三造, 菅野成行, 王洪波, 等. 硬质合金刀具常识及使用方法[M]. 北京: 机械工业出版社, 2009.

[49] 肖诗纲. 刀具材料及其合理选择[M]. 北京: 机械工业出版社, 1981.

[50] 凌桂龙. ANSYS Workbench 13.0 从入门到精通[M]. 北京: 清华大学出版社, 2012.

第 5 章 插铣刀具设计及其加工技术研究

图 5.1 插铣加工原理

插铣(plunge milling)法又称 z 轴铣削法，是实现高切除率切削最有效的加工方法之一。对于难加工材料的曲面加工、切槽加工及刀具悬伸长度较大的加工，插铣法的加工效率远远高于常规的端面铣削法。事实上，在需要快速切除大量金属材料时，采用插铣法可使加工时间缩短一半以上。该加工方式的原理是：刀具连续地上下运动，快速大量地去除材料。在加工具有较深的立壁腔体零件时，常需要去除大量的材料，此时插铣加工比型腔铣削更加有效。其加工原理如图 5.1 所示。

5.1 插铣加工特点及应用

5.1.1 插铣加工特点

插铣加工的加工方式比较特殊，与其他加工方式相比，具有以下优点[1,2]：

(1) 加工效率高，能够快速切除大量金属，相对于普通铣削加工可以节省一半以上的时间；

(2) 刀具的悬伸长度比较大，特别适用于一些模具型腔的粗加工，并被推荐用于航空零部件的高效加工；

(3) 可以对钛合金等难加工材料进行曲面或切槽加工；

(4) 加工时主要的受力方向为轴向，而径向受力较小，因此对机床的功率或主轴精度要求不高，且具有更高的加工稳定性，有可能利用老式机床或功率不足的机床获得较高的加工效率；

(5) 可以减小工件变形；

(6) 可用于各种加工环境，以及单件小批量的一次性原型零件加工，也适合大批量零件制造；

(7) 能够以较低的进给速度(一般为 50r/min 以上)切削大量的加工材料。

插铣加工方法对于使用老式机床，其金属的切削速度可以与采用高速加工方法的较新机床相媲美，有时甚至超过这些较新的机床。插铣的一个特殊用途就是进行涡轮叶片的加工，这种加工通常是在三轴或四轴的铣床上进行的。插铣涡轮叶片时，可从工件顶部向下一直铣削到工件根部，通过 *xoy* 平面的简单平移，即可加工出复杂的表面几何形状。图 5.2 为利用插铣加工开式整体叶盘。

5.1.2　插铣加工应用

插铣技术是一项正在发展的加工技术，由于插铣具有效率高、能够快速切除大量金属的优点，并且非常适合加工难加工材料(如钛合金)

图 5.2　插铣加工开式整体叶盘

和一些复杂曲面的零件，所以在许多领域，尤其是在航空航天领域正在逐步扩大应用[3]。

专用插铣刀主要用于粗加工或半精加工，它可切入工件凹部或沿着工件边缘进行切削，也可切削复杂的几何形状，包括进行挖根加工。为保证切削温度稳定，大部分带柄的插铣刀都采用内冷却方式。插铣刀的刀体和刀片设计使其可以最佳角度切入工件，对于加工任务要求很高的金属去除率，采用插铣法可以大幅度提高加工效率。

另一种适合采用插铣法的情况是：当加工零件要求轴向长度较大、刀具悬伸较长时(如铣削大凹腔或深槽)，采用插铣法可有效减小径向切削力，因此与侧铣相比具有更高的加工稳定性。此外，当工件上需要切削的部分采用常规铣削方法难以达到时，也可考虑采用插铣法，由于插铣刀也可以向上切除金属，所以可铣削出复杂的几何形状。

从机床适用性的角度考虑，如果所用加工机床功率有限，则可考虑采用插铣法，插铣加工所需功率小于螺旋铣削，从而有可能利用老式机床或功率不足的机床获得较高的加工功率。这是因为螺旋铣削产生的径向切削力较大，易使螺旋铣刀发生振动现象。由于插铣加工时径向切削力较低，所以非常适合应用于主轴轴承已磨损的老式机床。插铣法主要用于粗加工和半精加工，因此机床轴系磨损引起的少量轴向偏差不会对加工质量产生较大影响。

5.2　插铣加工轨迹及动态切削力模型

5.2.1　插铣加工轨迹

插铣刀具相对于工件的运动包括绕 *z* 轴的旋转运动与绕 *z* 轴的进给运动，运动轨迹如图 5.3 所示。

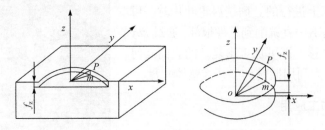

图 5.3　插铣加工轨迹

在插铣过程中，每齿的运动轨迹呈螺旋状，从图 5.3 中可以看出，刀片运动轨迹是由切削刃上固定的点的运动轨迹决定的。刀片轨迹的矢量方程为

$$\overrightarrow{om} = R\cos(\pi \cdot N \cdot t)\vec{x} + R\sin(\pi \cdot N \cdot t)\vec{y} + N \cdot f_z \cdot t\vec{z} \tag{5-1}$$

插铣加工过程的切屑尺寸受不同因素的影响，主要包括切削参数及刀具参数。如图 5.4 所示，切削参数决定切削刃上某点位置 $\theta = [\theta_e, \theta_s]$ 的径向接触长度 AB。当刀片完全切入工件时，径向接触长度 AB 与刀具旋转角度的公式为

$$AB = R - \left(\frac{R - a_e}{\sin\theta}\right) = \frac{R\sin\theta - R + a_e}{\sin\theta} = \frac{R(\sin\theta - 1) + a_e}{\sin\theta} \tag{5-2}$$

根据刀具相对于工件的运动轨迹(绕主轴转动，沿 z 向进给)，轴向切深可以根据刀具旋转角度判断，切削刃上一点的运动轨迹可计算为

$$\begin{cases} x = R\cos\theta \\ y = R\sin\theta \\ z = h \end{cases} \tag{5-3}$$

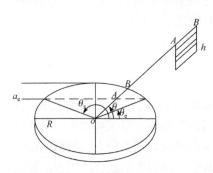

图 5.4　插铣刀切削区域

5.2.2　插铣过程时域模型

对于不同规格的插铣刀具，由于刀具螺旋角的存在，其径向振动对动态切削厚度也有一定的影响。在动态切削过程中，铣削力引起的刀具振动会造成加工表面的变化，某个齿在切削到某个位置的切削厚度不仅受刀具振动的影响，还受上个齿在相同位置时切削厚度的影响，如图 5.5 所示。

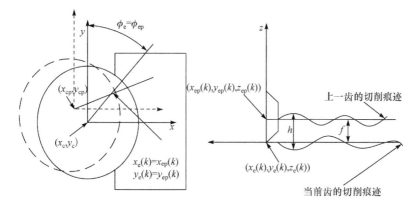

图 5.5　钛合金插铣过程动态切削厚度预测示意图

图中，(x_c, y_c) 是当前刀具的中心位置；(x_{cp}, y_{cp}) 是上一齿切削到当前位置时刀具的中心位置；$(x_e(k), y_e(k), z_e(k))$ 是当前切削齿切削刃上 k 单元的位置；$(x_{ep}(k), y_{ep}(k), z_{ep}(k))$ 是上一切削齿切削刃上 k 单元的位置。

1. 螺旋角对瞬时未切削厚度的影响

对于不同的插铣刀具，x、y 向的振动对动态切削厚度也有一定的影响。如图 5.6 所示，假设 x 向和 y 向的振动分别为 Δx 和 Δy，切削刃转动角度为 $\phi(i, j)$，造成的瞬时切削厚度分别为 h_x 和 h_y，那么 h_x 和 h_y 如式(5-4)所示：

$$\begin{cases} h_x = \Delta x \sin\phi(i,j)\tan\psi_r \\ h_y = \Delta y \cos\phi(i,j)\tan\psi_r \end{cases} \tag{5-4}$$

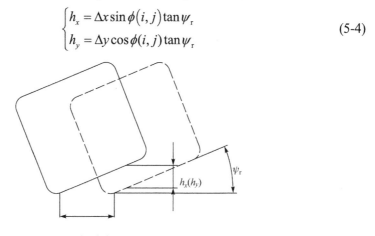

图 5.6　螺旋角对未切削厚度的影响

2. 刀具振动对瞬时未切削厚度 6 的影响

对于钛合金插铣过程，由于其 z 向进给的特殊性，所以在一般情况下，z

向振动较大，是研究的重点，其对刀具瞬时未切削厚度的影响也较大，在不考虑 x、y 向振动对瞬时未切削厚度影响的条件下，假设 z 向的瞬时切削厚度为 h。当刀具转动到某一角度时，其 x、y 向振动的存在，造成当前刀具中心与前一次切削时的刀具中心可能不重合的情况，这就会引起当前刀具的切削刃与前一次切削时的刀具切削刃不在同一条直线上的情况，因此对这种情况应该分别进行分析。

当刀具中心与前一次切削时的刀具中心重合时，即 $x_c=x_{cp}$，$y_c=y_{cp}$，刀具的切削刃与前一次切削时的刀具切削刃在同一条直线上，刀具的切削厚度只是 z 向的变化，即 $h_z(i,j)=f+z_{ep}-z_e$。

当刀具的中心位置在 xoy 平面上不相同时，刀具的切削刃与前一次切削时的刀具切削刃不在同一条直线上，需要人为满足 $\phi_e=\phi_{ep}$，从而使刀具切削刃处 k 单元在前一次切削的切削刃上，可以求得 k 单元的切削厚度 $h_z(i,j,k)$，然后取整个切削刃上所有单元的切削厚度最小值为切削厚度 h_z。用 j_p 表示刀具转动到 ϕ_{ep} 时角度离散值，则 ϕ_e 和 ϕ_{ep} 如下：

$$\begin{cases} \phi_e = \arctan((x_e(k)-x_{cp})/(y_e(k)-y_{cp})) \\ \phi_{ep} = j_p \times \Delta\theta \end{cases} \tag{5-5}$$

如果不满足 $\theta=0$，则两者之间的差 θ 可以表示为

$$\theta = \phi_e - \phi_{ep} \tag{5-6}$$

则 $j_p = j_p + \dfrac{\theta}{\Delta\theta}$，直到使得 $\theta=0$。刀具切削刃上 k 单元的位置可以表示为

$$\begin{cases} x_e(k) = x_c + r_k \times \sin(\phi(i,j)) \\ y_e(k) = y_c + r_k \times \cos(\phi(i,j)) \\ z_e(k) = z_c + (r_k - d_2) \times \tan\psi_r \end{cases} \tag{5-7}$$

对于多自由度线性振动系统，其自由振动微分方程可写成如下矩阵：

$$[M]\{\ddot{x}\} + [C]\{\dot{x}\} + [K]\{x\} = \{f\} \tag{5-8}$$

式中，$[M]$ 为质量矩阵，$[C]$ 为阻尼矩阵，$[K]$ 为刚度矩阵，$\{f\}$ 为激振力向量。对式(5-8)进行傅里叶变换可得

$$\{[K] - \omega^2[M] + j\omega[C]\}\{x\} = \{F\} \tag{5-9}$$

则其阻抗矩阵为

$$[Z(\omega)] = [K] - \omega^2[M] + j\omega[C] \tag{5-10}$$

那么传递函数为

$$[H(\omega)] = \frac{1}{[K] - \omega^2[M] + j\omega[C]} \tag{5-11}$$

将 $(x_e(k), y_e(k), z_e(k))$ 代入式(5-10)和式(5-11)，故 k 单元瞬时切削厚度 $h_z(i, j, k)=f+z_{ep}(k)-z_e(k)$，则 z 向的瞬时铣削厚度为

$$h_z(i, j) = \max\left\{\min(h_z(i, j, k), 0)\right\} \tag{5-12}$$

由式(5-6)和式(5-7)可得，钛合金插铣过程的瞬时未铣削厚度为

$$h_d(i, j) = g(j)\left\{\min(h_z(i, j) + h_x + h_y)\right\} \tag{5-13}$$

式中，$g(j)$ 用于判断第 i 个齿在 j 时刻是否参与切削，若参与切削，则 $g(j)=1$；若没有参与切削，则 $g(j)=0$。

5.2.3 动态切削力模型

1. 插铣过程瞬态切削力模型

在插铣过程中，刀具切深随着刀具的转动而变化，将刀刃沿径向离散化，假设离散后每个微小单元的长度为 $\Delta\partial$，则对于每个微小单元都存在三个方向上的切削力，即切向力 dF_t、径向力 dF_r 和轴向力 dF_a，如式(5-14)所示：

$$\begin{cases} dF_t = [K_{tc} \times h + K_{te}] \times \Delta\partial \\ dF_r = [K_{rc} \times h + K_{re}] \times \Delta\partial \\ dF_a = [K_{ac} \times h + K_{ae}] \times \Delta\partial \end{cases} \tag{5-14}$$

式中，h 是瞬时切削厚度，K_{tc}、K_{rc} 和 K_{ac} 分别为切向、径向和轴向的切削力系数，K_{te}、K_{re} 和 K_{ae} 分别为切向、径向和轴向的刃口系数。切削力系数综合考虑了工件和刀具的材料、刀具的形状以及工件的装夹；而刃口系数则主要考虑了刀具的磨损。将刀具转动角度进行离散化后，则刀片的角度位置可以 $\phi(i, j)$ 表示：

$$\phi(i, j) = \phi_{st} - (i-1) \times \phi_p + (j-1) \times \Delta\theta \tag{5-15}$$

式中，i 表示刀具的第 i 个齿；j 表示刀具第一个齿参与切削后转动的第 j 个位置；$\Delta\theta$ 为角度离散后的微小角度单元。假设当刀具的第 i 个切削齿的转动角度为 $\phi(i, j)$ 时，该齿切削刃上的某个微小单元所受到的切向力、径向力及进给力转化为 x、y、z 三个方向上的力，可得

$$\begin{bmatrix} dF_x \\ dF_y \\ dF_z \end{bmatrix} = \begin{bmatrix} -\cos(\phi(i, j)) & -\sin(\phi(i, j)) & 0 \\ \sin(\phi(i, j)) & \cos(\phi(i, j)) & 0 \\ 0 & 0 & 1 \end{bmatrix} \begin{bmatrix} dF_t \\ dF_r \\ dF_a \end{bmatrix} \tag{5-16}$$

将该齿切削刃上所有参与切削的微小单元所受到的切削力进行叠加，即可得

到该齿在角度$\phi(i,j)$时所受到的总切削力：

$$\begin{bmatrix} F_x(i,j) \\ F_y(i,j) \\ F_z(i,j) \end{bmatrix} = \sum_{k=1}^{K} \begin{bmatrix} -\cos(\phi(i,j)) & -\sin(\phi(i,j)) & 0 \\ \sin(\phi(i,j)) & \cos(\phi(i,j)) & 0 \\ 0 & 0 & 1 \end{bmatrix} \begin{bmatrix} dF_t \\ dF_r \\ dF_a \end{bmatrix} \tag{5-17}$$

式中，K为该齿参与切削的微小单元的个数：

$$K = \frac{d_1 - \dfrac{d_1 - a_p}{\sin(\phi(i,j))}}{\Delta \partial} \tag{5-18}$$

式中，d_1是刀具直径。

2. 插铣过程铣削力模型

刀具切削刃只有在参与切削的情况下才会产生切削力，而在插铣过程中，随着加工径向切深和刀具齿数选择的不同，可能会产生单齿切削和多齿同时切削的情况，因此需要判断刀具的每个齿是否参与切削。刀片的角度位置可以用$\phi(i,j)$表示，因此刀具的每个齿切削刃是否参与切削的判定标准为

$$\phi_{st} \leqslant \phi(i,j) \leqslant \phi_{ex} \tag{5-19}$$

式中，刀具切入角ϕ_{st}和刀具切出角ϕ_{ex}为

$$\begin{cases} \phi_{st} = \arctan\dfrac{d_1 - a_p}{d_1} \\ \phi_{ex} = \pi - \arctan\dfrac{d_1 - a_p}{d_1} \end{cases} \tag{5-20}$$

当刀具切削刃满足条件(5-20)时，认为该齿参与了切削，否则认为该齿没有参与切削，即切削力为0。因此，当第一个齿处于j位置时，插铣过程的总铣削力为

$$\begin{bmatrix} F_x(j) \\ F_y(j) \\ F_z(j) \end{bmatrix} = \sum_{m=1}^{M}\sum_{k=1}^{K} \begin{bmatrix} -\cos(\phi(i,j)) & -\sin(\phi(i,j)) & 0 \\ \sin(\phi(i,j)) & \cos(\phi(i,j)) & 0 \\ 0 & 0 & 1 \end{bmatrix} \begin{bmatrix} dF_t \\ dF_r \\ dF_a \end{bmatrix} \tag{5-21}$$

式中，M为所选刀具的总齿数。

5.3　插铣刀参数化系统设计

插铣加工作为一种新型的加工方式，在制造业的应用日渐广泛，但其刀具的

设计缺乏有效的设计理论，很大程度上依靠经验和生产实践相结合的方式，在实际生产过程中，根据加工情况不断修正几何参数以实现优化的目的。参数化设计可以将产品模型的结构、功能、定义等属性以约束的形式体现出来，这样输出的模型不仅包括固定的尺寸信息，还保留其拓扑结构和设计思想等信息，对于整体结构较为固定的产品只需设计其参数化模型，根据需要改变相应参数即可驱动模型发生局部变化，系统保留原有的设计思想，自动生成模型，参数化设计以其先进的设计理念，在设计系列化产品方面具有巨大的潜力和优势。

5.3.1　参数化设计

参数化设计是指在零件模型的基础上，用一组尺寸参数和图素之间的约束定义该集合模型，各尺寸参数和约束与零件模型有完整的对应关系[4,5]，当尺寸参数或者约束条件改变时，其所对应的零件几何图形会发生相应的变化，从而实现驱动零件模型变化的目的，而且参数化设计可以完整地反映设计者对该零件的设计思想。

目前，在 UG 软件中，主要有交互式图形设计和二次开发两种参数化设计方法[6]。交互式图形设计就是设计者通过 UG 自带的模型交互命令和参数化设计的方法建立模型，从而完成设计者对零件模型的参数化构想，该方法是产品开发环节中非常重要的设计方法；二次开发是指在 UG 环境的基础上，通过 UG/Open、VC++ 等相关工具最大限度地反映设计需求，且支持对数据库的创建等，快速、直观地反映设计需求，该方法是一种更为高级的参数化设计方法。

5.3.2　UG 中参数化设计方法

二次开发参数化设计方法分为基于图形模板的参数化设计方法和基于程序的参数化设计方法[7]，两种方法均可利用 UG/Open API 编程、UG/Open GRIP 编程和 UG/Open API 及 UG/Open GRIP 混合编程的方式，实现产品模型的参数化设计，UG 二次开发总体流程如图 5.7 所示。

5.3.3　基于图形模板的参数化设计

基于图形模板参数化设计方法的基本思想是通过更改参数化模型的尺寸参数，以驱动模型发生相应的变化，满足设计者的设计目的。通常改变模型的特征是通过修改模型的几何参数条件来实现的：首先获取模型特征参数；然后修正其尺寸参数数值；最后通过 UF_MODL_update 函数驱动模型特征更新，将局部相应特征参数的变化情况反映到零件模型。其设计过程如图 5.8 所示。

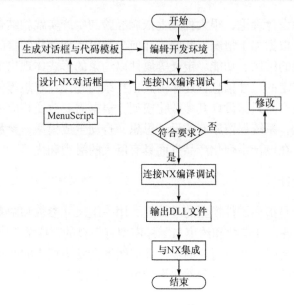

图 5.7　UG 二次开发总体流程图

图 5.8　基于图形模板的参数化设计过程

基于图形模板的参数化设计建立模型，通过改变图形中的尺寸驱动整个插铣刀模型的变化，这种方法对于约束条件简单的模型有很好的适应性，且建模效率高，但是对于复杂的模型，需要许多约束条件，建模过程就会显得较为烦琐，会不可避免地出现求解稳定性差的缺点。另外，这种建模方式是在 UG 源代码的基础上进行，若使用者并不是很了解所有功能的实现方式，建立约束条件复杂的模型时，欲使其完全符合设计者的初衷，往往需要在完成模型时进行反复修改。

5.3.4　基于程序的参数化设计

基于程序的参数化设计方法的主体思路是以点、线、面、体的方式建立实体模型，通过寻找或依据数学方程找到模型上的关键点，再将点连成线，线构成面，最后生成实体模型，这一过程主要由 UG/Open GRIP 与 UG/Open API 实现。

参数化程序设计方法只需在设计之初对模型进行计算，设定约束条件就可以很好地解决图形模板遇到的问题，但是程序设计对设计者的编程水平有一定的要求，交互性能差，不如尺寸实时驱动的方法那样行之有效，且修改模型只能通过源程序，再编译、链接生成模型，观察其是否满足要求，这就使修改过程较为烦琐。

1. 插铣刀参数化建模

参数化建模利用一系列参数约束图形的各个关键尺寸和整体结构，通过对一系列参数重新赋值驱动模型发生局部变化，对于整体结构较为固定的产品模型可以大大缩短设计周期。

传统刀具结构一般可分为整体式刀具、焊接式刀具及可转位式刀具[8]，整体式刀具适用于加工尺寸较小的零件结构，焊接式刀具虽适用于更大尺寸的零件结构且成本低，但其刚性较差、易变形，尤其是对整体叶盘等深型腔加工会加剧刀具振动，影响加工质量。根据整体叶盘尺寸特点可将插铣刀结构设计成可转位式，可转位式刀具通过机械固定方式将刀片固定在刀体上，且当刀具磨损时可快速更换刀片，降低加工成本。

对于可转位式插铣刀，刀槽几何角度是刀具设计时首要考虑的关键部分，结构性角度的合理性影响刀片与刀体的配合情况和加工过程的稳定性。刀槽结构性角度包括主偏角、轴向前角与径向前角。主偏角决定刀具切入工件时的角度，直接影响切削力的大小和刀尖强度；轴向前角与径向前角影响刀体强度及控制切屑的流出方向，为保证排屑顺畅，减小切削力，在设计插铣刀时径向前角与轴向前角均设计为正值，且通常直径越小的插铣刀，径向前角与轴向前角比值的绝对值越大。

2. 插铣刀几何参数及结构分析

对比两种参数化设计方法，综合考虑插铣刀整体结构虽然略微复杂，但是其各图素之间的约束关系较为简洁，利用参数化程序的方法建立可转位式插铣刀模型时对刀槽部分的编程复杂且不易实现，而利用图形模板的方法可简单有效地完成对该部分的设计，故本书采用基于图形模板的参数化设计方法。

1) 前角

插铣刀的前角可分解为轴向前角及径向前角，如图 5.9 所示，轴向前角主要影响刀具的切削前角并且控制切屑的流向，径向前角主要对切削功率有一定影响，插铣刀前角组合主要分为以下几种情况：

(1) 双负前角结构的插铣刀通常配以较小的后角刀片且齿数较多，该结构的刀体具有强度高、抗冲击性良好的特点，适用于大每齿进给量的粗加工，对机床功率及刚性要求较高，以便提供较大的切削力。当轴向前角为负值时，不利于切屑排出，在加工韧性材料时易出现积屑瘤，加剧刀具振动，影响加工表面质量。

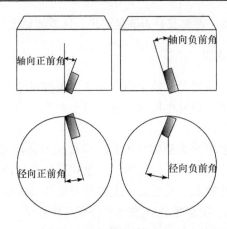

图 5.9　轴向前角和径向前角

(2) 双正前角结构的插铣刀通常配以带有一定后角的刀片，相较于双负前角结构切削刃更为锋利，可以更好地切入加工工件，切削力较小，切削过程相对稳定，切屑排出流畅，不易在刀片表面堆积，可有效避免积屑瘤的产生。适用于刚性差、功率小的机床或主轴悬伸量大的深腔加工。

(3) 正负前角(轴向正前角、径向负前角)结构的插铣刀综合了前两种结构插铣刀的结构优点，既可在一定程度上保证刀体强度，又可以有效地减小切削力，但同时对其各自的优点又有所削弱。

整体叶盘材料通常为钛合金等难加工材料，加工过程中刀具磨损较为严重，正前角可以保证切屑排出顺畅，降低切削力，并且整体叶盘加工属于深型腔加工，需要尽可能减小切削力以保证加工稳定性，针对整体叶盘的材料特点和结构特点选择双正前角结构设计，可以保证切削过程平稳，同时实现大金属去除率。

2) 主偏角

插铣刀的主偏角影响切削力的大小和切削刃强度，同时对切削厚度也有一定影响。主偏角是影响切削力的主要因素之一，其大小取决于刀槽角度的设计。由于刀片尺寸固定，所以可以通过改变刀槽相对于刀体的位置进而改变主偏角的大小。较大的主偏角可使刀具更好地切入工件，有效降低切削力，但同时会降低切削刃强度，易出现崩刃现象。对于加工钛合金材料所用的插铣刀，在设计主偏角时应在保证切削刃强度的基础上适当增大主偏角，以保证切削过程稳定，同时有效降低切削力。

3) 刀具直径

整体叶盘二级压气机叶盘间流道间隙约20mm，叶片间通道深度为58.42mm，最大叶片厚度为1.5mm。插铣加工是整体叶盘数控加工中的第二道工序，其主要目的是盘铣加工后的扩槽，加工出叶片轮廓，并以高切削效率为主的粗加工，故插铣刀的直径设计为 16mm。该尺寸刀具在保证加工效率的同时可为下一加工工序侧铣除棱清根留有加工余量，保证叶片加工精度。

4) 容屑槽

容屑槽用于排除切屑，其大小影响刀具的排屑能力和刀体的强度，较深的排屑槽有助于在切削加工过程中及时排除切屑，保证切削过程的顺畅，进而降低切削力和切削温度，但同时会降低刀体强度，尤其在深型腔加工时难以保证刀体的刚度；当刀具齿数较多时，可设计容屑槽有一定的倾斜角度以保证刀体强度。

3. 建立模型约束及参数表达式

参数化建模主要通过对草图尺寸参数的修改来驱动整个模型的变化[9]，所以草图图素之间的约束关系就显得尤为重要，通过对草图施加合理的约束条件来限制零件整体结构的变化。

根据插铣刀各结构尺寸大小、属性建立模型参数表达式如图 5.10 所示。

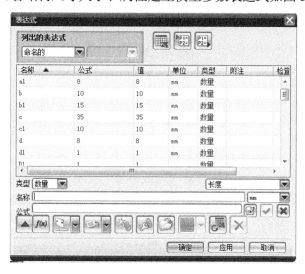

图 5.10　模型参数表达式

对所建立的模型施加尺寸约束时，所标尺寸为表达式中的参数，以便在完成模型设计之后可以通过改变参数数值来驱动模型发生相应的变化。

5.3.5　参数化系统设计

为提高设计建模效率和系统的自动化程度，需将设计思想保存于系统内部，这就需要建立符合设计者的个性化人机交互界面[10]。UG/Open 是 UG 平台用于二次开发的工具，其中 MenuScript 和 UIStyler 模块可以制作满足设计者需要的个性化用户界面，UG/Open API 程序用于对插铣刀进行参数化开发，通过相关参数变量控制插铣刀三维模型发生相应变化，实现模型的快速更新，其相关流程如图 5.11 所示。

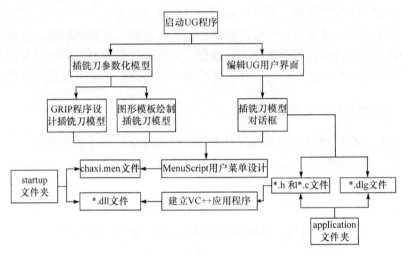

图 5.11　插铣刀参数化系统流程图

1. 菜单栏的建立

UG/OPEN MenuScript 是提供用户用于定制菜单栏的模块，既可以生成专属模块，也可以将 UG 软件中的原始菜单根据设计的需要进行替换。通过 MenuScript 模块，用户不仅可以对系统原有的菜单进行编辑、隐藏，重新定制菜单项的摆放位置，改变菜单显示文本或响应行为等，还可以为定制的应用程序开发相应的菜单，在 startup 文件夹下新建文本文件，编写相应的菜单程序，将其后缀更改为.men。

图 5.12　系统菜单栏

添加菜单栏的目的是在启动 UG 程序时，直接从菜单栏读取模型，并且可以添加多种产品模型，根据设计需要方便设计者随时调用，启动 UG 所显示的菜单栏如图 5.12 所示。

2. 用户界面设计

菜单栏制作完成后需利用 UIStyler 为菜单上的各个按钮开发人机交互界面，UG/OPEN UIStyler 用于用户定制 UG 对话框的可视化模块，该模块的特点在于可以回避复杂而烦琐的图形用户接口(GUI)编程。进入对话框设计界面，用户可以在此处利用不同的基础单元组合完成个性化的对话框界面，如图 5.13 所示，之后在对话框内设置所需控件的属性，分别为整数输入框、实数输入框及按钮，如图 5.14 所示。

图 5.13　对话框界面

图 5.14　对话框的属性

最后，将完成的对话框文件另存到新建立的 application 文件夹中，在 application 目录下系统自动生成后缀分别是 .h、.c 及 .dlg 的文件。通过 VC++编写用户界面与参数化模型之间调用函数程序，实现窗口数据与模型数据的连接，完成插铣刀参数化设计系统框架。

3. 插铣刀参数化系统应用

启动 UG 软件，选择菜单栏中所添加的应用，在弹出的对话框中，选择读入三维模型，系统自动载入所创建的模型文件，如图 5.15 所示。在输入窗口中输入想要设计的模型尺寸，单击确定，系统自动加载所输入的模型尺寸，只要对相应的参数进行修改即可快速生成想要得到的系列化的相应模型，为后续有限元仿真节省大量设计时间。

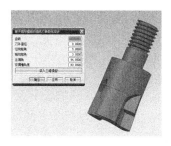

图 5.15　插铣刀三维模型

5.4　插铣刀切削仿真分析及几何角度优化

通过对比实验优化刀具几何角度的方法准确可靠，但是会大大增加刀具的研发成本与研发周期。为提高插铣刀研发效率，结合参数化设计方法与有限元分析方法可以缩短插铣刀产品研发周期，通过数值模拟的方法预测实验数据并优化刀具几何参数以保证刀具的稳定性与可靠性。

5.4.1　有限元仿真模型建立

切削加工实际就是利用刀具切削刃将加工层与工件分离的过程，该过程较为复杂，整个切削加工过程受众多因素影响，只有建立合理的有限元模型，才能有效地反映工件的物理和力学性能[11]，在切削加工过程中，工件材料的变形是由切削力及切削温度共同影响的，在仿真模拟时可以利用热力耦合弹塑性变形有限元方法模拟实际加工情况。

1. 摩擦模型

在金属材料切削加工中，切削力的主要来源之一是摩擦力，由此可以看出摩擦模型在有限元方法中起着重要作用。黏结-滑动摩擦模型是由 Zorev 等提出的，由于高温高压的作用，工件材料处于屈服流动状态，材料的屈服剪应力 τ_s 等于摩擦剪应力，当摩擦剪应力减小到零时，此部分即滑动区，如式(5-22)所示[12]：

$$\begin{cases} \tau_f = \varepsilon, & \mu\sigma_n(x) \geqslant \varepsilon \\ \tau_f = \mu\sigma_n(x), & \mu\sigma_n(x) < \varepsilon \end{cases} \tag{5-22}$$

式中，τ_f 为摩擦应力，ε 为流动应力，$\sigma_n(x)$ 为法向应力，μ 为摩擦系数。

2. 材料本构模型

本构模型作为材料的自身属性，在加工过程中材料会发生弹塑性变形，由于其处在高温、高压、高应变及高应变率的作用下，所以准确的材料模型能够预测切削中的应力、应变，确保有限元仿真的准确性和可靠性。在进行有限元切削仿真之前，根据材料的力学性能和大应变-大变形理论，采用 Johnson-Cook 模型[13,14]，即式(4-40)，按照表4.9完成本构模型的参数设定。

3. 网格划分及边界条件

对模型进行网格划分一般分为相对网格划分和绝对网格划分。相对网格划分是通过赋予模型恒定的网格数量，经由软件自动对模型各部分进行划分，其优势在于可以加快仿真速度，减少仿真过程中由网格缺陷而导致仿真被迫中止的概率，而缺点是整个网格划分都由软件系统自动生成，其结果不一定满足使用者的要求；绝对网格划分是通过设定网格尺寸再由软件根据模型的复杂程度增减网格数量，其优势在于可以通过设定较小的网格和使用者在该领域的经验优势实现更好的网格质量，而缺点在于该方法对使用者的经验要求较高。

通过对比两种网格划分方法的技术特点，选用相对网格划分，刀片网格划分如图 5.16(a)所示，为了保证仿真精度，在刀片的运动区域内对工件网格进行细化，细化比例为 0.1，而不至于增大整个工件模型的网格密度，导致增加计算时间，细化后的工件网格如图 5.16(b)所示。

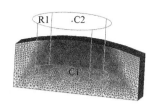

(a) 刀片网格划分　　　　　　　　(b) 工件网格划分

图 5.16　模型网格划分

由于仿真时每步所走距离应小于网格尺寸，所以为减少网格重划分次数并且使仿真过程可以稳定进行，设定每一步的时间为 0.001s，总步数为 800 步。由于模拟时间较短，工件与刀具对环境的热传导率较小，在仿真时间内可忽略环境与工件的热传导，即对工件与环境之间做绝热处理。依照刀片运动方式及装夹方式对刀片进行约束，切削运动方式为刀具绕 z 轴旋转同时沿 z 轴方向实现进给运动，工件进行全约束，不可移动，以模拟插铣加工的运动过程。

5.4.2　插铣加工仿真分析

插铣加工相对于传统铣削具有切削效率高、径向切削力小、刀具悬伸量大的特点，在整体叶盘的流道粗加工阶段可有效提高其加工效率。

利用有限元仿真软件 Deform 模拟整体叶盘插铣扩槽时的加工过程，通过有限元方法研究铣削钛合金时温度、切削力等的变化，分析刀具几何角度对切削力等因素的影响，从而达到刀具几何角度优化的目的。为减少仿真时间，提高计算效率，忽略刀体，直接从三维模型中导入刀片进行仿真模拟，切削速度 v_c=80m/min，每齿进给量 f_z=0.02mm/z，径向切深 a_e=1.5mm。

1. 切削温度仿真分析

为研究插铣钛合金整体叶盘过程中切削温度的变化情况，通过有限元仿真软件建立铣削模型，模拟钛合金铣削加工中切削温度的周期性变化规律，得到随时间变化的切削温度曲线。

插铣加工过程工件温度变化情况如图 5.17 所示，刀具绕 z 轴旋转，并以一定的速度沿 −z 轴方向进给，在刀具刚开始切入工件之后，温度快速升高，随着深入切削的进行，温度升高区域平稳，随着切削的继续进行，切屑开始脱离工件表面，工件温度开始降低，主要是由于铣削过程中产生了切屑，大部分热量被切屑带走，切屑局部温度较高，而工件表面的温度较低。

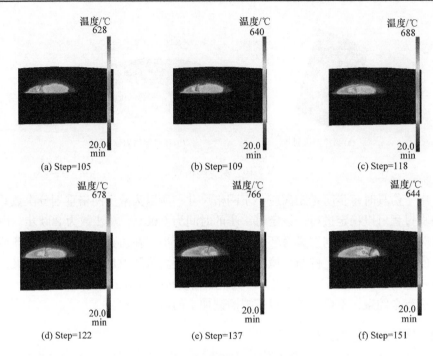

图 5.17　不同步数的工件温度变化

　　为研究刀具在切削过程中的温度变化，选取刀尖附近靠近切削刃上一点，观察该点温度变化情况，通过点追踪的方法收集局部位置的温度情况，刀尖附近一点的温度变化曲线如图 5.18 所示。

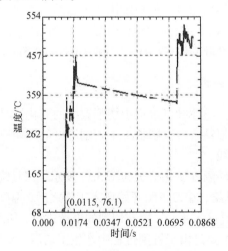

图 5.18　刀尖附近一点温度变化曲线

从图 5.18 可以看出，当刀具开始切入工件时，温度迅速上升，然后会有一定波动，温度缓慢上升，之后温度又迅速上升。下一切削周期温度保持相同的变化规律，但温度相对上一切削周期有所上升。这是因为，当刀具切入工件时，切削层金属与刀具摩擦，高温区域主要位于与切削刃接触切削区，随着切屑的生成，切屑温度逐渐升高，切削区域温度下降，所以切削刃处温度上升缓慢。随着切削的进行，刀具持续与工件发生摩擦且热量不会在短时间内流失，故刀具及工件温度会持续上升。由于在插铣加工过程中工件与刀具的温度呈现上升趋势，所以为避免温度持续上升，应采用分层铣削的方式，否则温度过高会出现粘刀现象影响切削稳定性和刀具寿命。

2. 切削力仿真分析

铣削加工属于断续切削，在实际加工时由于刀体振动和刀具角度不合理等，可能导致刀具与工件发生碰撞而损坏，而切削力是反映刀具加工稳定性的关键因素，而且对切削温度、工件表面质量等都有很大影响，通常切削力可作为衡量工件材料切削加工性、刀具加工性能的重要指标。x、y、z 三个方向的插铣切削力曲线如图 5.19 所示。刀具从空转到切入工件，产生切削力从无到有，并随着切削的进行，切削力逐渐增大直至切出过程的开始，随着切出阶段的开始，切削力逐渐减小直到消失，并且切削力呈现周期性的变化规律。

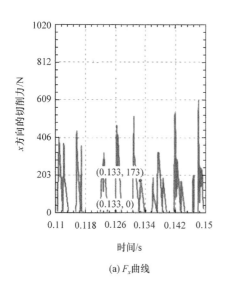

(a) F_x曲线

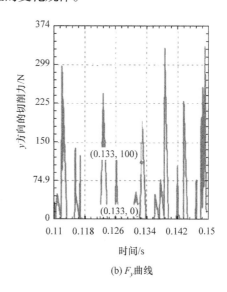

(b) F_y曲线

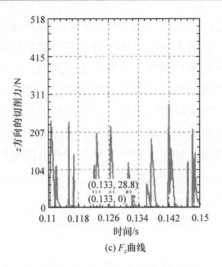

(c) F_z曲线

图 5.19　x、y、z方向的切削力曲线

　　插铣刀的前角分为轴向前角和径向前角，轴向前角和径向前角关系到刀片与刀槽的配合情况、切屑的流出方向及切削力的大小。负的轴向前角与径向前角有助于增加刀体的强度，但对于机床功率要求较高，并且切削力相对变大；正的轴向前角与径向前角有助于排屑和减小切削力，但会降低刀体强度。合理的几何参数有利于降低切削力，保证切削加工过程的平稳，前角的合理设计对于插铣刀切削性能的提升具有重要意义。

　　分别选择轴向前角为 0°、3°、5°、7° 和径向前角为 0°、3°、5°、7° 进行切削力仿真分析，研究轴向前角与径向前角变化对切削力的影响情况。仿真切削速度为 100m/min，每齿进给量为 0.06mm/z，径向切深为 1mm。当轴向前角为 0°时，不同径向前角的切削力数据如表 5.1 所示，切削力变化曲线如图 5.20 所示。

表 5.1　不同径向前角切削力

径向前角/(°)	F_x/N	F_y/N	F_z/N
0	487	382	248
3	456	369	231
5	431	347	217
7	427	338	210

　　当径向前角增大时，切削力有减小的趋势，随着角度的增大，切削力减小幅度变小，这是因为径向前角主要影响刀具的切削功率，并配合轴向前角影响切屑流出角度。当角度增大时，在一定程度上有利于排屑，进而降低切削力，但角度增大的

同时会降低刀体强度，加剧刀具振动，影响加工的稳定性。从图 5.20 中可以看出，当径向前角为 7°时，切削力数据最为理想，但是考虑到角度增大会影响刀体的强度，且相比径向前角为 5°时切削力变化不大，故选择径向前角为 5°较为合理。

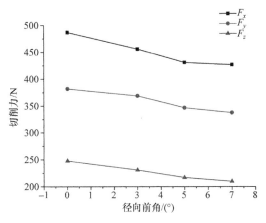

图 5.20　不同径向前角的切削力曲线

当径向前角为 0°、轴向前角为 0°、3°、5° 和 7°时的切削力数据如表 5.2 所示，切削力变化曲线如图 5.21 所示。

表 5.2　不同轴向前角切削力

轴向前角/(°)	F_x/N	F_y/N	F_z/N
0	487	382	248
3	432	359	223
5	419	332	216
7	389	321	198

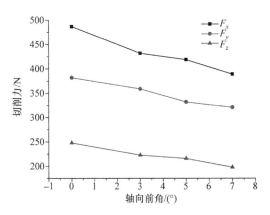

图 5.21　不同轴向前角切削力曲线

从图 5.21 中可以看出，当轴向前角增大时，切削力有降低的趋势，且切削力的变化幅度大于切削力随径向前角变化的幅度，这是由于轴向前角主要影响切削前角的大小，增大切削前角使切削刃更锋利可以在一定程度上减小切削力，但增大切削前角的同时，切削刃强度降低。还可以得到，刀具的变形随着轴向前角的增大呈下降趋势，这主要是由于轴向前角同时控制切屑流出的方向，当轴向前角变大时，可以增大切削前角使排屑更顺畅，减小切屑与刀具之间的摩擦，同样增大切削前角可以减小切削力，进而减小刀具在加工过程中的变形。

根据上述插铣钛合金仿真分析结果，当轴向前角为 7°、径向前角为 5° 时切削力较小，且不至于因角度偏大而影响刀具强度。

5.4.3 插铣刀强度分析

利用 ANSYS Workbench 软件平台对优化后的插铣刀进行强度分析，刀片材料为硬质合金，刀体材料为结构钢，导入插铣刀三维模型，并设置材料属性。插铣刀模型采用自动网格划分技术，并对局部进行细化以保证在仿真精度的同时提高求解速度。根据装夹方式施加约束条件，并根据刀具实际加工条件施加边界条件，添加转速、力载荷和温度载荷，分别在刀片前、后刀面及连接螺纹处添加 200℃ 和 20℃ 的温度载荷，定义材料属性及网格划分如图 5.22 和图 5.23 所示。

		A	B	C	D	E
1		Property	Value	Unit		
2		Density	15.6	g cm^-3		
3		Isotropic Secant Coefficient of Thermal Expansion				
4		Coefficient of Thermal Expansion	4.5E-06	K^-1		
5		Reference Temperature	22	C		
6		Isotropic Elasticity				
7		Derive from	Shear Mo...			
8		Young's Modulus	7.2E+11	Pa		
9		Poisson's Ratio	0.2			
10		Bulk Modulus	4E+11	Pa		
11		Shear Modulus	3E+11	Pa		

图 5.22　定义材料属性

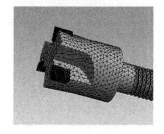

图 5.23　插铣刀网格划分

1. 静力分析

通过对刀体结构进行热力耦合条件下的静力分析，研究齿数变化对刀体变形的影响，刀齿数分别设定为 2、3、4，为保证切削过程排屑顺畅，尽量增大容屑槽体积，在保证相关条件不变的前提下，经 ANSYS Workbench 软件仿真结果如图 5.24 所示。

从图 5.24 中可以看出，刀体总变形量随着刀片数量增加逐渐变大，各齿最大变形量分别为 0.012731mm、0.014599mm 和 0.016127mm，四齿结构插铣刀的变形量最大，对加工稳定性危害最大，且四齿结构相对于其余两种结构有两处最大变形区域，其他两种最大变形区域只出现在施加切削力的刀齿部分，但四齿结构能提高切削效率。两齿结构变形量最小，但对于直径 16mm 的插铣刀加工效率并不理想。从以上三种结构插铣刀可以看出，三齿结构较好，保证加工效率的同时不至于由于刀体变形影响切削过程的稳定性。

(a) 齿数为2的变形云图

(b) 齿数为3的变形云图

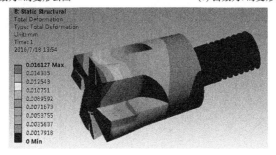
(c) 齿数为4的变形云图

图 5.24　不同齿数对刀体变形的影响

插铣刀温度分布如图 5.25 所示，从图中可以看出温度分布较为规律，温度从切削刃到刀体逐渐降低，较高的温度主要在切削刃上，且由于旋转刀体边缘相对于内部温度更高，在实际加工时可以通过使用切削液来降低温度。再结合温度场分别对不同径向前角与不同轴向前角的插铣刀进行静力分析，在不同轴向前角与径向前角下得到刀体总应变量。

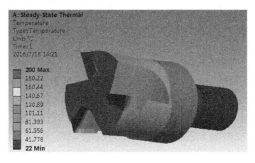

图 5.25　温度分布云图

插铣刀应力应变仿真结果如图 5.26 和图 5.27 所示，从图中可以看出，刀体应变主要集中在螺钉与刀槽附近，应力集中于螺钉及切削刃处。由于刀体的旋转和受力情况使刀具整个装配体的连接处受到挤压，故在连接处存在较大的应变。而切削刃受到切削力的作用存在较大的应变，螺钉在整个装配体中起到固定刀片的作用，在三向力的作用下会造成刀片扭转现象，故螺钉上的应力集中也较为明显，但最大应变较小且在变形允许范围内，所以刀具发生折断的概率很小，满足强度要求，刀具变形对切削加工的影响很小。

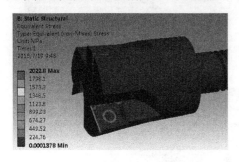
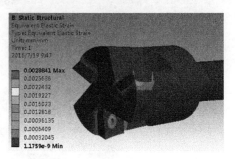

图 5.26　等效应力分布云图　　　　图 5.27　等效应变分布云图

2. 模态分析

模态分析是计算结构振动特性的数值技术，其中结构振动特性包含振型与固有频率，模态是机械结构特有的振动特性，各阶模态都存在固有的频率、阻尼比及振型，通过模态分析可以清楚刀具易受影响的频率范围和各阶主要模态的特性，进而可以避免由于与外界频率相同发生的共振现象而影响刀具寿命。

通过以上分析可以得出，插铣加工钛合金整体叶盘刀具的直径为 16mm、齿数为 3、轴向前角为 7°、径向前角为 5°时各方面效果较好，为研究该参数下的插铣刀具在实际加工时的稳定性，对其进行模态分析，并对模态分析结果进行谐响应分析获得在该模态下刀具的振幅，插铣刀一阶至六阶模态振型如图 5.28 所示。

从模态分析云图可以看出，在模态频率范围内刀具呈现不同的振型，刀具的振动是由众多模态叠加的结果，但一般情况下阶数越大，所对应的频率越大，在实际加工过程不会达到，故取其前六阶模态进行分析，一阶至六阶模态及振型如表 5.3 所示。

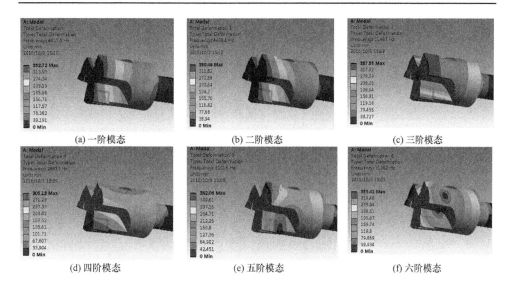

(a) 一阶模态　　　　　　　　(b) 二阶模态　　　　　　　　(c) 三阶模态

(d) 四阶模态　　　　　　　　(e) 五阶模态　　　　　　　　(f) 六阶模态

图 5.28　前六阶模态云图

表 5.3　插铣刀模态分析结果

模态阶数	自振频率/Hz	模态振型
1	4417.5	刀头部分绕 z 轴摆动变形
2	4498.6	刀头部分绕 z 轴摆动变形
3	11447	刀头部分绕 z 轴扭转变形
4	29957	刀头部分沿 z 轴伸缩变形
5	31018	刀具中部绕 x 轴摆动变形
6	31362	刀具中部绕 y 轴摆动变形

　　钛合金插铣加工实验所用数控铣床主轴转速范围是 1000~20000r/min，可计算出数控铣床系统加工时的振动频率范围是 50~1000Hz，该振动频率远低于插铣刀的固有频率，因此刀具在加工过程中可有效避免与机床系统发生共振现象，保证加工过程安全可靠。

5.5　插铣刀制备

5.5.1　刀体材料的选用

　　在整体叶盘铣削加工过程中，插铣刀具在整体叶盘通道开槽粗加工阶段要去除大量材料，加工余量大，开槽粗加工阶段加工质量的好坏直接影响后续的半精加工、精加工直至整体叶盘最终的成型。插铣刀具是否具有高的切削性能，主要受刀具材料、几何形状、结构类型等多重因素的影响。因此，插铣刀具材料选择的合理性直接影响刀具的加工效率、使用寿命、已加工表面质量。

整体叶盘采用典型难加工材料钛合金，其具有比强度高、弹性模量小、耐腐蚀性好、耐高温性大、抗拉强度和屈服强度较高等特点，针对插铣钛合金时刀体材料主要从以下几方面进行优选：由于经过热处理后硬度和强度比较小，插铣开槽粗加工阶段刀具在铣削力大的情况下易发生折断，所以一般的结构钢不适合制备插铣刀的刀体。插铣刀刀体的制备材料通常选用优质的合金结构钢，常见的合金结构钢刀体材料有 40Cr 和 42CrMo，40Cr 的抗拉强度为 1000MPa，屈服强度为 800MPa，而 42CrMo 的抗拉强度为 1100MPa，屈服强度为 950MPa，而且合金结构钢 42CrMo 经热处理后具有更大的强度、韧性和硬度，适合加工难加工材料钛合金。

5.5.2　刀片材料的选用

可转位刀具中，硬质合金因其切削性能优良、具有切削硬钢的特性和耐用度比较强等特点，已被广泛使用。刀片直接接触工件的切削部分，对整体叶盘粗加工时，材料去除率高，刀具易受力产生严重变形及磨损等特点，又需考虑经济实用性问题，因此硬质合金刀片成为比较优先的选择。

硬质合金是由难熔金属碳化物(WC、TiC、TaC 等)和金属黏结剂(Co 和 Ni 等)经粉末冶金方法制成。钛合金的一些物理性能给切削加工带来了许多困难，切削时钛合金具有变形系数小、刀尖应力大、切削温度高、化学活性高、黏结磨损及扩散磨损较突出、弹性恢复大、化学亲和性高等特点，因此在切削加工过程中容易出现粘刀、剥落和咬合等现象，刀具温度迅速升高，导致刀具磨损，甚至完全破坏。由于钛合金的导热性差，刀具在高温下会产生严重的黏结现象，如图 5.29 所示。

(a) 切削钛合金时黏结现象　　　　　　　　(b) 切削一定时间后刀具的磨钝现象

图 5.29　钛合金插铣过程粘刀现象

插铣加工钛合金是一种条件恶劣的强力切削，刀具对于钛合金加工的成败起着不可替代的关键作用，加工钛合金的刀具必须强度高、耐热、耐磨损且导热性好。结合实验研究可得，导热性较好的 YW 类硬质合金是比较理想的选择，可使刀具切削温度较低，刀具磨损较小，加工表面粗糙度较小。加工整体叶盘时，由于切削力很大，切屑与刀片前刀面接触长度很短，切削力集中在刀片的切削刃附近，易造成崩刃，且 YW 类硬质合金导热性较好，有利于热量的传出和降低切削温度，有益于加工整体叶盘。

为了使刀片具有更高的硬度，有利于去除加工整体叶盘时的大部分材料，而不使韧性降低，这里采用涂层刀片。涂层刀具具有很强的抗氧化性能和抗黏结性能，因此具有好的耐磨性和抗月牙洼磨损的能力，加工钛合金效果好。常用的涂层材料有 TiC、Al_2O_3、TiN 等，由于硬质合金切削钛合金时易产生黏结，结合插铣刀加工特点，TiN 是一个较好的选择，因为 TiN 与金属亲和力小，在空气中抗氧化性能比 TiC 好。同时，涂层有较低的摩擦系数，可降低切削时的切削力和切削温度，从而提高刀片的耐用度。

5.5.3　插铣刀加工制备

根据整体叶盘插铣加工要求，为了提高刀具使用寿命，提高加工效率，插铣刀均采用可转位结构，刀体材料为 42CrMo，刀片材料为涂层硬质合金，刀具的主偏角均为 93°，刀体主要在数控车床上进行粗加工及半精加工，然后进行调质处理，对热处理后的刀体进行精车加工以及刀槽的铣削加工等，再进行磨削加工以及最后刀体的表面处理。采用先进的热处理设备及工艺，有助于减小插铣刀刀体由于热处理产生的变形，保证铣刀的综合精度，从而保证被加工件的精度。刀片采用国内插铣刀加工钛合金主流刀片，刀片为 80° 菱形可转位刀片，刀片后角均为 15°，并且为 PVD 涂层。制备的插铣刀如图 5.30 所示。

(a) ϕ16螺纹连接式插铣刀　　　　　(b) 刀片

图 5.30　制备的插铣刀

插铣刀制备工艺主要流程[15]：

(1) 下料，按照工艺图纸下料；

(2) 半精车，找正外圆及端面；

(3) 调质，为了防止变形，刀体竖立摆放，调质后硬度为 32～35HRC；

(4) 精车，顶尖找正，车外圆及端面、螺纹至尺寸要求；

(5) 铣削，保证外圆跳动在 0.02mm 以内；

(6) 磨削，保证外圆端面跳动在 0.01mm 以内；

(7) 去工艺头，在数控铣床上平掉工艺头；

(8) 表面处理，渗氮，渗化深度 0.5mm 以上。

5.6　本章小结

插铣加工适用于整体叶盘的流道粗加工，可有效提高整体叶盘的加工效率。通过对钛合金整体叶盘加工用插铣刀的设计和优化及有限元仿真分析，为设计开发满足整体叶盘高效加工的插铣刀具提供参考。

(1) 在分析插铣加工特点及其应用范围的基础上，分析了插铣加工的轨迹，获得了插铣过程中切削刃上点的运动方程，并建立了时域模型及切削力的动态模型。

(2) 通过 UG 软件二次开发模块，定制插铣刀设计菜单及其工作界面，利用 UG 图形模板的参数化设计方法创建插铣刀三维模型，并通过 VC++实现界面数据与模型数据的连接，进而完成了插铣刀参数化设计系统，实现快速建立插铣刀模型。

(3) 运用有限元仿真软件对插铣加工过程进行模拟仿真，从切削温度、切削力及强度等方面进行分析探讨，进而根据仿真结果获得并验证设计插铣刀的最佳轴向前角和径向前角等几何参数。

参 考 文 献

[1] 李海超. 插铣刀具设计及钛合金铣削参数优选[D]. 哈尔滨: 哈尔滨理工大学, 2015.

[2] 秦旭达, 贾昊, 王琦, 等. 插铣技术的研究现状[J]. 航空制造技术, 2011, (5): 402-404.

[3] 杨双. 插铣加工技术的研究与应用[J]. 金属加工(冷加工), 2014, (20): 24-27.

[4] 贾昊. 钛合金插铣过程动力学及稳定性分析[D]. 天津: 天津大学, 2011.

[5] 董玉德, 谭建荣, 赵韩. 基于约束参数化的设计技术研究现状分析[J]. 中国图象图形学报, 2002, 6(7): 532-538.

[6] 史丽媛, 祝锡晶, 马继召. 基于 UG 参数化设计系统的研究[J]. 图学学报, 2013, 34(2): 108-112.

[7] 黄勇. UG/Open API、MFC 和 COM 开发实例精解[M]. 北京: 国防工业出版社, 2008.

[8] 周临震. 基于 UG NX 系统的二次开发[M]. 镇江: 江苏大学出版社, 2012.

[9] 晋向阳, 薛玉君. 可转位刀具设计的基本准则[J]. 科技信息, 2009, (11): 701.

[10] Qin S F, Wright D K, Jordanov I N. From on-line sketching to 2D and 3D geometry: A system based on fuzzy knowledge[J]. Computer-Aided Design, 2000, 32(14): 851-866.

[11] 董新华, 王庆明, 林海龙. 基于数据库的 UG 参数化设计方法探讨[J]. 制造技术与机床, 2010, (2): 112-117.

[12] Ambati R, Yuan H. FEM mesh-dependence in cutting process simulations[J]. The International Journal of Advanced Manufacturing Technology, 2011, 53(1): 313-323.

[13] 王殿龙, 于贻鹏. 金属切削过程的有限元法仿真研究[J]. 大连理工大学学报, 2007, 47(6): 829-833.

[14] Haddag B, Atlati S, Nouari M, et al. Finite element formulation effect in three-dimensional modeling of a chip formation during machining[J]. International Journal of Material Forming, 2010, 3(1): 527-530.

[15] 宋旭. 钛合金整体叶盘加工用插铣刀设计研究[D]. 哈尔滨: 哈尔滨理工大学, 2017.

第6章　侧铣刀具设计及其加工技术研究

球头铣刀在复杂型面零件的加工中应用比较广泛，整体叶盘叶片多为空间自由曲面，因此选用球头铣刀进行侧铣加工。为提高球头铣刀的切削加工性和加工质量，首先对整体叶盘结构及侧铣加工进行分析，根据侧铣特点从刀具截面对刀具进行设计，建立截面形线模型，然后从结构参数出发，建立球头铣刀刃线的数学模型，并运用 UG 软件对球头铣刀进行三维建模来辅助分析。图 6.1 为刀具的优化设计流程。

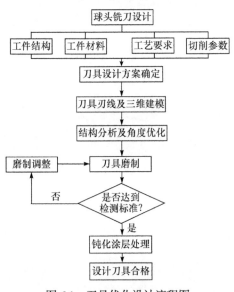

图 6.1　刀具优化设计流程图

6.1　侧铣加工特点分析及动态切削力模型的建立

6.1.1　侧铣加工特点分析

钛合金整体叶盘是航空涡扇发动机中压气机的重要零部件之一，其主要由叶片、叶根和轮毂三部分组成。叶盘模型如图 3.2(a)所示。整体叶盘侧铣加工是对流道进行加工，由相邻两个叶片及轮毂围成的区域组成叶盘流道。整体叶盘结构与流道几何特征如图 3.2 所示。

通过分析可知，钛合金整体叶盘流道复杂的结构特征，导致其切削加工具有较大的难度。采用一种切削加工方法无法达到钛合金整体叶盘流道高效、高质量的加工要求。因此，可以采用高效强力复合数控铣削加工方法，把不同的方法结合起来，实现一次装夹完成流道加工，提高加工效率。叶盘流道的复合铣削加工为盘铣开槽、插铣扩槽及侧铣除棱清根，侧铣加工使用球头铣刀的侧刃进行加工，在流道加工过程中，前两种方法加工后大部分材料已被去除，余量较少，侧铣继续加工，可以更好地发挥其优势，径向力较小，能够避免干涉，使加工余量均匀，加工出成型曲面，最终完成流道的铣削加工。与端铣加工相比，侧铣加工可以有效改善下列问题：

(1) 在端铣加工过程中，容易与流道干涉，并且刀具悬伸有限；而侧铣加工则是用刀具侧刃加工，可以很好地避免干涉，能够进行大悬伸加工。

(2) 由于球头铣刀球刃底端切削速度为零，刀具容易发生磨损、破损，而侧铣是用刀具的侧刃加工，可以有效改善刀具磨损。

(3) 由于端铣行距较小、效率低，而侧铣可进行宽行加工，并且加工余量均匀，所以可提高加工效率，改善加工表面质量。

目前侧铣加工整体叶盘的研究比较少，无法发挥刀具良好的切削性能，结合整体叶盘结构和钛合金切削加工性及侧铣加工工艺，对侧铣刀具进行有针对性的优化设计。球头铣刀刚性好，周刃与底刃光滑过渡，连接处不易崩刃，加工稳定可靠，在有大量空间自由曲面结构件中应用十分广泛，并且叶盘结构中存在叶根圆角，因此球头铣刀为整体叶盘侧铣加工首选；对球头铣刀进行分析、设计及优化，能更好地发挥球头铣刀的优势，进而提高钛合金整体叶盘的加工制造质量。

6.1.2　侧铣切削层参数分析与建模

在切削过程中，刀具的刀刃在一次走刀中从工件待加工表面切下的金属层，称为切削层。切削层参数是指这个切削层的截面尺寸，它决定刀具切削部分所受负荷和切削尺寸大小。

球头铣刀铣削加工时与工件接触关系复杂，未变形的切屑形态不规则，在刀具切入切出过程中，切削层参数随着接触角的变化而变化。图 6.2 和图 6.3 分别为行距方向、进给方向切削几何模型图。

图 6.4 中，球头铣刀瞬时切削层参数是刀具任意接触角 θ 时，所对应的切削层参数。图 6.2～图 6.5 中，β_p 为行距方向加工倾角，β_t 为进给方向加工倾角，β_b 为基面内加工倾角；R 为刀具半径，R_g 为刀具基面内测得的被加工表面曲率半径，为了便于分析和计算，R_g 近似作为相邻刀轨之间被加工表面的曲率半径；θ_4 和 θ_6 分别为球头铣刀切入角和切出角。

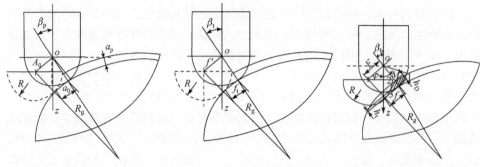

图 6.2 行距方向切削   图 6.3 进给方向切削   图 6.4 瞬时切削层参数

图 6.5 中，o_1、o_2、o_3 分别为刀具转角为 θ 时切削刃上参与切削的三个特征点，其角度位置分别为

$$
\begin{cases}
\phi_1 = \beta_b + \arccos\left[\dfrac{R^2 + (R_g + R)^2 - (R_g + a_p)^2}{2R(R_g + R)}\right] \\[3mm]
\phi_2 = \beta_b + \arcsin\left[\dfrac{(R - a_p)^2 + F^2 - r^2}{2(R - a_p)F}\right] \\[3mm]
\phi_3 = \arcsin\left(\dfrac{R^2 + r^2 - F^2}{2rR}\right)
\end{cases}
\tag{6-1}
$$

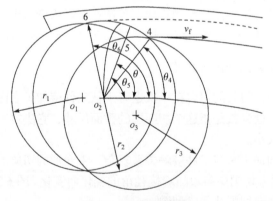

图 6.5 切削层俯视图

图 6.4 表示瞬时切削层参数，当刀具转角为 θ 时，参与切削的切削刃上一点的瞬时切削层厚度为该点的基面剖面内测的厚度。

当 $\phi_2 \leqslant \phi \leqslant \phi_1$ 时：

$$
h_D(\phi) = R - (R + R_g)\cos(\phi - \beta_b) + \sqrt{(R + R_g)^2 + a_p^2 - R_g^2 + 2RR_g}
\tag{6-2}
$$

当 $\phi_3 \leqslant \phi \leqslant \phi_2$ 时：

$$h_D(\phi) = R + F \cdot \sin(\phi - \beta_b) - \sqrt{F^2 \cdot \sin^2(\phi - \beta_b) + r^2 - F^2} \tag{6-3}$$

式中，$\phi = \arccos\dfrac{z}{R}$，$F = f_z(1 + R/R_g)\sin\theta_j$，$r = \sqrt{R^2 - f_z^2 \cos\beta_p}\sin\theta_j$；$R_g$ 为工件截面曲率半径；f_z 为每齿进给量；θ_j 为刀具切削刃上任意点的转角，$\theta_j = \int d\theta = \int_0^z \dfrac{U}{V}\tan\lambda_s dz$。

瞬时径向切深 db 为

$$db = \frac{dz}{\sin\phi} = \frac{R \cdot dz}{\sqrt{R^2 - z^2}} \tag{6-4}$$

图 6.6 为球头铣刀切削微元，切削微元的面积为

$$dA = h_D db = \frac{h_D \cdot R \cdot dz}{\sqrt{R^2 - z^2}} \tag{6-5}$$

刀具切触角为 θ 时，刀具单齿瞬时切削层面积为

$$A_D(\theta) = \int_{z_1}^{z_2} \frac{h_D \cdot R \cdot dz}{\sqrt{R^2 - z^2}} + \int_{z_2}^{z_3} \frac{h_D \cdot R \cdot dz}{\sqrt{R^2 - z^2}} \tag{6-6}$$

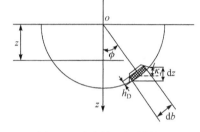

图 6.6　球头铣刀切削微元

通过以上分析可知，刀具切入过程瞬态切削层厚度和面积随着切触角的增大而增大，达到最大值后逐渐减小，直到刀具切出，且刀具切入过程切削层参数变化较快，瞬时达到最大切削层面积和厚度；而切出过程切削层参数减小趋势较缓，呈逐渐减小趋势，切出过程与切入过程相比相对平稳。在相同切削参数下，随着加工倾角的增加，球头铣刀瞬态切削层面积和切削厚度呈现减小趋势，加工过程中瞬态单位切削力减小，从而使得瞬态切削力减小，且变化趋势明显。

6.1.3　球头铣刀刃形及切削力建模

1. 切削刃数学模型的建立

首先，完成球头铣刀刃线模型的建立。由正交螺旋面和球面相交得

$$r = \begin{bmatrix} x \\ y \\ z \end{bmatrix} = \begin{bmatrix} R\sin\tau\cos(\tan\beta_0(1-\cos\tau)) \\ R\sin\tau\sin(\tan\beta_0(1-\cos\tau)) \\ R(1-\cos\tau) \end{bmatrix} \tag{6-7}$$

球头铣刀刃线模型如图 6.7 所示。

球头铣刀刃线切削微元长度模型为

$$dS = \|dr(\varphi)\| = \sqrt{(R(\varphi))^2 + R(\varphi^2) + R_0^2 \cot^2 \beta_0}\, d\varphi \tag{6-8}$$

切削厚度示意图如图 6.8 所示。

$$t(i,\theta,z) = R_2 - \sqrt{R_1^2 - f_H^2 \cos^2 [\beta(i,\theta,z)+\phi]} + f_H \sin [\beta(i,\theta,z)+\phi] \tag{6-9}$$

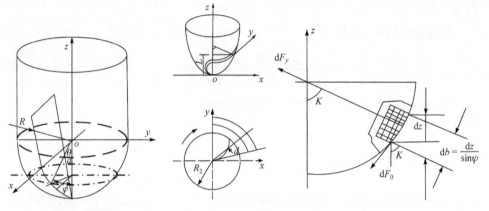

图 6.7　球头铣刀刃线模型　　　　　图 6.8　切削厚度示意图

离散刀刃长度模型为

$$\varphi = \sqrt{\frac{R_0^2 + z^2 - 2R_0 z}{R_0^2 \cot^2 \beta_0}} + \frac{1}{\cot \beta_0} \tag{6-10}$$

综合考虑以上条件，作用在微元上的空间铣削力可分解为切向力 dF_t、径向力 dF_r 和轴向力 dF_a，最后求和即球头铣刀受到的铣削力。

$$\begin{cases} dF_t(i,\theta,z) = [AK_{te} + K_{tc} t_n(i,\theta,z)] db \\ dF_r(i,\theta,z) = [AK_{re} + K_{rc} t_n(i,\theta,z)] db \\ dF_a(i,\theta,z) = [AK_{ae} + K_{ac} t_n(i,\theta,z)] db \end{cases} \tag{6-11}$$

2. 切削力模型系数分析

通过实验获得的平均切削力来辨识切削力系，每齿周期平均切削力可通过积分一个周期瞬时铣削力获得

$$\overline{F}_{xyz} = \frac{1}{\varphi_p} \int_{\varphi_{st}}^{\varphi_{ex}} \int_{z_1}^{z_2} dF_{xyz}(\varphi, z)\, d\varphi \tag{6-12}$$

式中，z_1、z_2 分别为积分上、下限，φ 为切削微元瞬时齿位角。为了简化计算，选用切削实验，此时切入角 $\varphi_{st}=0°$、切出角 $\varphi_{ex}=180°$，进而测出在某进给率下的平均切削力。刀口力的分量(F_{qc}，F_{qe})将通过对这些数据进行回归得到。最后，可以得到球头铣刀在 $\varphi_{st}=0°$、$\varphi_{ex}=180°$ 的情况下的切削力系数如下：

$$
\begin{cases}
K_{tc} = \dfrac{4\overline{F}_{xc}}{Na_p} & K_{rc} = \dfrac{-4\overline{F}_{yc}}{Na_p} & K_{ac} = \dfrac{\pi\overline{F}_{zc}}{Na_p} \\[3mm]
K_{te} = \dfrac{\pi\overline{F}_{xe}}{Na_p} & K_{re} = \dfrac{-\pi\overline{F}_{ye}}{Na_p} & K_{ae} = \dfrac{\pi\overline{F}_{ye}}{Na_p}
\end{cases}
\tag{6-13}
$$

采用整体硬质合金球头铣刀进行切削实验，采用螺旋角为 30° 的双刃球头铣刀，直径 20mm，切削参数及实验结果如表 6.1 所示。

表 6.1 切削参数及实验结果

每齿进给量 f_z /(mm/z)	主轴转速 n /(r/min)	轴向切深 a_p /mm	F_x 均值/N	F_y 均值/N	F_z 均值/N
0.1	5500	1	−259.3	159.9	192
0.15	5500	1	−311	188	243
0.2	5500	1	−364	218	296

把上述实验结果代入式(6-13)，可以得到铣削力系数如表 6.2 所示。

表 6.2 铣削力系数

K_{tc} /(N/mm²)	−2067.9	K_{te} /(N/mm²)	−244.8
K_{rc} /(N/mm²)	−1122.45	K_{re} /(N/mm²)	−162.8
K_{ac} /(N/mm²)	1601.4	K_{ae} /(N/mm²)	90

3. 球头铣刀铣削力建模

由于球头铣刀形状较为复杂，刀具各部分的实际切削条件有较大差别，为了建立切削力模型，需要对刀具进行微分化将刀具沿轴线方向平均分为若干轴向段。显然，每个轴向段上有 N_f 个刀齿片(N_f 为刀齿数)，每个刀齿片为一个切削微元。在某一时刻，作用于刀具上的瞬时切削合力即参加切削微元的受力之和，通过分析切削微元的切削力，可以建立刀具的切削力模型。

首先，分析球头铣刀切削的一些特征参数，如图 6.9 所示。图中阴影部分表示切屑形状。

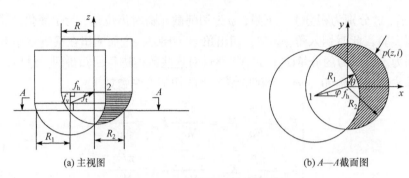

(a) 主视图　　　　　　　　　　　(b) A—A 截面图

图 6.9　球头铣刀切削几何特性

距刀尖点 z 处，第 i 个刀齿上切削微元 $p(z, i)$ 的几何切削半径 $R(z)$ 是指在 xoy 截面中，切削微元 $p(z, i)$ 与刀具轴线间的距离，由图 6.9 可得，当 $z \geqslant R$，即切削微元在刀具的圆柱部分时，有

$$R(z) = R \tag{6-14}$$

当 $z<R$，即切削微元在刀具的球面部分时，有

$$R(z) = (2Rz - z^2)^{1/2} \tag{6-15}$$

切削微元 $p(z, i)$ 的角度位置为 $\beta(\theta, i, z)$，表示切削微元在刀具圆周上的位置，根据螺旋线特点可得

$$\beta(\theta, i, z) = \theta - (z/R)\tan\alpha - (i-1)(2\pi/N_f) \tag{6-16}$$

式中，刀具切削刃右旋，α 为螺旋角，θ 为在刀尖点处刀齿 l 的角度位置，N_f 为刀齿数，i 为刀齿号。

切削微元 $p(z, i)$ 在角度位置 $\beta(\theta, i, z)$ 时径向未变形切削厚度为 $t(\theta, i, z)$。

径向未变形切削厚度表示在角度位置 $\beta(\theta, i, z)$ 时，当前刀齿产生的路径和上一刀齿形成的工件表面间的最短距离。刀具在切削过程中，当主轴转速远远大于进给速度时，可近似为圆弧，这样当刀具沿水平方向进给时，切削微元 $p(z, i)$ 在角度位置 $\beta(\theta, i, z)$ 时径向未变形切削厚度 $t(\theta, i, z)$ 可表示为

$$t(\theta, i, z) = f_t \sin\beta(\theta, i, z) \tag{6-17}$$

在复杂曲面加工中，由于进给方向不断变化，而并非沿 x 方向，所以切削微元切除的不是同一高度 z 处第 $i-1$ 个刀齿留下的材料，而是在 z 方向有一个 $f_t\sin\varphi$ 的增量，所以式(6-17)应修正为

$$t(\theta, i, z) = [R(z) - R(z + f_t\sin\varphi)] + f_t\cos\varphi\sin\beta(\theta, i, z) \tag{6-18}$$

式中，φ 表示进给方向与 x 方向的夹角。当 $\varphi = 0$ 时，切削厚度可按式(6-17)计算。

图 6.10 表示在给定角度 θ 时，切削微元 $p(z, i)$ 受力及切削微元放大示意图。

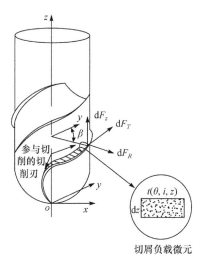

图 6.10　球头刀切削微元受力

其中, $\mathrm{d}F_T(\theta,i,z)$ 和 $\mathrm{d}F_R(\theta,i,z)$ 分别为作用于 $p(z,i)$ 上的切向力和径向力, $\mathrm{d}z$ 为 $p(z,i)$ 的径向切深。

研究表明, 切向力、径向力的大小与 $p(z,i)$ 上的切削负载有关, 随切削负载的增大而增大, 切削负载是径向未变形切削厚度与径向切深的面积。因此, 在给定角度 θ 时, 切削微元 $p(z,i)$ 的受力可表示为

$$\begin{cases} \mathrm{d}F_T(\theta,i,z) = K_T\big(z/R, t(\theta,i,z)\big)\mathrm{d}z t(\theta,i,z) \\ \mathrm{d}F_R(\theta,i,z) = K_R\big(z/R, t(\theta,i,z)\big)\mathrm{d}z t(\theta,i,z) \\ \mathrm{d}F_z(\theta,i,z) = K_z\big(z/R, t(\theta,i,z)\big)\mathrm{d}z t(\theta,i,z) \end{cases} \tag{6-19}$$

式中, $K_T\,(z/R,\,t\,(\theta,i,z))$、$K_R\,(z/R,\,t\,(\theta,i,z))$ 和 $K_z\,(z/R,\,t\,(\theta,i,z))$ 分别为切向、径向和轴向力系数, 不仅与刀具材料、工件材料有关, 还与切削微元高度和径向未变形切削厚度 $t\,(\theta,z)$ 有关。

切削微元切向力与径向力的大小和方向随 $\beta(\theta,i,z)$ 的变化而变化, 将其转换到 xoy 坐标系中可得 x、y 方向受力 $\mathrm{d}F_x(\theta,i,z)$ 和 $\mathrm{d}F_y(\theta,i,z)$ 为

$$\begin{cases} \mathrm{d}F_x(\theta,i,z) = \mathrm{d}F_T(\theta,i,z)\big[-\cos\beta(\theta,i,z)\big] + \mathrm{d}F_R(\theta,i,z)\big[-\sin\beta(\theta,i,z)\big] \\ \mathrm{d}F_y(\theta,i,z) = \mathrm{d}F_T(\theta,i,z)\big[-\sin\beta(\theta,i,z)\big] + \mathrm{d}F_R(\theta,i,z)\big[-\cos\beta(\theta,i,z)\big] \end{cases} \tag{6-20}$$

在某一时刻, 即给定角度位置 θ, 作用于刀具上的切削合力可通过对所有参与切削的切削微元的受力进行累加得到:

$$\begin{cases} F_x(\theta) = \int_{d_1}^{d_2} \left[\sum_{i=1}^{N_f} \mathrm{d}F_x(\theta, i, z) \right] \mathrm{d}z \\[2mm] F_y(\theta) = \int_{d_1}^{d_2} \left[\sum_{i=1}^{N_f} \mathrm{d}F_y(\theta, i, z) \right] \mathrm{d}z \\[2mm] F_z(\theta) = \int_{d_1}^{d_2} \left[\sum_{i=1}^{N_f} \mathrm{d}F_z(\theta, i, z) \right] \mathrm{d}z \end{cases} \tag{6-21}$$

式中，d_1 为最低切削高度，d_2 为最高切削高度。

6.2　球头铣刀结构设计分析

球头铣刀的结构设计主要包括截面形线、刃线及刀具几何参数等，在侧铣加工过程中主要以刀具周刃为主，因此从刀具截面出发对刀具螺旋槽进行设计优化。球头铣刀刃线主要分为周刃、球刃及退刀槽三部分，本节分别建立其刃线的数学模型，为后续球头铣刀的分析与优化打下基础。

6.2.1　截面形线分析

对于整体式回转类刀具的结构分析设计，由于刀具的截面形线多为简单的直线和曲线，所以用其来描述刀具前、后刀面及螺旋槽的几何形状，截面中各个形线的长度、角度对刀具的切削性能有重要影响。合理的刀具结构及加工参数会影响钛合金整体叶盘的加工效率和质量。首先从刀具截面形线对刀具螺旋槽进行设计优化，图 6.11 为刀具周刃截面。

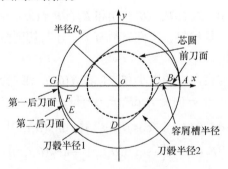

图 6.11　刀具周刃截面

在截面形线中设 AB 为前刀面，长度为 l，则前角 AB 与 x 轴的夹角为 y，设坐标原点为刀具中心，半径为 R_0，计算得到 A 点坐标为 $(R_0, 0)$，得 AB 的坐标方程为

$$y = -\tan\gamma(x - R_0), \quad R_0 - l\cos\gamma \leqslant x \leqslant R_0 \tag{6-22}$$

针对钛合金弹复性较大的特性，刀具设计了双后角结构，减小了刀具与已加工表面间的摩擦。坐标系与式(6-22)相同，设 FG 为第一后刀面，长度为 l_1，则第一后角 α 为 FG 与 y 轴的夹角，计算得到 G 点坐标为 $(-R_0, 0)$，则 FG 方程为

$$y = -\cot\alpha(x + R_0), \quad -R_0 \leqslant x \leqslant l_1\sin\alpha - R_0 \tag{6-23}$$

EF 为第二后刀面，长度为 l_2，与直线 FG 的夹角为 φ，根据式(6-23)计算得 F 点坐标 $(l_1\sin\alpha - R_0, -l_1\cos\alpha)$，$EF$ 的斜率为 $(\tan\theta + \cot\alpha)/(\cot\alpha\tan\theta - 1)$，则 EF 的方程为

$$y = \frac{\tan\varphi + \cot\alpha}{\cot\alpha\tan\varphi - 1}(x - l_1\sin\alpha + R_0) - l_1\cos\alpha \tag{6-24}$$

$$l_1\sin\alpha - R_0 \leqslant x \leqslant l_1\sin\alpha + l_2\sin(\varphi - \alpha) - R_0$$

为避免刀具应力集中，刀毂与排屑槽间光滑过渡，刀毂 1、2 相交于 D 点，为满足侧铣加工工艺要求，设 D 点坐标为 $(0, -2/3R_0)$，由 EF 可得 E 点的坐标为 $(l_1\sin\alpha + l_2\sin(\varphi - \alpha) - R_0, -l_1\cos\alpha - l_2\cos(\varphi - \alpha))$，设弧 DE 的方程为 $(x - a_1)^2 + (y - b_1)^2 = R_1^2$，式中 a_1、b_1 和 R_1 分别为 DE 的圆心坐标和半径，过 D、E 两点，且与 EF 相切，根据以上条件计算得到 DE 方程为

$$\begin{cases} \left[l_1\sin\alpha + l_2\sin(\varphi - \alpha) - R_0 - a_1\right]^2 + \left[-l_1\cos\alpha - l_2\cos(\alpha - \varphi) - b_1\right]^2 = R_1^2 \\ (-a_1)^2 + \left(-\dfrac{2}{3}R_0 - b_1\right)^2 = R_1^2 \\ \dfrac{\left|\dfrac{\tan\varphi + \cot\alpha}{\cot\alpha\tan\varphi - 1}(a_1 - l_1\sin\alpha + R_0) - l_1\cos\alpha - b_1\right|}{\sqrt{\left(\dfrac{\tan\varphi + \cot\alpha}{\cot\alpha\tan\varphi - 1}\right)^2 + 1}} = R_1 \end{cases} \tag{6-25}$$

$$l_1\sin\alpha + l_2\sin(\varphi - \alpha) - R_0 \leqslant x \leqslant 0$$

BC 为刀具容屑槽圆弧，由式(6-22)得 B 点的坐标为 $(R_0 - l\cos\gamma, l\sin\gamma)$，同理设 BC 的方程为 $(x - a_3)^2 + (y - b_3)^2 = R_3^2$，式中 a_3、b_3 和 R_3 为 BC 的圆心坐标和半径，过点 C，且与 AB 相切，通过计算得

$$\begin{cases} (R_0 - l\cos\gamma - a_3)^2 + (l\sin\gamma - b_3)^2 = R_3^2 \\ \dfrac{\left|\tan\gamma(a_3 - R_0) + b_3\right|}{\sqrt{\tan\gamma^2 + 1}} = R_3 \end{cases} \tag{6-26}$$

$$x \leqslant R_0 - l\cos\gamma$$

CD 为刀毂半径 R_2，同理设 CD 的方程为 $(x - a_2)^2 + (y - b_2)^2 = R_2^2$，式中 a_2、b_2 和 R_2 为 CD 的圆心坐标及半径，过 D 点且与 CD、BC 相切，计算得其方程为

$$\begin{cases} (-a_2)^2 + (-2/3R_0 - b_2)^2 = R_2^2 \\ \sqrt{(a_1 - a_2)^2 + (b_1 - b_2)^2} = R_2 - R_1 \\ \sqrt{(a_2 - a_3)^2 + (b_2 - b_3)^2} = R_2 + R_3 \end{cases} \tag{6-27}$$

球头铣刀截面形线设计优化了刀具螺旋槽，能够提高球头铣刀侧铣钛合金整体叶盘时的加工效率，延长刀具使用寿命，对侧铣加工钛合金具有重要意义。

6.2.2　周刃螺旋线分析

球头铣刀周刃螺旋线是砂轮磨削前刀面时的包络面与棒料的交线，改变螺旋角能控制切屑流向，而螺旋角相当于刃倾角，可使球头铣刀前角增大，提高球头铣刀加工性。根据广义螺旋角定义，建立球头铣刀的刃线模型。

如图 6.12 所示，在刀具回转面上，以 xoy 为基准平面，$\rho(x)$ 作为母线，在回转平面内绕 x 轴旋转，某一时刻 $\rho(x)$ 所在的平面与 xoy 的夹角 θ 为回转角，则回转曲面的方程 $r(x,\theta)$ 为[1]

$$r(x,\theta) = [x, \rho(x)\sin\theta, \rho(x)\cos\theta]^T \tag{6-28}$$

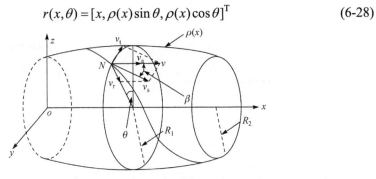

图 6.12　回转面通用模型

式(6-28)为回转面的通用方程，其中含有 θ 和 x 两个变量，通过计算得到 θ 与 x 之间的数学关系，即可得到母线 $\rho(x)$ 的数学方程为

$$r(x) = r(x, \theta(x)) = [x, \rho(x)\sin\theta(x), \rho(x)\cos\theta(x)]^T \tag{6-29}$$

球头铣刀可认为由刀具截面形线做螺旋运动得到。假设切削刃上某点 N 在回转面上做速度为 v 的螺旋运动，可以将速度分解为沿 $\rho(x)$ 方向的速度 v_s 和 $\rho(x)$ 绕 x 轴方向的速度 v_t，将 v_s 分解为轴向速度和径向速度，分别为 v_a、v_r，即

$$v = v_s + v_t = v_a + v_r + v_t \tag{6-30}$$

$$\tan\beta = v_t/v_s = v_t/\sqrt{v_r^2 + v_a^2} \tag{6-31}$$

球头铣刀螺旋角可以看成 v_t 与 v_s 的比值，设 N 点的角速度为 ω，当 N 点旋转一周时沿轴向移动的距离为 P(导程)，则

$$\begin{cases} v_t = \rho\omega \\ v_a = P\omega \\ v_r = \mathrm{d}\rho/\mathrm{d}t = (\mathrm{d}\rho/\mathrm{d}z)v_a \end{cases} \tag{6-32}$$

将式(6-32)代入式(6-31)得

$$\tan\beta = \rho \Big/ \Big[P\sqrt{1+(\mathrm{d}\rho/\mathrm{d}z)^2} \Big] \tag{6-33}$$

式中，β 为刀具螺旋角；P 为导程，如果 P 值不变，则切削刃为等导程螺旋线，由于刀具的周刃螺旋线在圆柱面上，则 $\mathrm{d}\rho/\mathrm{d}z=0$，代入式(6-33)得

$$\tan\beta = R_0/P \tag{6-34}$$

已知螺旋角为 β、半径为 R_0、周刃长度为 L_1，则螺旋线的坐标方程为

$$\begin{cases} r = R_0 \\ \theta = L_1\tan\beta/R_0 \times 180/\pi t \\ z = L_1 t \end{cases} \tag{6-35}$$

球头铣刀周刃螺旋线 $f(x_{t1},y_{t1},z_{t1})$ 关于 $t[0,1]$ 的参数方程即式(6-36)。通过 MATLAB 对周刃螺旋线进行验证，结果如图 6.13 所示。

$$\begin{cases} x_{t1} = R_0\cos(tL_1\tan\beta R_0 \times 180/\pi) \\ y_{t1} = R_0\sin(tL_1\tan\beta R_0 \times 180/\pi) \\ z_{t1} = -L_1 t \end{cases} \tag{6-36}$$

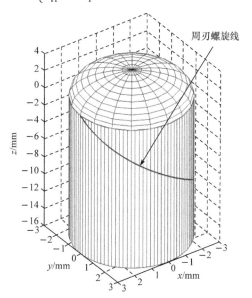

图 6.13　周刃螺旋线

6.2.3　球刃螺旋线分析

正交螺旋面与球面的交线形成了刀具的"S"形球刃，螺旋角 β 在球刃顶点 $(\theta=90°)$ 约为 $0°$，且随螺旋滞后角 φ 的增大逐渐非线性增大，当 $\theta=0°$ 时，β_0 取得最大值，螺旋滞后角 φ 也取最大值 φ_0。

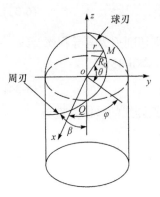

图 6.14　球刃与周刃光滑过渡

在球头铣刀设计制备中，需要球刃与周刃螺旋线的螺旋角在 Q 点的螺旋角相等，根据式(6-33)可知，球刃螺旋线上的螺旋角是随螺旋滞后角变化的，且过球刃顶点，在坐标原点和球头半径不变。根据得到的周刃螺旋线方程(6-36)计算球刃螺旋线的参数方程 $f(x_{t2}, y_{t2}, z_{t2})$，由图 6.14 可知：

$$r = \sqrt{R_0^2 - z^2} \tag{6-37}$$

$$z = -R_0 t \tag{6-38}$$

$$r = R_0\sqrt{1-t^2} \tag{6-39}$$

通过计算得球刃曲线关于 $t \in 0 \sim 1$ 的参数方程为

$$\begin{cases} x_{t2} = (R_0\sqrt{1-t^2})\cos(180\tan\beta \times t/\pi) \\ y_{t2} = -(R_0\sqrt{1-t^2})\sin(180\tan\beta \times t/\pi) \\ z_{t2} = R_0 t \end{cases} \tag{6-40}$$

6.2.4　退刀槽曲线分析

退刀槽曲线可看成把螺旋线投影到刀具磨削时砂轮外圆柱面上[2]，而球头铣刀的退刀槽与周刃螺旋槽相接，因此可以通过周刃螺旋线来计算退刀槽曲线。设砂轮半径为 R_4，前刀面深度为 D，退刀槽半径为 r_3，则 r_3、θ_3 分别为

$$r_3 = (R_4 + R_0 - D - R_3) - (R_4 - D - R_3) \times \sqrt{1-t^2} \tag{6-41}$$

$$\theta_3 = [(L_1 - R_0)/R_0\tan\beta \times 180/\pi] + [t(R_4 - D - R_3)/r_3\tan\beta \times 180/\pi] \tag{6-42}$$

根据周刃螺旋线参数方程推导出退刀槽曲线参数方程：

$$\begin{cases} x_{t3} = r_3\cos\theta_3 \\ y_{t3} = r_3\sin\theta_3 \\ z_{t3} = L_1 - R_0 + (R_4 - D - R_3)t \end{cases} \tag{6-43}$$

钛合金整体叶盘侧铣加工时，铣削温度高，刀具可以依靠切屑来带走切削热，降低切削温度，因此可以通过优化刀具螺旋槽改善排屑，从而提高刀具耐用度。同理，对所建立的球头铣刀模型进行验证，球刃与周刃、退刀槽曲线与周刃均光滑过渡连接如图 6.15 所示，因此建立的刃线模型正确可靠。

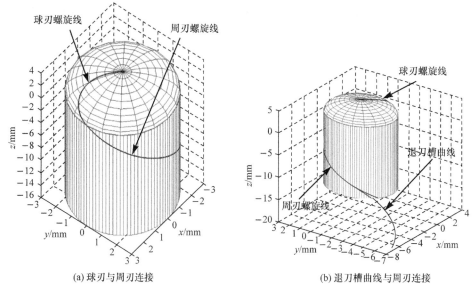

(a) 球刃与周刃连接　　　　　　　　　(b) 退刀槽曲线与周刃连接

图 6.15　刀具刃线模型

6.3　球头铣刀参数化建模

根据建立的球头铣刀球刃和周刃螺旋线、退刀槽曲线的数学模型，对周刃和球刃螺旋线、退刀槽曲线、刀具截面形线、周刃和球刃螺旋槽及退刀槽等进行参数化建模，基于 UG 软件建立上述特征模型，建模过程如图 6.16 所示。

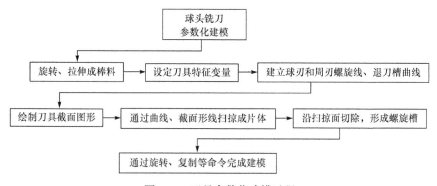

图 6.16　刀具参数化建模过程

6.3.1　刀具特征变量设定

将球头铣刀的特征变量添加到 UG 软件中，添加球头铣刀建模需要的变量名，设定变量初始值及几何意义，分别为前角、后角、螺旋角、前刀面深度、刀具长度、刀具半径、切削刃长度、第一及第二后刀面宽度、齿毂半径、螺旋槽半径等主要刀具特征变量，根据以上主参数可计算出其余变量，如图 6.17 所示。

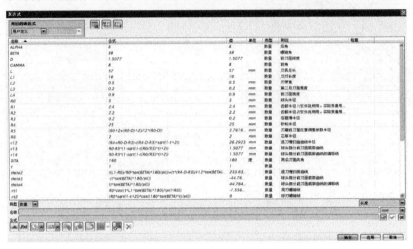

图 6.17　UG 软件中刀具参数设置

6.3.2　周刃螺旋槽建模

首先建立球头铣刀周刃螺旋线，根据周刃螺旋线模型(6-36)，建立 UG 的参数方程，默认坐标系，插入规律曲线，图 6.18 为周刃螺旋线。

根据球头铣刀截面形线图，基于 UG 软件建立截面形线草图，选取 xoy 平面为草图 1 平面，图 6.19 为绘制完成的草图。运用 UG 软件中的扫掠命令，选取草图 1 形线为截面曲线，把周刃螺旋线作为引导线，z 轴负方向作为矢量方向，扫掠得到周刃螺旋面如图 6.20 所示。使用剪切命令修剪出螺旋槽，对螺旋槽进行旋转复制，最后生成周刃螺旋槽如图 6.21 所示。

图 6.18　周刃螺旋线

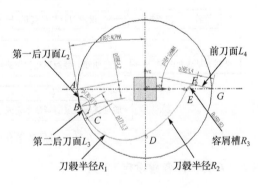

图 6.19　截面形线草图

图 6.20 周刃螺旋面

图 6.21 周刃螺旋槽

6.3.3 球刃螺旋槽建模

球刃螺旋线可以看成前、后刀面和球面的交线,同理根据方程(6-40)建立球刃螺旋线 $f(x_{t2}, y_{t2}, z_{t2})$ 的 UG 参数方程,如图 6.22 所示。

刀具球刃螺旋槽是砂轮磨削前刀面时的磨削轨迹包络面,在 UG 软件建模中以前刀面底部曲线及其偏移线为边界绘制出包络面,根据式(6-40)建立刀具球刃前刀面底部曲线方程(6-44)及其对应的偏移线方程(6-45)如下:

$$
\begin{cases}
r_{13} = R_0 - R_5 \left\{ 1 - \sqrt{1 - \left[(R_0/R_5)t \right]^2} \right\} \\
\theta_4 = -t \tan\beta \times 180/\pi \\
x_{t4} = r_{13} \cos\theta_4 \\
y_{t4} = r_{13} \sin\theta_4 \\
z_{t4} = -R_0 t
\end{cases}
\tag{6-44}
$$

$$
\begin{cases}
r_{14} = R_0 - R_5 \times \left\{ 1 - \sqrt{1 - \left[(R_0/R_5)t \right]^2} \right\} \\
\theta_5 = t \tan\beta \times 180/\pi \\
x_{t5} = r_{14} \cos\theta_5 - R_0 \sqrt{2} \sin(45° + \theta_5) \\
y_{t5} = -r_{14} \sin\theta_4 - R_0 \sqrt{2} \cos(45° + \theta_5) \\
z_{t5} = -R_0 t
\end{cases}
\tag{6-45}
$$

以过球头顶点 xoy 的偏置面为基准平面绘制草图 2,在草图 2 中以式(6-44)和式(6-45)两条曲线的端点为两个直径端绘制基圆,如图 6.23 所示,得到砂轮包络面,通过 UG 软件中的曲线网格命令,最后用所得的砂轮包络面修剪刀具球头部分,得到球刃螺旋槽如图 6.24 所示。

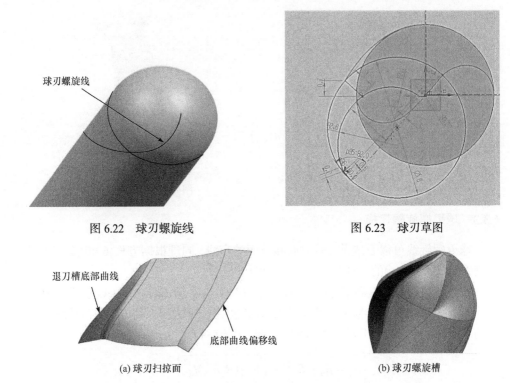

图 6.22　球刃螺旋线　　　　　　　　图 6.23　球刃草图

(a) 球刃扫掠面　　　　　　　　　　　(b) 球刃螺旋槽

图 6.24　球刃扫掠面及螺旋槽

6.3.4　退刀槽建模

在退刀槽的建模中，砂轮的磨削轨迹即退刀槽曲线 $f(r_3, x_{t3}, y_{t3}, z_{t3})$，同理在 UG 软件中编辑插入退刀槽曲线如图 6.25 所示。

球头铣刀的退刀槽与周刃螺旋槽光滑过渡连接，因此退刀槽的截面线与周刃螺旋槽的相同，以坐标原点 O 为起点绘制脊线 OM，设 Z_C 轴为矢量方向，长度为 $2L_1$，运用扫掠命令，以两条曲线的交点作为截面线的起始位置，退刀槽曲线及其对称线分别作为两条引导线，图 6.26 为扫掠形成的片体。

通过缝合命令，将周刃螺旋面与退刀槽曲面缝合，以缝合曲面为工具平面，通过修剪命令对棒料进行修剪，完成刀具球刃螺旋槽、周刃螺旋槽、退刀槽的建模，如图 6.27 所示。

通过旋转、复制等完成刀具的螺旋槽建模，最终完成球头铣刀的参数化建模如图 6.28 所示，为后续球头铣刀的仿真分析打下基础。

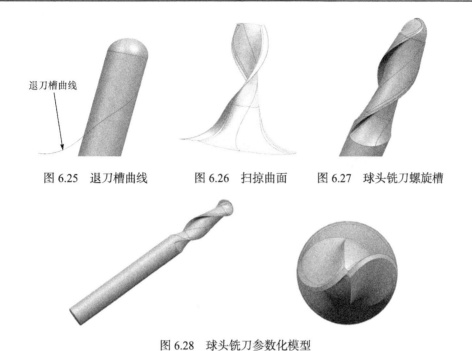

图 6.25　退刀槽曲线　　　　图 6.26　扫掠曲面　　　　图 6.27　球头铣刀螺旋槽

图 6.28　球头铣刀参数化模型

6.4　球头铣刀几何角度优化及切削仿真分析

为了更好地发挥球头铣刀侧铣钛合金整体叶盘的切削性能，运用有限元方法对刀具几何角度进行分析与优化，并分析验证刀具加工的稳定可靠性。

6.4.1　有限元仿真的理论简介

切削力对球头铣刀使用寿命、加工质量、切削温度等有重要影响，因此本书对切削过程中的切削力进行研究，但由于实验研究成本高，并且周期长，而有限元方法不仅能够节省时间、提高效率，并且能够得到有效的模拟结果，弥补了实验研究的缺陷，因此运用有限元方法对刀具进行分析优化。

1. 分离准则模型分析

切削加工实际就是使用刀具把加工层与工件分离的过程，只有建立的分离准则模型合理，才能真实地反映工件的物理和力学性能，使仿真与实验结果相近。为此诸多学者对分离模型进行研究，物理分离准则被广泛应用，Iwata 等提出了物理分离准则模型，如式(6-46)所示，首先建立了应力韧性断裂模型，并在其基础上对比实验结果来说明模型的正确性[3]。

$$\left(\frac{|\sigma_n|}{\tau_n}\right)^2 + \left(\frac{|\sigma_s|}{\tau_s}\right)^2 \geqslant 1 \tag{6-46}$$

式中，σ_n、σ_s、τ_n、τ_s 分别为分离面处的正应力、剪应力、正应力临界值、剪应力临界值。如果忽略剪切力，则 τ_s 为无限大。

2. 摩擦模型分析

在金属材料铣削加工中，切削力的主要来源之一是摩擦力，由此可以看出摩擦模型在有限元方法中起着重要作用。黏结-滑动摩擦模型是由 Zorev 等提出的，由于高温高压的作用工件材料处于屈服流动状态，材料的屈服剪应力 τ_s 等于摩擦剪应力，当摩擦剪应力减小到零时，此部分即滑动区，如式(6-47)所示[4]：

$$\begin{cases} \tau_f = \varepsilon, & \mu\sigma_n(x) \geqslant \varepsilon(\text{黏结区摩擦}) \\ \tau_f = \mu\sigma_n(x), & \mu\sigma_n(x) \leqslant \varepsilon(\text{滑动区摩擦}) \end{cases} \tag{6-47}$$

式中，τ_f 为摩擦应力，ε 为流动应力，$\sigma_n(x)$ 为法向应力，μ 为摩擦系数。

3. 材料本构模型分析

本构模型作为材料的自身属性，在加工过程中材料发生弹塑性变形，由于其处在高温、高压、高应变及高应变率的作用下，所以准确的材料模型能够预测切削中的应力、应变，确保有限元仿真的准确性和可靠性。切削加工行业中有限元仿真应用的材料本构模型有 Oxley 模型、Maekawa 模型、El-Magd 模型、Johnson-Cook 模型等[5-7]。在进行有限元切削仿真之前，根据材料的力学性能和大应变-大变形理论，建立材料的本构模型。本节采用国内外广泛使用的 Johnson-Cook 模型，其公式见式(4-40)，材料参数见表 4.9。

6.4.2　球头铣刀几何参数优化仿真方案

为改善刀具切削加工性能，提高加工效率，延长刀具使用寿命，运用 Deform-3D 软件进行球头铣刀侧铣 TC4 钛合金时刀具角度优化分析，探讨不同刀具几何角度对切削力的影响规律。

1. 仿真分析模型的建立

针对钛合金整体叶盘中叶片的结构，工件设计为薄壁件，基于 UG 软件建立 Deform-3D 仿真分析模型。在建模过程中，把刀具与工件模型准确定位，定义轴向切深和径向切深。设刀具为刚性体，工件为塑性体。图 6.29 为工件及切削加工模型。

　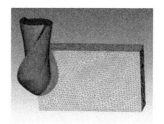

(a) 工件　　　　　　　　　　　　　　　(b) 工件及刀具

图 6.29　Deform-3D 切削加工模型

首先对工件及刀具进行约束，设置边界条件。由于在实际切削加工过程中工件装夹面不受切削热的影响，所以将其设为 20℃ 边界温度；根据侧铣加工方式及球头铣刀夹紧方式设置约束条件，工件为固定约束；由于刀具绕 z 轴旋转，y 轴正方向为进给方向，顺铣切削；设定热传递面为刀具与工件切削表面。

Deform-3D 中主要有绝对网格和相对网格两种网格划分方法，选用绝对网格划分方法，网格划分的大小与仿真结果成正比，网格划分得越细，切削仿真的效率越低，而且会使球头铣刀中小尺寸位置发生形变，网格划分结果如图 6.30 所示。

　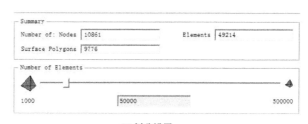

(a) 划分结果　　　　　　　　　　　　　(b) 划分设置

图 6.30　球头铣刀网格划分过程

采用与刀具相同的网格划分方法对工件进行网格划分，为了保证仿真的精度，局部网格细化了刀具与工件的接触面，均匀过渡到工件刀具非接触面。

2. 切削参数的设置

根据以上设置完成工件材料的本构模型、网格划分及刀具的材料属性设置和网格划分，然后进行切削仿真的切削参数设置；根据 TC4 钛合金侧铣加工参数拟定仿真参数及角度优化方案如表 6.3 所示，采集切削平稳时切削力的最大值作为刀具几何角度优化的参考值。

表 6.3　仿真切削参数

切削参数	切削速度 v_c /(m/min)	每齿进给量 f_z /(mm/z)	轴向切深 a_p /mm	径向切深 a_e /mm
	60	0.06	8	0.5
刀具角度	前角 γ /(°)		螺旋角 β /(°)	第一后角 α /(°)
	6、8、10、12		35、38、40、42	8、10、12、15

6.4.3　仿真结果分析及几何角度优化

　　刀具几何角度对切削力有重要影响,而刀具前角影响切削刃锋利程度与强度,进而决定工件加工质量。螺旋角能够使切屑流向发生改变,使切屑沿刀具螺旋槽排出,既能起到散热作用,又能防止切屑划伤已加工表面。如果刀具后角过小,后刀面会划伤已加工表面,后角过大则会降低切削刃强度,依据钛合金切削加工特性,应在保证刀具强度的前提下增大后角,因此针对以上角度进行优化。首先对球头铣刀前角进行分析优化,然后进行螺旋角、第一后角的优化,结合相关理论、材料加工性及切削力,优选出钛合金侧铣加工的刀具的最优几何角度。

　　图 6.31 和图 6.32 是前角 γ 为 10°、第一后角 α 为 12°、螺旋角 β 为 38°的仿真过程中不同时刻切削加工状态和切削力仿真曲线。

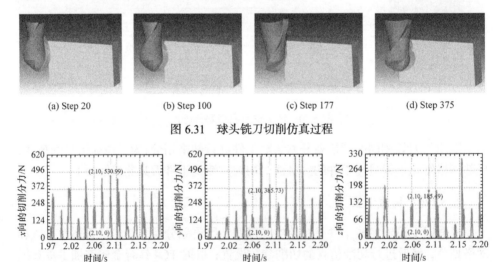

(a) Step 20　　　　　　(b) Step 100　　　　　　(c) Step 177　　　　　　(d) Step 375

图 6.31　球头铣刀切削仿真过程

(a) x 向切削分力　　　　(b) y 向切削分力　　　　(c) z 向切削分力

图 6.32　前角 10°、后角 12°、螺旋角 38°的切削力仿真曲线

　　由图 6.32 可以看出,刀具切入时切削力快速增大,一段时间后达到稳定状态,切出时切削力又快速减小。球头铣刀绕 z 轴旋转,轴向力最小;沿 y 向进给, y

向切削力为进给力；x 向切削力为主切削力。选择刀具切削刃稳定切入切出过程的最大切削力作为主要指标，进行球头铣刀几何角度优化。

1. 刀具前角的优化

前角对切削力、刀具耐用度等都有着较大影响。前角增大，可以减小工件材料的塑性变形，减小切屑从前刀面流出时的摩擦，进而减小切削力；但前角的增大会降低刀具切削刃强度，减小切削刃上的导热面积，使切削温度升高，而且容易造成崩刃。前角减小，会使切屑发生剧烈变形，增大前刀面的与切屑间的摩擦力，从而使切削力增大同时使温度迅速升高。钛合金比强度高，切削单位面积上材料需要更大的剪切力，进而使切削力增大，因此要求切削刀具有较高的强度。钛合金切削温度较高，要求刀具的导热面积和容热体积较大。所以，在刀具前角设计时，既要使刃口足够锋利，又要保证其具有足够的强度。

针对钛合金整体叶盘的侧铣加工，设计了 4 种前角球头铣刀，表 6.4 为切削仿真的切削力数据。得到各向切削力变化曲线如图 6.33 所示。通过分析结果可知，随着前角增大，x、y 两个方向切削力逐渐减小，但 z 向的切削力基本保持不变。

表 6.4　不同前角切削力

前角/(°)	F_x/N	F_y/N	F_z/N
6	242.94	191.51	82.27
8	198.99	155.73	65.49
10	191.48	153.46	62.87
12	173.56	142.21	56.11

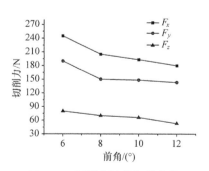

图 6.33　切削力随前角的变化

根据以上分析可知，切削力在前角为 8° 之前变化较大，在 10° 之后变化较小，前角过大会使切削刃强度降低。因此，结合前角对切削力的影响规律及对切削刃强度的要求，选择 10° 作为钛合金侧铣加工刀具前角。

2. 刀具螺旋角的优化

在球头铣刀侧铣加工时,螺旋角起着刃倾角及引导切屑顺着螺旋槽排出的作用。根据钛合金的切削加工性以及侧铣的加工方式,分别选取35°、38°、40°、42°等螺旋角度的球头铣刀进行铣削加工仿真,通过分析刀具螺旋角对切削力影响规律进而优选出合适的螺旋角。切削力随螺旋角的变化曲线如图6.34所示,由图可以看出,随着螺旋角的增大,主切削力逐渐增大,进给力逐渐减小,而切深方向切削力变化不大,螺旋角在38°~40°范围内主切削力出现了平缓区。在综合分析刀具切削刃强度、切削力和排屑的基础上可以看出,螺旋角为38°时刀具的切削性能较好。

3. 刀具后角的优化

后角大小直接影响后刀面与已加工表面间的摩擦,这是导致后刀面磨损的原因之一。后角越小,已加工表面与后刀面间的摩擦力越大;后角越大,摩擦力越小,但是可降低切削刃强度及减小导热面积,进而使切削温度升高。后角与前角间是相互联系、相互影响的,在选择合适的前角保证了切削刃强度和导热性能的前提下,可以选择较大的后角。钛合金由于弹性恢复大,较大的后角才能保证刀具具有足够的使用寿命。球头铣刀设计为双后角结构,针对钛合金整体叶盘侧铣加工,这里以第一后角为研究对象,分析第一后角为 8°、10°、12°、15° 时切削力的变化趋势。

图6.35为切削力随第一后角变化的曲线,由图可以看出,随第一后角的逐渐增大,切削力先增大后减小,由于后角不断增大,切削刃更锋利,减小了第一后刀面与工件间的摩擦力,所以切削力逐渐减小。根据上述切削力随第一后角的变化规律,当后角为12°时刀具切削性能较好。

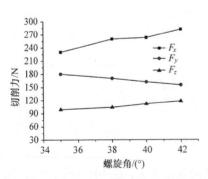

图6.34　切削力随螺旋角变化的曲线

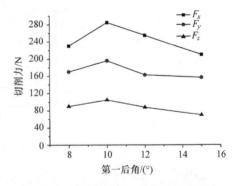

图6.35　切削力随第一后角变化的曲线

综合以上分析及仿真结果可知，在球头铣刀侧铣加工钛合金时，当刀具前角为 10°、后角为 12°、螺旋角为 38° 时，刀具切削力较小，切削效果较好。

6.4.4 球头铣刀结构强度分析

通过 Deform-3D 仿真分析，本节依据切削力变化规律优化球头铣刀的几何角度，在此基础上基于 ANSYS 对球头铣刀进行静力分析。铣削加工时有稳定的切削力，因此假定刀具的切削刃受静力作用，分析刀具在切削过程中的应力、应变，为切削参数优化提供参考。

1. 球头铣刀载荷及边界条件

采用 ANSYS13.0 的 Workbench 平台进行刀具强度分析。球头铣刀的材料为硬质合金，首先导入 UG 的球头铣刀模型，然后对刀具材料属性进行定义，如表 6.5 所示，材料属性设置如图 6.36 所示。

表 6.5 刀具材料属性

材料	弹性模量 E/GPa	泊松比 ν	密度 $\rho/(\text{g/cm}^3)$	热导率 $k/(\text{W}/(\text{m}\cdot\text{K}))$	比热容 $C/(\text{J}/(\text{kg}\cdot\text{K}))$	热膨胀系数 $\alpha/(10^{-6}\text{K}^{-1})$
K40UF	600	0.33	14.7	20	343.3	5.2

刀具整体上采用自动网格划分，对切削刃进行局部网格细化，如图 6.37 所示。该方法可在切削刃位置细化网格，远离切削刃位置为自动网格划分，可保证求解精度，并且能提高分析速度。根据球头铣刀侧铣加工中的装夹方式，施加约束条件和位移边界条件。刀具在切削加工过程中是旋转的，因此施加对应转速下的加速度和重力加速度，根据球头铣刀实际加工中受力情况，将载荷施加在球头铣刀前刀面邻近切削刃的小平面上，从而完成边界条件设置及载荷的施加。

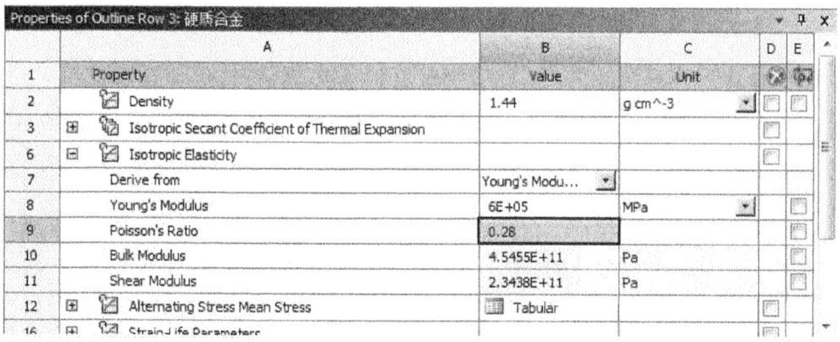

图 6.36 材料属性设置

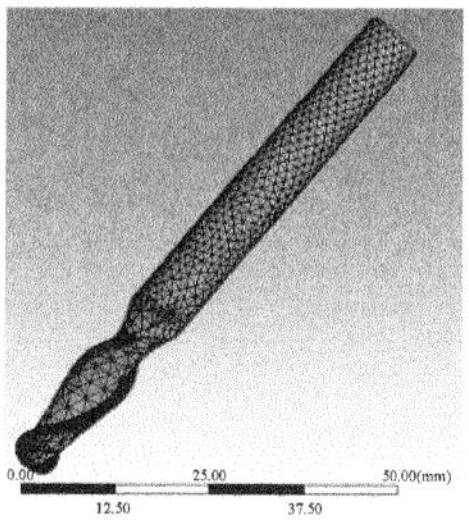

图 6.37 网格划分

2. 球头铣刀静力分析

对球头铣刀进行静力分析，刀具变形和应变分布云图如图 6.38 和图 6.39 所示。

根据结构分析可知，刀具的总变形为 0.0727mm，最大等效应力为 1645.6MPa。

　　图 6.38　刀具变形分布云图　　　　　　图 6.39　刀具应变分布云图

由图 6.38 和图 6.39 可知，最大应力在刀具的球刃刀尖处，且向刀柄处逐渐减小，刀柄处等效应变几乎为零，而侧铣加工以周刃铣削为主，因此能够满足侧铣加工要求；而最大应变发生在退刀槽与刀柄结合处，说明侧铣加工过程中刀具容易从此处发生折断，但最大应变较小且在变形允许范围内，所以刀具发生折断的概率很小，满足强度要求，刀具变形对切削加工的影响很小。因此，球头铣刀结构及几何参数满足钛合金侧铣加工技术要求，结构设计合理可靠。

3. 球头铣刀模态分析

模态是任意结构的一种固有特性，在每一阶模态有固定的频率与振动特性。通过 ANSYS 对球头铣刀进行模态分析，不仅可以避免所设计刀具与机床系统发生共振，还可以了解刀具在不同载荷下的响应情况；只有获得了刀具的固有振动频率及模态振型，才能更好地对刀具进行优化设计，避免切削加工时出现共振现象。

图 6.40 为刀具六阶模态云图。模态分析结果如表 6.6 所示，通过分析结果可知，刀具主要振型发生在刀具轴向，最大变形出现在刀具底刃刀尖处，刀具在激振力作用下的最大相对变形为 1.5617mm，在合理范围内。根据实际加工专用机床的转速为 1000～20000r/min，计算可知机床的固有频率范围为 31.4～666.7Hz，远小于刀具的固有频率，因此刀具在铣削过程中不会发生共振，加工过程安全稳定。

　　(a) 一阶模态云图　　　　　　(b) 二阶模态云图　　　　　　(c) 三阶模态云图

  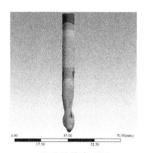

(d) 四阶模态云图　　　　　　(e) 五阶模态云图　　　　　　(f) 六阶模态云图

图 6.40　球头铣刀模态云图

表 6.6　球头铣刀模态分析结果

阶数	固有频率/Hz	最大相对变形量/mm	模态振性描述
1	5218	1.1498	刀具球刃整体绕 x 轴产生摆动变形
2	5236	1.1394	刀具球刃整体绕 y 轴产生摆动变形
3	24007	1.5617	刀具中部整体绕 x 轴产生弯曲变形
4	25234	1.5415	刀具中部整体绕 y 轴产生弯曲变形
5	54089	1.1826	刀具周刃整体绕 z 轴产生伸缩变形
6	56179	1.382	刀具整体发生扭曲变形

6.4.5　整体叶盘侧铣加工仿真研究

运用优化的球头铣刀，进行整体叶盘流道分层侧铣加工仿真研究，对侧铣加工刀具路径进行分析。某型号航空发动机压气机中开式整体叶盘主要几何参数如表 6.7 所示，其加工仿真模型如图 6.41 所示。

表 6.7　整体叶盘主要参数

叶盘参数	轮毂直径	轮毂高度	流道宽度	流道深度	叶片最大厚度
尺寸/mm	135	52.5	21.76	76.87	2

根据复合铣削工艺可知，插铣加工后叶盘流道还有较大加工余量，插铣余棱明显，因此需要采用侧铣进行叶片的基本成型加工。运用投影法生成刀位轨迹，即通过叶片曲面按球头铣刀半径投影而成，由于刀轴可控，可以很好地避免干涉，控制叶片残余高度进而生成刀位轨迹点，生成的刀位轨迹适合流道的侧铣加工。

　　整体叶盘的径向深度较大，侧铣过程中会存在刀具刚性不足的现象，为了保证刀具刚性，减少加工振动，需要采用分层的加工方法。对整体叶盘流道进行均匀分段，在相应的刀位点上沿刀轴方向进行线性插值，刀轴矢量方向不变，减少了重复计算；加工过程中以球头铣刀周刃铣削为主，直接切入冲击载荷较大，沿刀具径向流道边缘圆弧进刀，有效减小了切入时的振动。基于以上规划逐层加工，采用一层一层的逼近加工方法，直至侧铣到叶根圆，具体走刀示意如图 6.42 所示。

 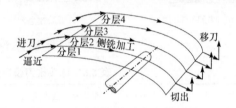

图 6.41　叶盘三维模型　　　　　　图 6.42　分层侧铣走刀示意图

　　依据以上分析，基于 UG CAM 平台，进行流道侧铣的仿真加工，根据优化的球头铣刀几何参数设置刀具参数，并合理设置切削参数，生成刀具轨迹路径及切削仿真过程如图 6.43 所示。由仿真结果可知，刀具轨迹合理，并且切削中无干涉、碰撞及过切等现象，刀具结构及参数设计合理可靠。

(a) 刀具路径　　　　　　　　　　(b) 切削仿真过程

图 6.43　侧铣仿真加工过程

6.5　球头铣刀的制备与强化处理

　　良好的刀具切削性能，必须充分考虑刀具结构、制备精度及刀具涂层等。能否将设计刀具的切削性能充分发挥出来，生产制造是一个重要环节[8]。

6.5.1　球头铣刀材料优选

　　开式整体叶盘材料为 TC4(Ti6Al4V)钛合金，属于 α+β 结构形式，α 和 β 的晶体排列方式、体积分数和各自的性能共同决定了 TC4 钛合金的性能。除了钛以外，材料中以铝和钒为主[9]，具体化学成分及含量如表 6.8 所示。

表 6.8　TC4 钛合金的化学组成(质量分数：%)

Al	V	Fe	Si	C	N	H	O	Ti
6.15	4.40	0.2	0.15	0.05	0.02	0.05	0.2	其余

钛合金在切削过程中具有切削力大、温度高等特点，为改善整体叶盘的加工效率及质量，应该选择高硬度、高耐磨性的刀具材料，钛合金切削加工刀具常用材料如表 6.9 所示。

表 6.9　钛合金加工刀具材料选择

高速钢牌号	W6Mo5Cr4V2Al	W2Mo9Cr4VCo8	粉末冶金高速钢(65～70HRC)
硬质合金牌号	YG8、YG8W、YG10H(粗加工)		YG8W、YP15(精加工)

硬质合金材料以 WC 为主，含有少许微量元素及碳化物，由于 WC 和 TiC 的硬度高，所以整体硬质合金硬度一般在 89～93HRA，远高于高速钢。硬质合金耐热性及耐磨性优良，在 700～800℃时，硬质合金的硬度相当于常温时高速钢硬度，其中碳化物的晶粒越小其耐磨性越好，具有较高的强度、硬度和韧性，化学稳定性好，在高温条件下仍保持良好的性能，因此硬质合金为钛合金切削刀具制造材料的首选[10]。

化学元素成分、晶体结构及冶金工艺都直接影响硬质合金材料性能。由于钛合金与 YT 类硬质合金有强烈的亲和力，应避免选择 YT 类，所以选用德国康纳德公司 K40UF 牌号的硬质合金棒料，在 YG 类基础上添加碳化铬，具体成分为 85.2% WC+10% Co+4.8% Cr_3C_2，属于超细晶粒硬质合金棒料，具体性能如表 6.10 所示，其含有碳化铬，能够使刀具的耐磨性和抗冲击性有所提高，进而延长刀具使用寿命。

表 6.10　K40UF 的物理性能

牌号	泊松比	密度 /(g/cm³)	弹性模量 /GPa	抗弯强度 /MPa	硬度 (HRA)	抗拉强度 /MPa	晶粒度 /μm
K40UF	0.33	14.7	600	>1470	93.0	>4000	0.5

6.5.2　球头铣刀的磨制

球头铣刀结构形状复杂，要求加工精度高，因此数控加工有一定难度，采用一次成型磨削加工，在数控工具磨床上一次装夹完成整个刀具的磨制，磨削过程中，螺旋槽可以实现一次磨出，并且刃口形状良好，螺旋槽光滑，易于切屑的卷曲和流出，砂轮与棒料间为线性接触，磨削效率高。

选用德国 SAACKE 五轴工具磨床(图 6.44)进行刀具的磨制。依据整体硬质合金球头铣刀的制备流程，重点对球头铣刀磨制进行研究，从砂轮选择、磨制工艺分析优化等方面进行分析，优化磨制工艺，提高刀具的磨制质量，改善刀具切削性能。

图 6.44　SAACKE 五轴工具磨床

1. 砂轮的优选

在磨削加工中，砂轮是最重要的组成部分。砂轮由磨粒与结合剂按一定比例黏结在一起，分为磨粒、结合剂、气孔三部分[11]。磨削过程中主要起切削作用的是磨粒，而气孔和结合剂主要起容屑、冷却和黏结作用。

砂轮上的磨粒大多是负前角，因此切削力和塑性变形较大，容易产生大量热，使刀具表面的金属软化，从而加大表面粗糙度，同时引起表面烧伤，在磨削过程中会有刻痕、滑擦等情况。因此，砂轮的选择对刀具的磨制质量有重要影响，选用砂轮时主要考虑以下几个方面：

(1) 砂轮形状的优选。根据刀具几何参数及结构确定磨削方式，磨制球头铣刀后角使用碗形砂轮，其他结构使用平形砂轮。

(2) 磨料的优选。一般选用绿碳化硅砂轮(GC)和金刚石砂轮(RVD)磨削硬质合金刀具，粗磨时用绿碳化硅砂轮，精磨时用金刚石砂轮。也可以直接用金刚石砂轮进行磨削，效果良好。

(3) 砂轮粒度的优选。刀具磨削的砂轮粒度通常在 F46～F80 范围内，对整体硬质合金刀具的刃磨，选用金刚石砂轮时，粗磨粒度选择 F100/120～F140/170，精磨粒度选择 F100/120～F140/170；选用绿碳化硅砂轮时，粗磨粒度选择 F46～F60，精磨粒度选择 F60～F120。

(4) 砂轮硬度的优选。选择的原则是确保砂轮在磨削时保证合适的自锐性，如果砂轮硬度太硬，则磨钝后无法及时脱落，继续磨削会加大刀具表面粗糙度；若砂轮硬度太软，则会过早破坏砂轮形状，也会增大其表面粗糙度。可根据刀具硬度选用砂轮的硬度，工件硬度较高时选用硬度低的砂轮；反之，则选择高硬度砂轮。对刀具进行刃磨，砂轮硬度多控制在 H～N 范围内。

(5) 结合剂的优选。根据被磨刀具的磨削部位和表面粗糙度来确定砂轮结合剂。在硬质合金刀具磨削时，砂轮结合剂选用陶瓷结合剂 V 或树脂结合剂 B。

根据以上分析优选，磨削硬质合金球头铣刀选用的砂轮如表 6.11 所示。

表 6.11　砂轮参数的选择

刃磨要求	磨料	粒度	硬度	结合剂
粗磨	RVD	F120	L	B
精磨	RVD	F200	L	B

2. 磨制工艺分析

采用 SAACKE 五轴工具磨削中心的 NUMROTO 软件进行磨制工艺的编制，依据一般工艺对磨制工艺进行仿真优化。整体立铣刀一般由螺旋槽、人工刀槽、端齿容屑槽、人工阶梯面及后刀面组成，以上设计优化后的球头铣刀结构及几何参数如表 6.12 所示。对球头铣刀的磨制工艺进行分析优化，制定球头铣刀磨削工艺，如图 6.45 所示。

表 6.12　刀具几何参数

牌号	直径/mm	刃长/mm	刀长/mm	齿数	前角/(°)	后角/(°)	螺旋角/(°)
K40UF	8	30	82	2	10	12	38

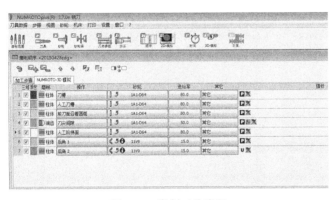

图 6.45　磨制工艺流程

根据以上编制的球头铣刀磨制工艺，从砂轮磨入角度、距离等进行工艺优化，具体磨削过程如下。

(1) 螺旋槽、人工刀槽的磨制。选用平形砂轮磨制球头铣刀螺旋槽和人工刀槽。在磨削时，A 轴旋转，X 轴沿直线进给，完成刀槽的磨制，磨削过程如图 6.46 所示。

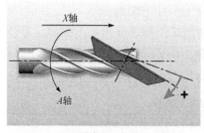

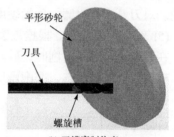

(a) 刀槽磨制示意图　　　　　　　　　(b) 刀槽磨制仿真

图 6.46　刀槽的磨制

(2) 端齿容屑槽的磨制。选用平形砂轮磨制球头铣刀端齿容屑槽。通过 X、Y、Z 三个轴的移动调整砂轮与刀具间的相对位置，A、B 轴旋转，X、Y、Z 轴沿直线进给，完成容屑槽的磨制，其磨削过程如图 6.47 所示。

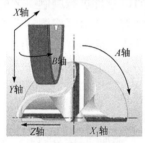

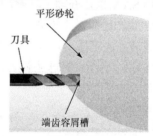

(a) 端齿容屑槽磨制示意图　　　　　　(b) 端齿容屑槽磨制仿真

图 6.47　端齿容屑槽的磨制

(3) 人工阶梯面的磨制。选用平形砂轮磨制球头铣刀的人工阶梯面。通过 X、Y、Z 三个轴调整砂轮与刀具棒料间的相对位置。磨制人工阶梯面时，A 轴旋转，X、Z 轴沿直线进给，完成人工阶梯面的磨制，其磨削过程如图 6.48 所示。

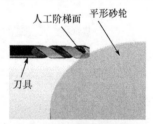

(a) 人工阶梯面磨制示意图　　　　　　(b) 人工阶梯面磨制仿真

图 6.48　人工阶梯面的磨制

(4) 后角的磨制。选用碗形砂轮磨制刀具后角 1、后角 2。通过 X、Y、Z 轴调整砂轮与刀具棒料相对位置。磨制后角 1、后角 2 时，A、B 轴旋转，X、Y、Z 轴沿直线运动，五轴联动完成后角 1、后角 2 的磨制，其磨削过程如图 6.49 所示。

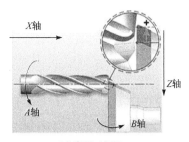

(a) 后角磨制示意图

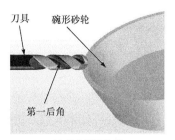

(b) 后角磨制仿真

图 6.49　后角的磨制

通过球头铣刀的磨制工艺，经多次调整砂轮的切入角度、切入距离等，直至刀具切削刃无过切、欠切，切削刃光滑过渡连接，刃口完整性良好，完成球头铣刀的磨制工艺仿真。图 6.50 为 NUMROTO 磨削仿真软件中完成的球头铣刀。

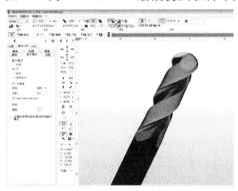

图 6.50　刀具磨制仿真结果

检查磨制仿真结果无干涉、过切、欠切及碰撞后生成数控加工程序，导入 SAACKE 五轴工具磨床中，装夹棒料，一次装夹完成球头铣刀的磨制。图 6.51 为球头铣刀磨削过程及磨制成的刀具。

(a) 刀具磨制

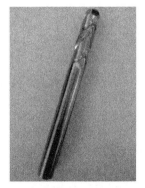

(b) 磨制后的刀具

图 6.51　球头铣刀磨制过程

6.5.3　球头铣刀的检测

为了提高球头铣刀磨制质量以及良好的切削加工性,本节对刀具刃口、尺寸、角度等方面进行检测。

针对以上磨制完成的球头铣刀,为了保证磨制的精度,提高刀具侧铣加工钛合金的切削性能,对球头铣刀进行有针对性的检测。

对刀具外观检查。不得有烧伤、崩刃、缺口、网状裂纹等,采用超景深显微镜对刀具的刃口完整性进行检测,检测结果如图 6.52 所示,刀具刃口完整,无崩刃、缺口。

(a) 球刃刃口1　　　　　　　　(b) 球刃刃口2　　　　　　　(c) 周刃及端刃

图 6.52　刀具刃口检测结果

选用德国 ZOLLER 公司的 genius3 刀检仪检测,其检测方式为红外无接触式全自动测量,精度为 ±0.001mm。根据一般整体硬质合金刀具的检测要求,制定了相关检测项目[12],具体检测结果如图 6.53 所示。由检测结果可知,球头铣刀精度在一般整体硬质合金刀具精度范围内,尺寸公差均在 ±0.01mm,角度公差均在 0.5° 以内,且刃线内外公差均匀,刃磨精度较好,具体检测结果如表 6.13 所示。

 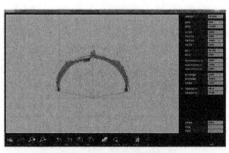

(a) 精度检测结果　　　　　　　　　　　　　(b) 刃线检测结果

图 6.53　刀具检测结果

根据刀具制备经验及相关资料,分析球头铣刀的检测结果,尺寸精度、角度精度及刃线精度均在合理标准范围内,误差较小,与同类刀具相比,刀具磨制的精度较高,满足铣削加工要求。

表 6.13　刀具检测结果分析

检测项目	设计值	检测值	误差值
螺旋角/(°)	38	38.11	0.11
前角/(°)	10	9.65	0.35
刀周后角 1/(°)	12	11.86	0.14
刀周后角 2/(°)	20	19.78	0.22
平面宽度/mm	0.5	0.507	0.007
轴向前角/(°)	10	10.35	0.35
副后角 1/(°)	12	12.26	0.26
副后角 2/(°)	20	20.20	0.20
端刃平面宽度/mm	0.5	0.503	0.003

6.5.4　球头铣刀刃口强化处理

1. 球头铣刀的刃口钝化

对检测合格的球头铣刀进行钝化、涂层处理，从而延长刀具使用寿命。球头铣刀磨制完成后，刃口会存在微小的锯齿形缺口等微观缺陷，在铣削加工过程中，刀具容易产生崩刃碎裂等现象。通过钝化处理可以解决磨削缺陷，经钝化处理后，弥补刃磨缺陷，并且使刀具切削刃光滑平整，能够提高刀具的加工性能，改善刀具刃口的散热能力[13]。

球头铣刀的加工方式为断续切削，载荷对切削刃周期性冲击较大，如果切削刃没有经过钝化处理，则存在微崩刃等容易导致切削刃破损；在切削加工中会产生大量的切削热，切削刃未经钝化处理容易存在热应力集中，使切削刃强度降低，严重影响刀具的耐用度，而且容易灼伤工件表面。在钛合金切削中，切削温度高，切削温度受钝圆尺寸影响较大，在保证切削刃强度及加工条件允许的情况下，钝化处理不仅能改善切削刃强度，避免刃口热裂纹、崩刃等，还能降低切削温度，有利于刀具涂层材料的附着。

依据相关学者对刃口钝化的研究发现，切削 TC4 钛合金时刀具刃口钝圆最优半径范围与螺旋角的关系如表 6.14 所示。由表可知，在螺旋角确定的情况下，选取球头铣刀的刃口钝圆最优半径为 0.025～0.03mm 进行钝化处理。

表 6.14　球头铣刀刃口钝圆半径

螺旋角β/(°)	38	45	48	50
刃口钝圆半径/mm	0.025～0.03	0.028～0.035	0.03～0.037	0.031～0.039

2. 球头铣刀的涂层处理

涂层具有良好的耐磨性、耐热性和高硬度，硬质合金材料具有较高的强度和韧性，对其进行涂层处理，能够明显延长刀具寿命。

目前刀具的涂层种类有很多，从工艺上分主要有 PVD 涂层、CVD 涂层、CAE 涂层及 PACVD 涂层等；从结构上划分主要有单涂层、多涂层、纳米涂层和梯度涂层等；从涂层材料上划分主要有碳化物、氮化物、氧化物等化合物涂层以及复合型化合物或固溶体涂层，如 Ti(C, N)、AlTiN、CrAlN、TiAlCrN 等[13]。

一般在整体硬质合金刀具设计制备时，一是要选择高性能的硬质合金材料，来满足对刀具刚性、强度、韧性等性能的要求；二是根据工件材料的加工性对涂层进行有针对性的设计。无论是 CVD 涂层还是 PVD 涂层，其涂层厚度一般都不超过 10μm；选用高性能的涂层能提高刀具的切削性能；刀具本身材料属性对切削加工性能同样起着至关重要的作用，必须选择良好的刀具材料才能为切削加工提供良好的切削刀具。

涂层硬质合金刀具具有硬度高，耐磨性、耐热性、化学稳定性、抗黏结性好以及摩擦系数低等优良性能。涂层工艺、涂层材料的选择、涂层结构及涂层厚度决定着涂层刀具的切削性能，根据球头铣刀的材质以及钛合金的切削加工性，选用 AlTiN 作为刀具涂层。涂层材质 AlTiN 与钛合金摩擦系数较小，且有较好的耐磨性和良好的耐热冲击性，表 6.15 为 AlTiN 涂层性能。

表 6.15　AlTiN 涂层性能

涂层材料	微硬度(HV)	摩擦系数	最大适用温度/℃	涂层颜色	涂层结构
AlTiN	3300	0.4	900	蓝黑色	纳米结构

因此，AlTiN 涂层可在铣削加工钛合金时作为刀具涂层，以获得较小的切削力和较小的刀具磨损量。由于钛合金塑性强，铣削加工时需要较锋利的切削刀具，所以涂层厚度为 4μm 左右。选用瑞士巴尔查斯涂层设备进行球头铣刀的 PVD 涂层，图 6.54 和图 6.55 为涂层设备及刀具。

图 6.54　巴尔查斯涂层设备

图 6.55　涂层后的球头铣刀

6.6　本　章　小　结

本章通过对钛合金整体叶盘侧铣加工用球头铣刀的设计、优化及分析，确保球头铣刀结构及几何参数满足钛合金侧铣加工技术要求，结构设计合理可靠。主要得出以下结论：

(1) 对钛合金整体叶盘的结构及侧铣加工特点进行分析，建立了切削层及动态切削力的数学模型。

(2) 通过侧铣专用球头铣刀周刃截面形线、螺旋线及退刀槽曲线的分析及建模，检验了刃线模型的正确性；依据刀具的数学模型，基于 UG 软件建立了参数化几何模型，可为后续刀具的分析优化提供支撑。

(3) 通过有限元方法基于切削力优化得到球头铣刀侧铣钛合金的最优几何角度(前角、后角、螺旋角)；通过对球头铣刀进行静力分析和模态分析，获得了刀具结构的应力应变、固有频率与振型等参数，以保证刀具在切削过程中的强度及不会发生共振；进行了加工过程刀路仿真分析，探讨了分层侧铣的可行性和正确性，从而验证了刀具结构及参数设计合理可靠。

(4) 通过对砂轮、磨制工艺进行分析，提高了球头铣刀的磨制质量。对球头铣刀刃口、刃线和几何参数进行检测，并对切削刃进行钝化和涂层处理，以提高刀具切削性能，延长刀具寿命。

参 考 文 献

[1] 马世辉. S 形刃球头立铣刀的数学模型[J]. 甘肃科学学报, 2009, 12(4): 104-107.
[2] 张辉. 球头铣刀参数化设计及其软件开发[D]. 哈尔滨: 哈尔滨理工大学, 2013.
[3] Iwata K, Osakada K, Terasaka T. Process modeling of orthogonal cutting by the rigid-plastic finite element method[J]. Journal of Engineering Materials and Technology, 1984, 106: 132-138.
[4] Oxley P L B. Mechanics of metal cutting for a material of variable flow stress[J]. Journal of Engineering for Industry, 1963, 85(4): 339.
[5] Maekawa K, Nakano Y, Kitagawa T. Finite element analysis of thermal behaviour in metal machining: 2nd report, determination of energy balance and its application to three-dimensional analysis[J]. Journal of Periodontal Research, 1996, 62(596): 1594-1599.
[6] Eimagde E. Influence of precipitates on ductile fracture of aluminum alloy[J]. Materials Science and Engineering, 2001, (9): 143-150.
[7] 林琪. 刀具和切削参数对 Ti6Al4V 立铣加工影响的仿真研究[D]. 济南: 山东大学, 2012.
[8] 赵鑫. 整体硬质合金刀具参数化建模及磨削工艺管理系统的开发[D]. 厦门: 厦门大学, 2014.

[9] 杨波. 新型钛合金切削加工表面完整性及切削参数优化研究[D]. 南京: 南京航空航天大学, 2010.

[10] Lisovsky A F. Some speculations on an increase of WC-Co cemented carbide service life under dynamic loads[J]. International Journal of Refractory Metals and Hard Materials, 2003, 21(3): 78-100.

[11] 陆如升. 螺旋面磨削加工关键技术研究及其应用[D]. 厦门: 厦门大学, 2011.

[12] 耿芬然. 高速整体硬质合金立铣刀设计及工艺研究[D]. 天津: 河北工业大学, 2008.

[13] 杨丽娟. 刀具涂层材料与涂层刀具的应用[D]. 青岛: 青岛大学, 2009.

第7章 钛合金盘铣加工实验研究

钛合金整体叶盘通道的复杂结构、材料难加工等特点增加了铣削加工的难度，对加工用刀具的要求较高[1-3]。将盘铣加工技术应用于整体叶盘的开槽粗加工，可以有效提高加工效率，但该方法对盘铣刀具的加工稳定性提出了很高的要求。研究表明，切削力是影响刀具加工稳定性的主要因素，因此本章基于正交实验方法，将切削力作为盘铣加工的主要评价指标，对切削参数进行优化，分析切削参数对切削力的影响规律，并对切削参数的选用范围进行规划；同时，结合优化的切削参数，对刀具在切削过程中的磨损进行分析，进一步验证切削参数选取是否合理，从而为整体叶盘盘铣切削参数的最优制定提供技术参考。

7.1 实 验 设 计

1. 实验装置

为探究盘铣加工中切削参数对切削力的影响，对盘铣加工实验进行规划，图 7.1 和图 7.2 分别为切削力数据采集系统简图与盘铣加工实验装置。

采用 9257B 型三向压电式测力仪，实现切削力的分量测量[4]。通过使用 Kistler5070A 型电荷放大器对采样数据进行放大处理，经由 DAS-5920 动态信号采集分析系统传输至计算机。

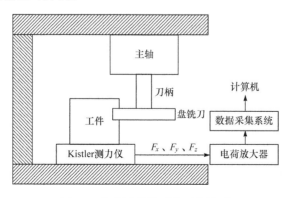

图 7.1 切削力数据采集系统简图

(a) 实验加工设备　　　　　(b) 实验测试设备连接　　　　　(c) 实验刀具及刀片

图 7.2　盘铣加工实验装置

2. 实验条件

工件材料为 α+β 钛合金 Ti6Al4V，尺寸为 100mm×90mm×70mm；实验刀具为直径 125mm、齿数 10、刀齿径向切深 12mm 的盘铣刀，刀片材料为 TiAlN 涂层硬质合金刀片；冷却方式采用油冷却；切削方式为顺铣。

3. 因素及水平的确定

整体叶盘盘铣开槽粗加工过程中材料去除率较大，需要对加工过程中刀具的切削力进行控制，保证刀具的寿命及加工的稳定性。最大切削厚度 h_D 影响盘铣加工效率和刀具加工中产生的切削力。当选取的最大切削厚度较小时，每齿进给量较小，盘铣加工效率低；当选用的最大切削厚度过大时，切削层较厚，刀具受载过大易发生破损现象。对于盘铣加工，每齿进给量 f_z 和径向切深 a_e(即槽深)应综合考虑。选用的每齿进给量 f_z 增大时，相应的径向切深 a_e 将变小；反之，当 f_z 变小时，相应 a_e 将增大，以保证合适的切削厚度。根据上述分析，将 f_z 值与 a_e 值对应，采用三因素四水平正交设计进行盘铣加工实验，实验因素水平见表 7.1。

表 7.1　切削实验因素水平表

水平	因素		
	每齿进给量 f_z /(mm/z)	径向切深 a_e /mm	切削速度 v_c /(m/min)
1	0.01	0.6	105
2	0.02	0.9	135
3	0.03	1.2	165
4	0.04	1.5	195

7.2　实验结果与讨论

对上述盘铣正交实验切削力数据进行分析，考虑盘铣刀具在切入、切出时产生的切削力变化较大，不能代表稳定切削时刀具的加工状态，将测试系统提供的有效值作为实验分析数据，得到切削力沿三个方向 F_x、F_y、F_z 数据结果(表 7.2)。

表 7.2　盘铣切削力正交实验结果

实验编号	正交实验方案			实验结果			
	切削速度 v_c /(m/min)	每齿进给量 f_z /(mm/z)	径向切深 a_e /mm	F_x/N	F_y/N	F_z/N	$F_合$/N
1	105	0.01	1.5	81.2	243.8	14.2	257.36
2	105	0.02	1.2	109.1	325.9	15	344.00
3	105	0.03	0.9	124.2	326.1	17.8	349.40
4	105	0.04	0.6	129.8	335.2	18.7	359.94
5	135	0.01	1.5	96.4	293.4	17.4	309.32
6	135	0.02	1.2	103.3	328.5	23.7	345.17
7	135	0.03	0.9	124.6	331.2	16.6	354.25
8	135	0.04	0.6	130.2	346.7	16.8	370.72
9	165	0.01	1.5	92.3	296.9	19.0	311.50
10	165	0.02	1.2	139.4	387.2	34.4	412.96
11	165	0.03	0.9	123	396.8	28.5	416.40
12	165	0.04	0.6	183.6	374.7	43.5	419.53
13	195	0.01	1.5	95.1	308.1	19.9	323.06
14	195	0.02	1.2	124.9	337.3	21.7	360.34
15	195	0.03	0.9	142.1	333.8	21.7	363.44
16	195	0.04	0.6	146.2	372.7	29.8	401.46

图 7.3 为切削力随切削参数的变化规律。分析可知，在切削速度一定时，每齿进给量在 0.02～0.03mm/z 的范围内，刀具沿各方向的切削力变化不大；当每齿进给量一定时，刀具切削速度为 165m/min，此时切削力存在临界值，当超过该速度时，切削力随着切削速度增大而减小。

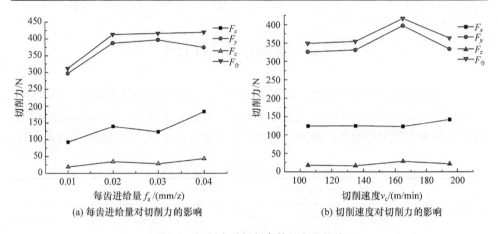

(a) 每齿进给量对切削力的影响　　　　　(b) 切削速度对切削力的影响

图 7.3　切削力随切削参数的变化规律

结合方差分析及显著性检验(表 7.3)可知，每齿进给量是影响切削力的主要因素。为了减小切削力对刀具加工平稳性的影响，铣削过程中应尽量选用小的每齿进给量；切削速度对切削力的影响为次要因素，考虑到盘铣加工效率，在切削力增幅不大的情况下，可以将盘铣切削速度提高；径向切深对盘铣加工切削力的影响不显著，在满足高效盘铣加工的前提下，可以选用较大的径向切深。

表 7.3　方差分析及显著性检验

计算项目	影响因素			
	每齿进给量 f_z /(mm/z)	径向切深 a_e /mm	切削速度 v_c /(m/min)	误差 e
偏差平方和	17733.378	468.893	8502.848	1878.12
自由度	3	3	3	6
F 比	18.884	0.493	9.055	
显著性	*		*	

7.3　切削参数的优化

通过对盘铣切削参数的分析发现，切削参数中存在一定隐含的交互作用，为了对切削参数范围进行细化，获得切削参数的优选解，采用响应曲面法进行分析。该方法的优势在于能够对切削力与切削参数构建合理的数学模型，可以建立连续的函数关系表达式，而正交实验只是不连续的点的优化组合，因此应用该方法可以进一步实现参数的优化。

响应曲面法主要分为 Box-Behnken 响应曲面法与中心复合实验设计 CCD 响应曲面法。采用 Box-Behnken 响应曲面法对上面讨论的切削参数进行细化,因素按高水平与低水平进行编码,见表 7.4。

表 7.4　响应曲面因素水平按高低编码

水平	切削速度 v_c /(m/min)	每齿进给量 f_z /(mm/z)	径向切深 a_e /mm
1	−1	−1	−1
−1	1	1	1

对各切削参数进行方差检验(表 7.5),通过检验结果去掉对切削程度影响不显著的交互作用的因素组合(ABC、BC^2、AC^2、AB^2 等因素不显著已被去掉)。

表 7.5　交互作用下各切削参数的方差水平分析

因素	方差	自由度	标准误差	95%置信区间下限	95%置信区间上限
常量	344.98	1	7.46	327.34	362.62
A	37.32	1	5.90	23.37	51.27
B	24.27	1	5.90	10.33	38.22
C	−6.09	1	5.90	−20.04	7.86
AB	−7.82	1	8.34	−27.54	11.90
AC	1.54	1	8.34	−18.65	20.79
BC	0.35	1	8.34	−19.08	20.36
A^2	22.44	1	8.13	3.22	41.57
B^2	−24.44	1	8.13	−43.67	−5.22
C^2	12.32	1	8.13	−6.91	31.54

注:A 代表切削速度 v_c;B 代表每齿进给量 f_z;C 代表径向切深 a_e。

为了使得到的切削力预测模型能够较好地反映切削力的变化情况,将 BC 因素即径向切深与每齿进给量共同交互作用下的因素情况从预测模型中排除(因对总体方差贡献度较小),最后得到的切削力预测模型为[5]

$$F = 653.822 - 5.083v_c + 1528.23f_z - 365.465a_e - 2.643v_cf_z$$
$$+ 0.3v_ca_e + 25.49v_c^2 - 2444.25f_z^2 + 136.86a_e^2 \tag{7-1}$$

进行切削力预测模型的可靠性实验验证,其误差范围在 10%以内,证明得到的切削力预测模型能够较好地反映盘铣加工刀具受力的变化范围。

以切削力影响为目标对切削参数进行响应曲面分析(图 7.4),切削参数对切削力的影响存在一定交互作用。通过正交实验得出每齿进给量及切削速度对切削力影响较大，因此主要对图 7.4(a)进行分析。每齿进给量一定，当切削速度 v_c 升高时，切削力有降低的趋势；当切削速度一定时，随着每齿进给量 f_z 升高，切削力缓慢上升，且每齿进给量对切削力的影响幅度高于切削速度对切削力的影响，与前面论述的结果一致。通过图 7.4(b)和(c)可知，每齿进给量、径向切深对切削力的影响呈非线性变化，存在极值点能够在上述切削参数范围内使切削力尽量达到最优。

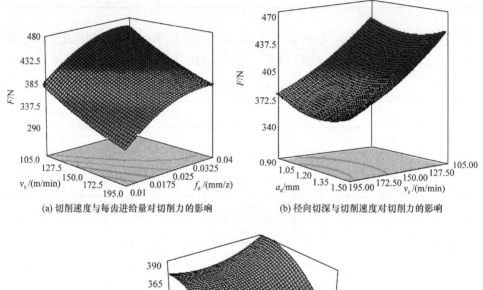

(a) 切削速度与每齿进给量对切削力的影响

(b) 径向切深与切削速度对切削力的影响

(c) 每齿进给量与径向切深对切削力的影响

图 7.4　切削参数对切削力的影响变化规律响应曲面

图 7.5 为每齿进给量与切削速度对切削力的影响，由图可知，当切削速度在 160～185m/min 范围时，随着每齿进给量的升高，切削力升高幅度不明显；当切削速度超过 185m/min 时，随着每齿进给量的升高，切削力升高速率明显提高。

以减少切削力为主要目标，同时兼顾盘铣切削效率，对切削参数响应曲面进

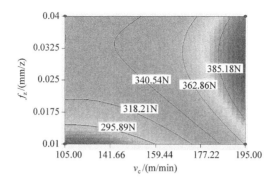

图 7.5　每齿进给量与切削速度对切削力的影响

行极值点求解，得到一组切削参数优选解，即切削速度为 162m/min、每齿进给量为 0.02mm/z、径向切深为 1.3mm，此时切削力的预测值为 341.86N，对该参数进行实验测试，得到实际的切削力为 352.18N，满足盘铣刀许用应力要求，且预测范围与实际测量值误差范围在 10%以内，证明切削力的预测具有可靠性。

依据上述实验结果得出的盘铣切削参数优化范围，选用切削速度为 165m/min、每齿进给量为 0.02mm/z、径向切深为 0.9mm，使用同样型号的盘铣刀具进行切削磨损实验，验证磨损量是否满足刀具正常加工时刀具使用寿命。盘铣刀具切削 120min 时刀具的磨损情况见图 7.6，此时刀具后刀面最大磨损量为 124.32μm，远小于刀具的磨钝值 VB_{max}=300μm，切削刃口保持较完整，刀尖处磨损较小，刀具后刀面磨损不显著。图 7.7 和图 7.8 分别为盘铣刀具切削 180min 和 210min 时的磨损情况。实验结果表明，刀具后刀面磨损量的增幅不大，且最大磨损量为 184.47μm，未达到刀具磨钝标准。通过盘铣磨损实验，进一步验证了确定的切削参数满足盘铣加工要求，可以在兼顾刀具加工效率的同时保证刀具的使用寿命[6]。

(a) 刀尖处磨损

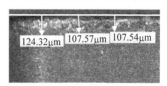

(b) 后刀面磨损

图 7.6　刀具磨损情况

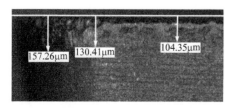

图 7.7　切削 180min 刀具后刀面磨损

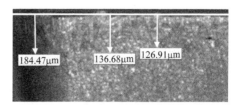

图 7.8　切削 210min 刀具后刀面磨损

7.4 本 章 小 结

本章通过盘铣 TC4 钛合金切削实验，探讨了切削参数的变化对切削力的影响规律，并进行了刀具磨损分析。研究发现：

(1) 为提高加工效率同时控制切削力的大小，可选择较小的每齿进给量对应选取较大的径向切深；

(2) 通过响应曲面法对各切削参数进行优化，得到切削速度为 162m/min、每齿进给量为 0.02mm/z、径向切深为 1.3mm 时切削效果为优；

(3) 基于优化的切削参数，对盘铣刀进行磨损分析，进一步验证了确定的切削参数较为合理。

参 考 文 献

[1] 程耀楠, 陈天启, 左殿阁, 等. 航空发动机整体叶盘高效盘铣加工技术与刀具应用分析[J]. 工具技术, 2016, 50(3): 30-36.

[2] 程耀楠, 张悦, 安硕, 等. 航空发动机典型零件加工技术与刀具应用分析[J]. 哈尔滨理工大学学报, 2014, 19(3): 110-116.

[3] 程耀楠, 安硕, 张悦, 等. 航空发动机复杂曲面零件数控加工刀具轨迹规划研究分析[J]. 哈尔滨理工大学学报, 2013, 18(5): 30-36.

[4] Cheng Y N, Zhang Y, Zuo D G, et al. An experimental study on optimization of cutting parameters for disk milling titanium blisk[C]. Materials Science Forum, 2014: 97-101.

[5] 陈天启. 钛合金整体叶盘盘铣加工刀具设计优化及评价分析[D]. 哈尔滨: 哈尔滨理工大学, 2017.

[6] 程耀楠, 陈天启, 霍亭宇, 等. 整体叶盘盘铣加工切削力及刀具磨损实验研究[J]. 航空精密制造技术, 2016, 52(5): 10-13.

第8章 钛合金插铣加工实验研究

切削力作为切削加工中的重要指标，对刀具的耐用性和加工效率存在显著影响。钛合金插铣实验以切削力为指标，考察所设计插铣刀加工 TC4 钛合金时的切削性能，分析总结切削参数对切削力的影响情况[1,2]。本章根据钛合金插铣加工常用切削参数，规划实验方案，分析各参数对切削力的影响，并优化切削参数，以提高加工效率。

8.1 实 验 条 件

数控机床采用 VDL-1000E 立式加工中心，利用 Kistler9257B 压电式测力仪采集实验中 x、y、z 三个方向的切削力，采用与实验所用测力仪相匹配的 Kistler5070A 型电荷放大器进行测定；使用 DH5922 动态信号测试分析系统采集切削力实验数据。实验用设备及刀具如图 8.1 所示。

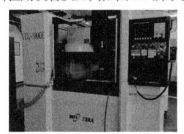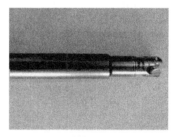

(a) VDL-1000E立式加工中心   (b) 制备的刀具

图 8.1　实验用设备及刀具

实验所用刀具采用针对加工航空发动机整体叶盘设计的插铣刀，工件为 TC4 钛合金，由于整体叶盘叶片较薄，一般为 1.0～1.5mm，考虑到复合铣削工艺中插铣扩槽需要后续侧铣清根，所以加工工件尺寸设定为 120mm×8mm×120mm，工件装夹在测力仪上，并将测力仪放置在工作台上进行紧固。

8.2 插铣实验方案

切削力对切削加工过程的稳定性及刀具的耐用性有显著的影响，合理的切削参数有助于减小切削力，从而提高刀具的使用寿命和加工效率，降低加工成本。切削力主要源于工件的变形应力以及切屑与刀具表面的摩擦力，刀具的几何角度和切削参数的选择对切削力的大小有至关重要的作用。

为研究所设计插铣刀的切削性能，采用三因素四水平的正交实验设计，通过插铣加工 TC4 钛合金，分析切削参数对切削力的影响规律，为优化切削参数提供依据，从而改善插铣性能，提高刀具使用寿命。实验参数如表 8.1 所示。

表 8.1　切削加工参数

序号	切削速度 v_c /(m/min)	每齿进给量 f_z /(mm/z)	径向切深 a_e /mm
1	40	0.02	0.5
2	60	0.04	1
3	80	0.06	1.5
4	100	0.08	2.0

8.3　实验数据分析

现阶段对于刀具的研发，切削力是一项重要的参考指标，同时是切削参数优化结果的重要指标，对类似于整体叶盘这样大金属去除量的零部件，需在保证加工效率的同时有效地降低切削力，提高刀具寿命，降低加工成本。

正交实验数据结果如表 8.2 所示，提取稳定切削时各切削分力峰值，通过极差分析方法，分析切削参数变化对各切削分力的影响程度，为切削参数优化提供参考。

表 8.2　插铣实验数据

序号	v_c /(m/min)	f_z /(mm/z)	a_e /mm	F_{xmax} /N	F_{ymax} /N	F_{zmax} /N	$F_合$ /N
1	40	0.02	0.5	188.1	167.4	96.7	269.7
2	40	0.04	1.0	362.3	294.2	192.8	505.2
3	40	0.06	1.5	683.1	473.6	286.4	879.3
4	40	0.08	2.0	827.6	625.7	351.5	1095.6
5	60	0.02	1.0	214.5	180.8	152.8	319.4
6	60	0.04	0.5	203.0	168.9	105.8	284.5
7	60	0.06	2.0	705.3	537.6	294.3	934.3
8	60	0.08	1.5	638.9	509.1	273.7	861.8
9	80	0.02	1.5	466.8	338.4	179.9	604.0

续表

序号	v_c /(m/min)	f_z /(mm/z)	a_e /mm	F_{xmax} /N	F_{ymax} /N	F_{zmax} /N	$F_合$ /N
10	80	0.04	2.0	508.6	392.8	227.5	681.7
11	80	0.06	0.5	245.9	240.5	113.4	362.4
12	80	0.08	1.0	501.2	378.2	230.5	668.8
13	100	0.02	2.0	446.9	289.7	181.3	562.6
14	100	0.04	1.5	475.1	377.8	215.9	644.3
15	100	0.06	1.0	413.2	336.3	196.0	568.1
16	100	0.08	0.5	296.4	253.4	182.3	422.4

由表 8.3 可知，在插铣加工实验所选用切削参数范围内对切削力的影响程度为径向切深 > 每齿进给量 > 切削速度。因此，在以降低切削力为目的进行优化切削参数时，应选择尽可能小的径向切深、较大的切削速度，分析结果可以为切削参数的优化提供一定参考。

表 8.3　切削合力极差分析表(单位：N)

水平 \ 因素	A-切削速度	B-每齿进给量	C-径向切深
1	687.38	438.93	332.91
2	600.03	528.89	455.68
3	579.22	685.18	747.35
4	549.31	760.35	818.56
R	138.07	321.42	485.65
各因素影响排序	C>B>A		

8.4　切削力预测模型的建立

为更好地分析 TC4 钛合金插铣加工特性，进一步研究切削用量与切削力之间的关系，建立切削力预测模型。

8.4.1　预测模型的建立

切削力公式分为理论公式与指数公式，由于建立理论公式的推导过程中忽略了多种重要因素，所以由理论公式计算出的切削力数值与实验数据相差较大；切削力指数公式以实验数据为基础，通过对实验数据的拟合，归纳出指数公式，指

数公式在相同的实验条件下，切削力预测结果更为准确。切削力与切削参数的通用数学模型为

$$F_i = K v_c^{K_1} f_z^{K_2} a_e^{K_3} \tag{8-1}$$

式中，F_i 为切削力在 x、y、z 向的分量；K、K_1、K_2、K_3 分别为各铣削参数对切削力的修正系数。对式(8-1)作线性处理得

$$\lg F_i = \lg K + K_1 \lg v_c + K_2 \lg f_z + K_3 \lg a_e \tag{8-2}$$

令 $Y = \lg F_i$，$B = \lg K$，$x_1 = \lg v_c$，$x_2 = \lg f_z$，$x_3 = \lg a_e$，代入式(8-2)可转化为

$$Y = B + K_1 x_1 + K_2 x_2 + K_3 x_3 \tag{8-3}$$

式中，Y 为插铣切削力实验值，x_1、x_2、x_3 为自变量。假设插铣实验中的误差为 ε，则线性回归方程组为

$$\begin{cases} y_1 = \beta_0 + \beta_1 x_1 + \beta_2 x_2 + \beta_3 x_3 + \varepsilon_1 \\ y_2 = \beta_0 + \beta_1 x_{2,1} + \beta_2 x_{2,2} + \beta_3 x_{2,3} + \varepsilon_2 \\ \quad \vdots \\ y_{16} = \beta_0 + \beta_1 x_{16,1} + \beta_2 x_{16,2} + \beta_3 x_{16,3} + \varepsilon_{16} \end{cases} \tag{8-4}$$

式中，β_0 为常数，β_1、β_2、β_3 为回归系数。式(8-4)的矩阵表达式为

$$Y = X\beta + \varepsilon \tag{8-5}$$

式中，β 为估计参数。设 a_0、a_1、a_2、a_3 分别为 β_0、β_1、β_2、β_3 的最小二乘估计，则可将式(8-5)转化为

$$\hat{y} = a_0 + a_1 x_1 + a_2 x_2 + a_3 x_3 \tag{8-6}$$

进而可将式(8-6)转换为

$$a = (X'X)^{-1} X'Y \tag{8-7}$$

根据以上分析，对实验结果进行线性回归分析，得到各向切削力关于切削参数的线性回归预测模型如下：

$$\begin{cases} F_x = 1893.4 v_c^{-0.0788} f_z^{0.4108} a_e^{0.7351} \\ F_y = 1695.4 v_c^{-0.0881} f_z^{0.4330} a_e^{0.5933} \\ F_z = 905.78 v_c^{-0.1150} f_z^{0.3609} a_e^{0.5646} \end{cases} \tag{8-8}$$

8.4.2　切削力预测模型检验及验证

为进一步检验切削力预测模型的准确性，本书对切削力模型进行显著性检验，以便确定切削力数学模型的拟合效果，对切削力预测模型进行 F 检验，分别根据切削力预测模型计算出各分力的 F 值，各切削分力方差分析结果如表8.4～表8.6所示。

表 8.4　切削力 F_x 检验表

来源	自由度	平方和	均方	F 值
回归	3	0.627	0.209	86.91
残差	12	0.029	0.002	—
总方差	15	0.656	—	—

表 8.5　切削力 F_y 检验表

来源	自由度	平方和	均方	F 值
回归	3	0.337	0.112	29.4
残差	12	0.045	0.003	—
总方差	15	0.383	—	—

表 8.6　切削力 F_z 检验表

来源	自由度	平方和	均方	F 值
回归	3	0.394	0.131	21.85
残差	12	0.072	0.006	—
总方差	15	0.466	—	—

通过查询 F 表，得 $F_{0.05}(3,12)=3.5<F_x=86.91$，且 F 值越大，回归方程越显著，所以 F_x 回归方程高度显著，同理得到 F_y 和 F_z 的 F 值分别为 29.4 和 21.85，均大于 $F_{0.05}(3,12)$。因此，所建立的钛合金插铣加工参数与各切削分力数学模型呈显著性关系。

为进一步直观地验证切削力模型，保证钛合金插铣切削力测模型的准确性，选取两组实验数据与预测模型所计算的数值进行对比分析，分析结果如表 8.7 所示，切削力在 x、y、z 三个方向上预测数值对比实验数据的误差均在 15%以下，因此所建立的预测模型正确可靠。

表 8.7　切削力对比分析表

序号	切削参数	数据对比	F_x /N	F_y /N	F_z /N
1	v_c=50m/min	实验值	255.8	206.9	133.4
	f_z=0.03mm/z	预测值	279.6	230.5	143.7
	a_e=0.8mm	误差	8.5%	10.2%	7.2%
2	v_c=70m/min	实验值	419.0	320.6	191.6
	f_z=0.05mm/z	预测值	452.8	355.1	208.9
	a_e=1.2mm	误差	7.4%	9.7%	8.3%

8.4.3　切削力预测模型讨论

为进一步研究插铣钛合金时切削参数对切削力的影响规律，以切削力预测模型为基础，利用 MATLAB 软件绘制切削参数对切削合力影响的三维模型，切削合力预测模型为

$$F_{合} = 2663.1 v_c^{-0.0874} f_z^{0.4066} a_e^{0.6663} \tag{8-9}$$

通过三维模型可直观分析出切削用量对切削力的影响规律，分别选择切削速度为 60m/min、每齿进给量为 0.06mm/z、径向切深为 1.5mm，分析切削力的变化规律，为切削参数优化提供参考。切削用量对切削力变化的影响规律如图 8.2 所示。

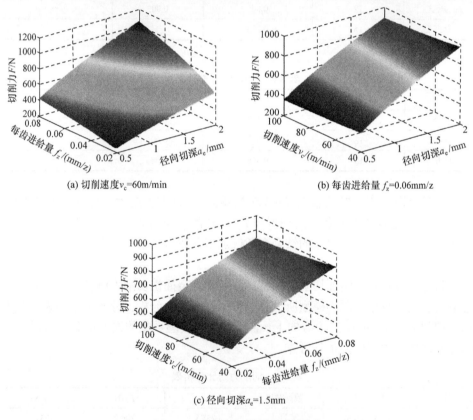

图 8.2　切削用量对切削力的影响

从图 8.2 可以得出，径向切深对切削力的影响程度最大，而切削速度对切削力的影响最小，所以如果以金属去除率为主要优化目标，应在一定切削速度范围选择较大值，尽可能有效控制切削力的大小又保证最大的金属去除率。当径向切深增大时，切削力伴有增大趋势，这是因为当径向切深增加时，切削厚度增加，

切削变形相对困难，所以切削力呈现增大趋势；当每齿进给量增大时，单位切削面积增大，故切削力随着每齿进给量的增大而增大；随着切削速度的增大，切削温度升高，由于温度对工件材料与刀具材料的影响不同，所以温度升高有利于降低切削力，同时提高切削速度会增大剪切角，进而减小摩擦系数和变形系数，因此切削力减小。

8.5　切削参数优化研究

合理的切削参数有利于提高加工效率、降低加工成本，针对不同的刀具匹配不同的切削参数在材料加工中有着重要意义。盘/插/侧高效复合铣削加工工艺中的插铣加工工序主要以提高加工整体叶盘流道时的金属去除率为主要目标，而切削力是切削参数优化时必须考虑的关键指标，所以本节以金属去除率和切削力作为确定最优加工方案所主要考察的指标。

8.5.1　切削参数优化方法的选择

根据不同的加工目的，可以选择不同的加工方案作为切削参数优化的目标，根据钛合金整体叶盘的加工方式及需求，选择切削力和金属去除率作为切削参数优化的参考指标，并且切削力与金属去除率对切削参数的选取有相反的需求，对切削参数的优化结果起到相互制约的作用。

切削力是材料加工过程中的重要物理量[3]，影响切削温度、刀具磨损、振动等，切削力可作为判断刀具加工性能的可靠依据，也是切削加工需适应控制的因素，因此也是切削参数化时必须考虑的因素。

盘/插/侧高效复合铣削加工的提出是为了解决钛合金整体叶盘需大量、高效地去除多余材料的加工难点[4]。插铣工序作为粗加工清理叶盘流道的关键环节应以提高加工效率作为切削参数优化的重要指标。插铣加工方式与其他铣削方式切削机理有所不同，插铣加工示意如图 8.3 所示，插铣加工金属材料的去除率公式[5]为

$$Q = \frac{f_z a_e z v_c s}{\pi D} \qquad (8\text{-}10)$$

式中，f_z 为刀具的每齿进给量，z 为齿数，s 为侧向步距，v_c 为切削速度，a_e 为径向切深，D 为插铣刀具直径。

模糊综合评判以模糊数学为基础，对受多种因素影响的对象做出总体的评价，从而达到对模糊概念的多方案和在多种评价标准下的优化目的。金属切削过程受多

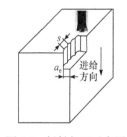

图 8.3　插铣加工示意图

种因素影响，且优化目的不同对加工方案的选择有很大差异，所考虑指标对优化结果的贡献值也不尽相同。在确定指标权重的情况下，计算出各切削参数对综合指标影响的评价向量，通过选择不同参数的最优隶属度水平确定最佳的加工方案。

8.5.2　模糊综合评价优化分析

1. 建立因素集与评价集

实验设计中考察的因素集合 $X=\{x_1, x_2, x_3\}$，其中 x_1 为切削速度，x_2 为每齿进给量，x_3 为径向切深[5]。每个因素有四个水平参与实验，其水平集合 $L=\{L_1, L_2, L_3, L_4\}$。

设考察的指标集合 $Y=\{y_1, y_2\}$，其中 y_1 为切削力集合，y_2 为金属去除率集合。评判评语的集合 $V=\{v_1, v_2\}$，其中 V 为模糊集，即 $\forall\ v_i \in [0, 1]$。

2. 建立因素评价矩阵

经水平平均后的指标均值代表该水平对实验结果的影响程度，选取水平指标均值作为评定因素水平优劣的依据。

1) 各因素水平的指标均值

某一因素的第 k 个水平在考察指标 y_i 上的均值计算公式为

$$q_{ik} = \frac{\sum_{k=1}^{4} y_{ij(k)}}{4}, \quad i=1, 2, 3; \ j=1, 2, 3, \cdots, 16 \tag{8-11}$$

式中，$y_{ij(k)}$ 是在整体数据中第 i 个因素的第 k 个水平所对应的数据。

例如，第一个因素切削速度 v_c 对应第一个指标切削力 F 的各水平均值为

$$F_{11} = (269.7 + 505.2 + 897.3 + 1095.6)/4 = 691.95$$
$$F_{12} = (319.4 + 284.5 + 934.3 + 861.8)/4 = 600.00$$
$$F_{13} = (604.0 + 681.7 + 362.4 + 668.8)/4 = 579.22$$
$$F_{14} = (562.6 + 644.3 + 568.1 + 422.4)/4 = 549.35$$

根据式(8-11)计算方法得出其余因素所对应的水平均值，结果如表 8.8 所示。

表 8.8　各指标均值

考察因素	因素水平	切削力 F/N	金属去除率 Q/(mm³/s)
切削速度 $v_c(x_1)$	1	691.65	23.88
	2	600.00	33.43
	3	579.22	35.02
	4	549.35	39.80

考察因素	因素水平	切削力 F/N	金属去除率 Q/(mm^3/s)
每齿进给量 $f_z(x_2)$	1	438.93	15.92
	2	528.89	30.25
	3	685.18	38.21
	4	760.35	47.76
径向切深 $a_e(x_3)$	1	332.91	20.17
	2	455.68	27.86
	3	747.35	38.21
	4	818.56	47.76

2) 指标值的模糊化处理

这里采用模糊数学中择大为优的原则来评定多目标影响综合指标的准确可靠性，但在实际加工和切削实验中则以减小切削力作为优化标准，与评价标准相反，故在优化过程中需对切削力实验数据进行递增性变换。在不改变考察指标和测试方式的前提下，可通过对切削力实验数据取倒数的方法来满足模糊数学中的基本原则，即

$$\{y_j'\} = \frac{1}{y_j}, \quad j = 1, 2, 3, \cdots, 16 \tag{8-12}$$

根据式(8-12)，对切削力水平均值进行递增变换，得到的变化数据结果如表 8.9 所示。

表 8.9　变换后的水平值

考察因素	因素水平	切削力 F/N	金属去除率 Q/(mm^3/s)
切削速度 $v_c(x_1)$	1	0.001455	23.88
	2	0.001667	33.43
	3	0.001726	35.02
	4	0.001820	39.80
每齿进给量 $f_z(x_2)$	1	0.002278	15.92
	2	0.001891	30.25
	3	0.001459	38.21
	4	0.001315	47.76
径向切深 $a_e(x_3)$	1	0.003004	20.17
	2	0.002195	27.86
	3	0.001338	38.21
	4	0.001222	47.76

完成递增变换的 y'_j 虽满足递增条件，但其仍为普通集，要将其转换为模糊数，还应对其进行归一化处理。对普通集中的各元素进行加权平均处理，即

$$r_j = \frac{y'_j}{\sum\limits_{j=1}^{s} y'_j} \tag{8-13}$$

通过式(8-13)可以得到各个因素对应水平均值的模糊数，即评语隶属度，结果如表 8.10 所示。

表 8.10 各因素模糊隶属度

考察因素	因素水平	切削力 F/N	金属去除率 $Q/(m^3/s)$
切削速度 $v_c(x_1)$	1	0.218	0.181
	2	0.251	0.253
	3	0.259	0.265
	4	0.273	0.301
每齿进给量 $f_z(x_2)$	1	0.328	0.120
	2	0.272	0.229
	3	0.210	0.289
	4	0.189	0.361
径向切深 $a_e(x_3)$	1	0.367	0.150
	2	0.293	0.238
	3	0.185	0.275
	4	0.156	0.336

3. 确定权重系数

在实际生产加工过程中，需要考虑多种因素以满足最佳的生产条件，故切削力和金属去除率两个指标对加工方案的影响程度应有所区别，所以在数据分析时应对各指标赋以不同的权重，以实现最佳的生产方案。权重的确定主要有主观权重确定法和客观权重确定法，主观权重确定法依赖个人的经验与实践，而信息熵法[6]是侧重于客观的确定权重的方法，可有效避免由于经验不足导致权重确定方面的偏差。"熵"源于信息论，是无序程度的度量和衡量不确定性的指标，某一指标数值变化范围越大，信息熵越小，则该指标在综合评价中权重越大；相反，某一指标数值变化范围越小，权重越小。

因此，根据各项指标变化范围的差异程度，通过信息熵法计算各指标的权重，为设计多指标的综合评价提供有效的依据。采用熵值法的权重确定方法可有效避免由于经验不足导致权重确定的偏差对参数优化结果造成的负面影响。

将各考察指标进行同度量化以计算第 j 项指标下第 i 方案指标值的比例 p_{ij}：

$$p_{ij} = \frac{x_{ij}}{\sum\limits_{i=1}^{m} x_{ij}} \tag{8-14}$$

1) 第 j 项指标的熵值 e_j

$$e_j = -k \sum_{i=1}^{m} \frac{1}{m_i} \ln \frac{1}{m_i} \tag{8-15}$$

式中，$k = 1/\ln m$。

2) 第 j 项指标的区分度 g_j

对于某一给定值 j，x_{ij} 的区分度越小，熵值 e_j 越大；若 x_{ij} 均为相等值，即区分度为 0，则熵值 $e_j = e_{max} = 1$，此时对于方案的比较，指标 x_j 几乎无影响；各方案的指标值相差越大，e_j 越小，则该项指标对于方案比较的影响程度越大，区分度定义为

$$g_j = 1 - e_j \tag{8-16}$$

3) 第 j 项指标的权重 w_j

$$w_j = \frac{g_j}{\sum\limits_{k=1}^{n} g_k}, \quad j = 1, 2, \cdots, n \tag{8-17}$$

根据上述公式，可以计算出各评价指标的权重系数分别为 0.521 和 0.479。因此，权重向量 $A = [0.521 \ 0.479]$。

4. 综合评价与水平优选

利用 Zadeh 算子合成权重向量和评价矩阵，得出各切削参数的综合评价结果向量。

1) 对因素 x_1(切削速度)的综合评价

通过表 8.10 可以得到模糊评判关系矩阵 R_1：

$$R_1 = \begin{bmatrix} 0.218 & 0.251 & 0.259 & 0.273 \\ 0.181 & 0.253 & 0.265 & 0.301 \end{bmatrix}$$

设模糊矩阵 B_1 为综合评价结果，则

$$B_1 = A \cdot R_1 = [0.521 \ 0.479] \cdot \begin{bmatrix} 0.218 & 0.251 & 0.259 & 0.273 \\ 0.181 & 0.253 & 0.265 & 0.301 \end{bmatrix}$$

$$= [0.2003 \ 0.2520 \ 0.2619 \ 0.2864]$$

故切削速度 v_c 隶属度矩阵为 $B_1 = [0.2003\ 0.2520\ 0.2619\ 0.2864]$。

由于 $b_1 < b_2 < b_3 < b_4$，所以 b_4 为优选的隶属度，即切削速度 v_c=100m/min 为对综合指标表现的最优水平。

2) 对因素 x_2(每齿进给量)、x_3(径向切深)的综合评价

根据切削速度 v_c 综合评价向量 B_1 的计算方法，得到 x_2(每齿进给量)的综合评价向量 B_2=[0.2286　0.2517　0.2480　0.2717]，由于 $b_1<b_3<b_2<b_4$，所以 b_4 为最优的隶属度，即每齿进给量 f_z=0.08mm/z 对于综合指标为最优水平。

x_3(径向切深)的综合评价向量 B_3=[0.2631 0.2667 0.2281 0.2427]，由于 $b_3 < b_4 < b_1 < b_2$，所以 b_2 为最优隶属度，即径向切深 a_e=1.0mm 对于综合指标为最优水平。

由各切削参数的综合评价向量 B_1、B_2、B_3 可得到最佳切削参数组合为 x_{14}、x_{24}、x_{32}。因此，在插铣正交实验的基础上，利用熵值法计算考察指标的权重系数，并在不同的权重系数的作用下，应用模糊综合评价法，得到满足综合指标最优水平的切削方案为切削速度 v_c=100m/min、每齿进给量 f_z=0.08mm/z、径向切深 a_e=1.0mm。

8.6　本　章　小　结

本章通过钛合金薄壁件插铣实验分析切削参数变化对切削力的影响，建立切削力预测模型，并进行了切削参数的优化。

(1) 利用制备的插铣刀进行钛合金插铣加工实验，通过对切削力数据分析，得到了切削力随切削参数变化的影响规律及权重，其中影响程度从大到小依次为径向切深、每齿进给量、切削速度，实际应用中应选择尽可能小的径向切深、较大的切削速度。

(2) 通过整合插铣实验数据，利用 MATLAB 软件建立钛合金插铣中的切削力预测模型，通过显著性检验验证所建立预测模型的合理性，并根据模型分析了不同切削参数下切削力的变化规律，为后续切削参数优化提供参考。

(3) 在插铣实验数据的基础上，运用模糊综合评判法，以切削力及金属去除率为考察指标，根据熵值法确定各考察指标在优化目标中的权重，实现了优化切削参数的目的，以提高所设计刀具的切削性能。

参 考 文 献

[1] 杨振朝, 张定华, 姚倡锋, 等. TC11 钛合金插铣加工铣削力影响参数的灵敏度分析[J]. 航空学报, 2009, 30(9): 1776-1781.

[2] 任军学, 刘博, 姚倡锋, 等. TC11 钛合金插铣工艺切削参数选择方法研究[J]. 机械科学与技术, 2010, 29(7): 634-637.

[3] 陈日曜. 金属切削原理[M]. 北京: 机械工业出版社, 2010.

[4] 陈真. 开式整体叶盘复合铣削参数优化系统的研究与开发[D]. 哈尔滨: 哈尔滨理工大学, 2015.

[5] 冯新敏, 宋旭, 程耀楠, 等. 基于模糊分析方法的钛合金插铣加工切削参数优化[J]. 工具技术, 2017, (3): 15-18.

[6] 于洋, 李一军. 基于多策略评价的绩效指标权重确定方法研究[J]. 系统工程理论与实践, 2003, 23(8): 8-15.

第9章 钛合金侧铣加工实验研究

切削力在切削加工中对刀具耐用度和加工效率有重要影响，本章以球头铣刀侧铣 TC4 钛合金中的切削力为指标，分析加工参数对切削力的影响规律，提高刀具的切削加工性能。依据钛合金侧铣加工常用参数，规划正交实验，获得各个因素对切削力的影响规律，以实现切削用量与刀具结构的合理匹配，提高切削效率。

9.1 球头铣刀侧铣实验设计

本节采集钛合金侧铣加工过程中的切削力，分析球头铣刀侧铣钛合金切削力变化趋势和规律，基于侧铣正交实验，建立切削力预测模型，并以切削力和金属去除率为目标优选切削参数[1]。

9.1.1 实验条件

机床采用 VDL-1000E 立式加工中心，使用 Kistler9257B 压电式测力仪同时采集实验中 x、y、z 三个方向的切削力，电荷放大器选用与其配套的 Kistler5070A，数据采集使用 DH5922 动态信号测试分析系统。实验用设备刀具及工件如图 9.1 所示。

(a) 立式加工中心   (b) 专用刀具   (c) 钛合金薄壁件

图 9.1 实验用设备刀具及工件

刀具为制备完成的球头铣刀，工件材料为 TC4 钛合金，由于整体叶盘叶片厚度一般为 1.0～1.5mm，所以工件设计为薄壁件代替叶片，尺寸为 80mm×3mm×80mm，工件夹持在测力仪上，测力仪紧固在工作台上。

9.1.2 侧铣实验方案

分析切削参数对切削力的影响，对于提高刀具耐用度、加工效率等起着重要作用[2]。切削力主要来源于工件材料在刀具作用下产生的变形应力和切削加工过程中的摩擦力，加工参数、刀具几何角度、工件材料及刀具涂层等都对切削力有一定影响。

为研究 TC4 钛合金切削加工性，实验设计为正交实验，通过球头铣刀侧铣加工钛合金，研究切削参数对切削力的影响，进而优化铣削参数，提高球头铣刀侧铣 TC4 钛合金的切削性能。选用 $L_{16}(4^5)$ 正交实验表，实验参数如表 9.1 所示，其中因素为切削速度、每齿进给量、轴向切深、径向切深，基于实验建立切削力预测模型，通过遗传算法与极差分析优化铣削参数，为钛合金高效侧铣加工打下基础[3]。

表 9.1 切削加工参数

序号	A 切削速度 v_c /(m/min)	B 每齿进给量 f_z /(mm/z)	C 径向切深 a_e /mm	D 轴向切深 a_p /mm
1	40	0.02	0.25	4
2	60	0.04	0.50	6
3	80	0.06	0.75	8
4	100	0.08	1.0	10

9.2 实验结果分析

切削力对刀具设计、切削参数优化及刀具几何角度优化等方面的研究都具有重要意义，所以对于切削力的研究显得尤为重要。因此，在保证切削效率的前提下，在切削的过程中切削力越小越好，可以减小刀具在切削过程中的磨损及破损等。

9.2.1 切削力的极差分析

通过正交实验研究得到的结果如表 9.2 所示，提取稳定切削中的切削力峰值，进而分析切削参数对切削力变化的影响规律，得到切削参数与切削力间的关系，为切削参数的优选提供参考。图 9.2 为侧铣实验示意图及切削实验现场。

表 9.2 侧铣实验结果

序号	v_c /(m/min)	f_z /(mm/z)	a_e /mm	a_p /mm	F_x /N	F_y /N	F_z /N	$F_合$ /N
1	40	0.02	0.25	4	30.5	29.3	18.9	46.3
2	40	0.04	0.5	6	41.5	40.3	14.6	59.7
3	40	0.06	0.75	8	75.1	72.0	22.6	106.5
4	40	0.08	1.0	10	99.5	67.1	26.9	123.0
5	60	0.02	0.25	8	69	69.6	15.9	99.3
6	60	0.04	0.5	10	100.1	85.4	25.6	134.0
7	60	0.06	1.0	4	99.5	92.8	31.7	139.7
8	60	0.08	0.75	6	93.4	84.8	33	130.4
9	80	0.02	0.75	10	204.5	144	53.7	255.8
10	80	0.04	1.0	8	190.4	162.4	53.1	255.8
11	80	0.06	0.25	6	83	68.4	25	110.4
12	80	0.08	0.5	4	100.1	86.1	48.8	140.8
13	100		1.0	6	241.1	193.5	56.2	314.2
14	100	0.04	0.75	4	172.1	148.9	51.88	233.4
15	100	0.06	0.5	10	195.9	188	62.3	278.6
16	100	0.08	0.25	8	111.1	81.2	44.6	144.7

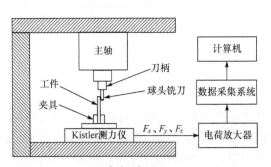

(a) 实验示意图

(b) 实验加工现场

图 9.2 侧铣实验示意图及切削实验现场

第 13 组铣削参数下各铣削分力如图 9.3 所示。

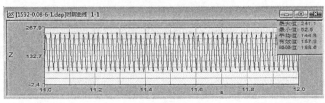

(a) x 方向分力

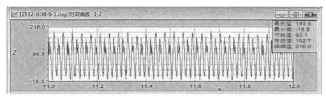

(b) y 方向分力

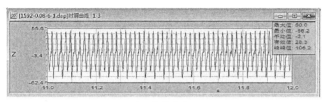

(c) z 方向分力

图 9.3　三个方向的切削力

根据表 9.1 中的实验因素和水平，采集切削过程中各切削分力的峰值，切削力的极差分析结果如表 9.3 所示，得到各因素对实验指标影响的权重[4]。

表 9.3　$F_合$ 极差分析表(单位：N)

水平　　因素	A 切削速度	B 每齿进给量	C 径向切深	D 轴向切深
1	83.9	178.9	100.2	140.1
2	125.9	170.7	153.3	153.7
3	190.7	158.8	181.5	151.6
4	242.7	134.7	208.2	197.9
R	158.8	44.2	108	57.8
主次因素排序	A>C>D>B			

由极差分析的结果可知，在实验参数范围内，侧铣加工钛合金切削力影响权重为切削速度 > 径向切深 > 轴向切深 > 每齿进给量。依据以上分析，可得到切削参数对切削力的影响规律，并探讨切削参数对切削力的影响。

9.2.2　切削参数对切削力影响分析

图 9.4 为切削参数对切削力的影响规律，由图可知，随着切削参数的增加，三个方向的切削力整体上呈增大趋势，而随着切削速度的增大，切削力整体呈减小趋势。

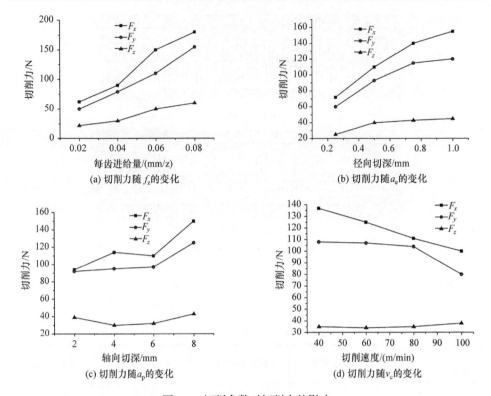

图 9.4　切削参数对切削力的影响

通过分析可知，在实验参数范围内，随着每齿进给量不断增大，单位剪切厚度增大，因此切削力近似线性地增大。在钛合金切削过程中，切削温度较高，容易形成 TiO_2 硬化层，当刀具的轴向切深较小时，切削的材料主要为硬化层，切削力较大；当轴向切深继续增大时，切削力增大趋势减缓，此时切削的材料主要为工件材料，切削处于平稳区域，但当切削速度不断增大时，切削力增大趋势增大，这是由于实际切削刃长度加大，单位剪切面积增大，故切削力增大。随着切削速度增大，切削力逐渐减小，这是由于当切削速度增大后，剪切角增大，摩擦系数减小，变形系数减小，切削力减小；同时，切削速度增大，切削温度升高，工件的硬度和强度降低，导致切削力下降。

9.3　切削力预测模型的建立及验证

为更好地研究侧铣 TC4 钛合金，明确切削力与切削参数之间的关系，有必要建立其经验预测模型，检验预测模型的显著性，为后续球头铣刀侧铣加工钛合金切削参数优化提供支持。

9.3.1　预测模型的建立

在侧铣 TC4 钛合金实验的基础上，根据线性回归分析，运用最小二乘法估计切削参数对切削力的影响程度，得到切削力与切削参数的通用数学模型为

$$F_i = K v_c^m f_z^n a_e^u a_p^v \tag{9-1}$$

式中，F_i 分别为 x、y、z 方向的分力；K、m、n、u、v 为切削参数对切削力的影响系数。

根据与 8.1 节中类似的处理方法，对实验结果进行线性回归分析，得到各向切削力关于切削参数的线性回归预测模型如下：

$$\begin{cases} F_x = 10^{3.19} v_c^{-0.0836} a_e^{0.564} a_p^{0.454} f_z^{0.825} \\ F_y = 10^{3.31} v_c^{-0.134} a_e^{0.52} a_p^{0.336} f_z^{0.767} \\ F_z = 10^{2.12} v_c^{0.125} a_e^{0.366} a_p^{0.046} f_z^{0.72} \end{cases} \tag{9-2}$$

9.3.2　切削力预测模型验证

本节进一步检验切削力预测模型的准确性，检验其显著性，进而确定切削力数学模型的拟合效果。对切削力预测模型进行 F 检验，求出各个切削分力预测模型的 F 值，表 9.4 为 F_x 方差分析结果。

表 9.4　切削力 F_x 检验表

来源	自由度	平方和	均方	F 值
回归	4	0.903	0.226	138.63
残差	11	0.018	0.002	—
总方差	15	0.921	—	—

通过查询 F 表，得 $F_{0.05}(4, 11) = 3.36 < F = 138.63$，且 F 值越大回归方程越显著，所以 F_x 回归方程高度显著。同理，得到 F_y 和 F_z 的 F 值分别为 100.82 和 65.37，均大于 $F_{0.05}(4, 11)$。因此，所建立的钛合金侧铣加工参数与各切削分力呈显著性关系。

为了保证切削力预测模型的正确可靠，能够更好地预测钛合金实际侧铣加工过程中的切削力，为铣削参数的优选提供参考，在切削参数范围内选取三组参数进行预测模型的验证，对比分析结果如表 9.5 所示。由表可知，三个方向切削力误差均在 15%以内，因此所建立的预测模型正确可靠。

表 9.5　切削力对比分析表

序号	切削参数	对比分析	F_x /N	F_y /N	F_z /N
1	v_c=50m/min	实验值	50.89	39.43	16.60
	f_z=0.03mm/z	预测值	56.33	44.26	14.8
	a_e=0.4mm, a_p=5mm	误差	10.69%	12.25%	12.2%
2	v_c=70m/min	实验值	109.74	95.66	44.13
	f_z=0.05mm/z	预测值	121.53	103.52	40.81
	a_e=0.6mm, a_p=7mm	误差	10.74%	8.22%	8.14%
3	v_c=90m/min	实验值	230.87	191.78	54.72
	f_z=0.07mm/z	预测值	208.28	174.56	49.37
	a_e=0.8mm, a_p=9mm	误差	10.85%	9.86%	10.84%

9.4　切削参数优化研究

由于盘/插/侧高效复合铣削是针对整体叶盘流道的加工技术，以提高加工效率为目标，所以以金属去除率为目标进行切削参数优化。然而，不合理的切削参数容易产生较大的切削力，降低刀具耐用度，为此选择合理的切削参数对侧铣加工刀具有十分重要的意义。

9.4.1　切削参数优化条件的确定

优化模型是切削参数优化的基础和关键，目标函数、变量和约束条件是优化中的三个重要因素。针对球头铣刀侧铣加工 TC4 钛合金的实验研究，以实现高效率、最小切削力为目标，对铣削参数进行优选，设计变量为 v_c、f_z、a_e、a_p。采用多目标优化方法，以金属去除率及切削力为目标函数对侧铣加工钛合金的切削参数进行优选。

以金属去除率最大为目标：

$$f_1 = \min(-Q) = -1000 a_p a_e f_z z v_c /(\pi D) \tag{9-3}$$

以切削力最小为目标：

$$f_2 = \min(F_x) = 10^{3.19} v_c^{-0.0836} a_e^{0.564} a_p^{0.454} f_z^{0.825} \tag{9-4}$$

在切削参数优化中，运用遗传算法对非线性目标函数进行求解较为简单方便，且最优解较准确。通过以上研究，根据对切削过程的分析及目标函数，确定约束条件如下：切削速度约束为40m/min ≤ v_c ≤ 100m/min；每齿进给量约束为0.02mm/z ≤

$f_z \leqslant 0.08\text{mm/z}$；径向切深约束为 $0.25\text{mm} \leqslant a_e \leqslant 1\text{mm}$；轴向切深约束为 $4\text{mm} \leqslant a_p \leqslant 10\text{mm}$。

9.4.2　基于 MATLAB 的切削参数优化

基于 MATLAB 的 Optimization Tool，利用遗传算法函数优化关于切削力及金属去除率的数学模型。

(1) 采用加权法建立目标函数@canshu_variable(x)：

```
f=-(-(1548.817*x(1)^-0.0836*x(2)^0.825*x(3)^0.454
   *x(4)^0.564*0.6)+1000*x(1)*x(2)*x(3)*x(4)*0.25*0.4/pi);
```

(2) 输入变量个数为 4。

(3) 建立线性约束矩阵。

(4) 遗传算法参数设定：最大遗传代数 200，群体大小为 30，交叉概率 0.4，变异概率 0.6，选择概率 0.9。

9.4.3　切削参数优化结果

按以上参数设置输入，运行结果如图 9.5 所示，运行到 51 步时目标函数收敛，Objective function value：-3037.8556，$v_c=100$，$f_z=0.031$，$a_e=0.966$，$a_p=7.743$。

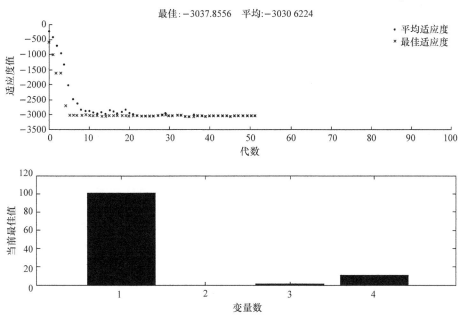

图 9.5　遗传算法优化结果

由图 9.5 可知，遗传算法的适应度值不断向种群的平均值收敛，目标函数值收敛速度加快，能达到较好的优化效果。优化结果满足所有约束条件，保证在金属去除率最大时，切削力较小。

与实验结果极差分析结合，球头铣刀侧铣加工 TC4 钛合金中铣削参数对切削力的影响权重为 $f_z > a_e > a_p > v_c$；基于球头铣刀侧铣加工 TC4 钛合金实验的优选参数为：切削速度 v_c=100m/min、每齿进给量 f_z=0.03mm/z、径向切深 a_e=1mm、轴向切深 a_p=8mm 时，加工效率较高，切削力较小，刀具使用寿命较长。

9.5　本　章　小　结

本章通过钛合金侧铣实验，分析了切削参数对切削力的影响规律，建立了切削力预测模型，并对切削参数进行了优化。

(1) 在实验基础上通过对切削力的分析，得出铣削参数对切削力的影响权重为 $f_z > a_e > a_p > v_c$。

(2) 基于以上实验研究，建立钛合金侧铣中的切削力预测模型，并对模型进行了显著性检验与验证，保证模型的准确性与实用性，为后续切削参数的优化提供基础。

(3) 对设计的球头铣刀侧铣钛合金切削参数进行了优化，在提高切削效率的前提下，减小了切削力，延长了刀具寿命。

参 考 文 献

[1] 左殿阁. 钛合金整体叶盘侧铣加工用球头铣刀设计及优化[D]. 哈尔滨: 哈尔滨理工大学, 2016.

[2] 陈真. 开式整体叶盘复合铣削参数优化系统的研究与开发[D]. 哈尔滨: 哈尔滨理工大学, 2015.

[3] Cheng Y N, Zuo D G, Zhang Y, et al. Process parameters optimization and tool performance analysis for flank milling titanium blisk[C]. Materials Science Forum, 2014: 639-643.

[4] Cheng Y N, Guan R, Zuo D G, et al. Design and research on the special system for high efficient manufacturing of blisk based on UG[J]. International Journal of Hybrid Information Technology, 2016, 9(10): 289-302.